Kirch/Scheda
Auf Umwegen zum Erfolg

Sibylle Kirch/Irene Scheda

Auf Umwegen zum Erfolg

Akademiker jenseits der klassischen Karriere

Ch. Links Verlag, Berlin

Für Finn und Clara-Milou

Die Deutsche Bibliothek – CIP-Einheitsaufnahme

Kirch, Sibylle:
Auf Umwegen zum Erfolg : Akademiker jenseits der klassischen Karriere / Sibylle Kirch/Irene Scheda. –
1. Aufl. – Berlin : Links, 2002
ISBN 3-86153-273-5

1. Auflage, September 2002

Schönhauser Allee 36, 10435 Berlin, Tel.: (030) 44 02 32-0
Internet: www.linksverlag.de; mail@linksverlag.de
Umschlaggestaltung: KahaneDesign, Berlin,
unter Verwendung einer Fotomontage von Jürgen Scheer, Berlin
Satz: Kerstin Ortscheid, Berlin
Druck und Bindung: Friedrich Pustet, Regensburg

ISBN 3-86153-273-5

Inhaltsverzeichnis

Vorwort

Wir schlossen Anfang und Mitte der 90er Jahre unser Studium ab. Der Bauboom nach der Wende war gerade vorbei und damit auch die Aussicht auf einen sicheren Arbeitsplatz in der Landschaftsplanung. Von Projekt zu Projekt hangelnd, unfreiwillig freiberuflich tätig, mussten wir schließlich unsere Träume aufgeben, jemals in dem erlernten Beruf Fuß zu fassen – die eine früher, die andere später. Anfangs noch von großen Selbstzweifeln geplagt und mit Fragen wie: »Bin ich nicht kompetent genug?« und »Kann ich mich nicht richtig verkaufen?« beschäftigt, bemerkten wir bald, dass wir mit unseren Sorgen um den beruflichen Werdegang nicht allein waren. In den Buchläden quollen nach und nach die Regale von Bewerbungsratgebern und Literatur zum Selbstmanagement und zur Jobsuche über. Wir trafen immer mehr AkademikerInnen aus verschiedenen Fächern, die nach der Uni nicht sofort einen Einstieg in den Beruf ihrer Wahl fanden. Ihre Erzählungen, wie sie ihren Alltag zwischen Jobs zur Existenzsicherung, interessanten Projekten, Arbeitslosigkeit, beruflicher Neuorientierung bis hin zu selbstständiger Arbeit bewältigten, machten uns Mut, selbst neue Wege einzuschlagen. Wir trafen aber auch auf AkademikerInnen, die ihren Beruf aufgaben, weil sie sich erst spät zu ihrem Traumberuf bekannten und ihn noch realisieren wollten.

In diesem Buch lassen wir diese »ArbeitsakrobatInnen« zu Wort kommen, deren Berufswege nicht spektakulär, aber so vielfältig, interessant und zugleich individuell sind, dass sie den LeserInnen hilfreiche Anregungen für die eigene (Neu-)Orientierung bieten können. Die Wege der 30- bis 45-jährigen AkademikerInnen liegen jenseits klassischer Karrieren. Sie alle haben jedoch kleine oder große Erfolge zu verbuchen – und sei es im Bereich der Selbsterkenntnis. Nicht nur Fachwissen, sondern auch Kreativität, Mut und Eigeninitiative gehören zum erworbenen Repertoire der Befragten.

Da ist Stefan, der vom Architekten-Tagelöhner zum Gartenbau-Unternehmer wurde, oder die Politologin Meike, deren Berufsträume von ihrem Aufstieg bei der UNO weit übertroffen wurden. Tanja brauchte lange, bis sie den Sprung ins Berufsleben schaffte, und Paul merkte erst durch eine Auszeit und eine Beratung, dass er seinen Beruf wechseln musste. Carola machte ihre Passion, das Reisen, zum Beruf.

Die Lebensläufe spiegeln den Wandel der Arbeitswelt und zeigen den individuellen Umgang mit den Verheißungen und Tücken des Arbeitsmarktes sowie den eigenen Ansprüchen an den Beruf. Die einzelnen Kapitel beleuchten den Arbeitsmarkt für AkademikerInnen und die Explosion neuer Berufe, zudem wesentliche Aspekte von Selbstständigkeit, Zeitarbeit oder Berufswechsel. Auch die Unplanbarkeit des Lebens unter den neuen Arbeitsbedingungen und die Suche nach dem Traumberuf werden thematisiert. ExpertInnen aus wichtigen Bereichen der Arbeitswelt schildern aus ihrer Perspektive die Situation für HochschulabsolventInnen.

Wir hoffen mit unserem Buch viele Gedankenanstöße, neue Orientierungen und Mut zur eigenen beruflichen Ideenfindung geben zu können. Und schließlich soll es auch einfach Spaß machen, den lebendigen Erzählungen der ArbeitsakrobatInnen zu folgen und sich in diese Patchwork-Biografien hineinzudenken.

Uni – und was dann?

Der Bedarf an Hoch- und FachhochschulabsolventInnen wird in Zukunft weiter steigen. Dennoch ist der sofortige Berufseinstieg nach dem Studium nicht garantiert.

Das Wort »Karriere« wird nur noch selten im klassischen Sinn schneller erfolgreicher Berufslaufbahn mit steigendem Gehalt verwendet. »Karriere ist heute keine Stufenleiter zum Erfolg mehr. Für mich setzt sich eine Karriere aus vielen kleinen unterschiedlichen Aktivitäten zusammen, aus mühseliger Recherche nach potenziellen Arbeitgebern und dem Besuch von Seminaren sowie informellem Austausch«, befindet Dr. Renate Pieper vom Hochschulteam des Arbeitsamtes Berlin-Südwest. Immer öfter markiert der Hochschulabschluss nur einen Trittstein in einer Berufsbiografie, die sich aus akademischen und nicht-akademischen Jobs, aus befristeter Anstellung, Selbstständigkeit, zeitweiliger Arbeitslosigkeit und Weiterbildung zusammensetzt.

Der plötzliche wirtschaftliche Einbruch in den Bereichen Informations- und Kommunikationstechnologie sowie Multimedia zeigte, dass Möglichkeiten von Branchen oft vollkommen überschätzt werden. Wer sich für ein Studienfach mit blendend guten Berufsaussichten entscheidet, findet oft bei Abschluss des Studiums keine Arbeit mehr. Auch BauingenieurInnen, ArchitektInnen und LandschaftsplanerInnen erlebten in den letzten Jahren einen Einbruch des Arbeitsmarktes.

Da helfen nur Mut und Fantasie zu beruflicher Umorientierung direkt nach dem Studium. »Wir möchten den Studenten den Blick öffnen, von der eigenen Studienrichtung weg, hin zu einer erweiterten Perspektive. Denn heute kommen sehr viele Absolventen nicht mehr in ihrem eigentlichen Berufsfeld unter. Sie haben durchaus Chancen in ganz anderen Bereichen, die sie sich aber in der Regel mit vielen Absolventen-Gruppen teilen müssen«, beschreibt Hochschulkoordinatorin Wiebke Büren vom Hochschulteam Berlin-

Südwest ihre Arbeit. »Hier gilt es, den Absolventen klar zu machen, welche überfachlichen Qualifikationen Voraussetzung sind, um Einstiegsmöglichkeiten zu haben.«

Selbst wenn das Studienfach auf dem Arbeitsmarkt gefragt ist, reichen fachliche Kenntnisse allein oft nicht aus, um einen Arbeitsplatz zu finden. Das haben in den letzten Jahren Arbeitsämter und Hochschulen erkannt: Die Hochschulteams der Arbeitsämter und die Career-Center an den Universitäten bieten neben Einstiegshilfen über finanzierte Praktika vielfältige Trainingsprogramme zur Ausbildung von »Soft Skills«, also weichen, überfachlichen Fähigkeiten in Bereichen wie Kommunikation und soziale Kompetenz an. Gerade AbsolventInnen technikorientierter Fachrichtungen fehlen diese Fähigkeiten oft. »Besonders unsere Mitarbeiter im Vertrieb brauchen neben dem technischen Know-how hohe Kompetenzen im kommunikativen Bereich. Maschinenbauer oder Techniker haben in dieser Hinsicht häufig einen sehr starken Nachholbedarf. Wir haben Schwierigkeiten, geeignete Mitarbeiter zu finden«, sagt Dr. Paul Kriegelsteiner aus der Personalabteilung der Siemens AG in Berlin.

»Das Bewusstsein darüber, dass es nicht mit einem Studium allein getan ist, ist sehr viel ausgeprägter als noch vor zehn Jahren«, beurteilt Professor Peter Grottian vom Fachbereich Politikwissenschaften an der Freien Universität Berlin seine StudentInnen. »Sie wissen, dass sie neben dem Studium eine Vielfalt von Erfahrungen bei Praktika und Auslandsaufenthalten sammeln müssen. Da Politologen keine klaren Berufsfelder haben, hat sich das Bewusstsein einer pragmatischen Überlebensperspektive enorm verbreitet.«

Unternehmen sind bei den so genannten »sozialen Qualifikationen« nicht mehr bereit, ihre Ansprüche zu reduzieren. Zudem wird die Halbwertzeit des Wissens immer geringer. Zurzeit wird sie allgemein mit zweieinhalb Jahren angesetzt. Lernfähige und flexible Menschen haben daher die besten Chancen.

Patchwork als Chance

Durch den schnellen Verfall des Wissens wird der Einstieg in den Arbeitsmarkt umso schwerer, je länger man beschäftigungslos ist. Der Berufseinstieg über befristete Stellen, Honorartätigkeiten oder Vermittlung durch Zeitarbeitsfirmen ist daher in jedem Fall der Arbeitslosigkeit vorzuziehen.

Viele StudentInnen durchlaufen nach der Uni eine Vielzahl von Tätigkeitsfeldern und Beschäftigungsformen. Viele sehen dies jedoch nicht als Nachteil, sondern als Möglichkeit, verschiedene Erfahrungen zu sammeln und Flexibilität zu beweisen. Gerade über vielfältige berufliche Erfahrungen lassen sich die heute viel gefragten sozialen Kompetenzen ausbilden.

»Für mich wäre es ein Albtraum gewesen, wie mein Vater gleich nach dem Studium eine Anstellung auf Lebenszeit zu bekommen«, meint Miriam aus Frankfurt. »Durch die schwierige Situation auf dem Arbeitsmarkt für Psychologen war das aber ohnehin kein Thema. Heute bin ich sehr froh über meine zahlreichen Erfahrungen durch Jobs und Praktika in verschiedenen Institutionen. Befristet arbeitete ich unter meiner Qualifikation auf Posten, die SozialarbeiterInnen hätten einnehmen können, und sogar mit geringem Honorar in der Hauskrankenpflege. Heute profitiere ich jedoch von den Erfahrungen im direkten Umgang mit Menschen und fühle mich dadurch erst reif genug meinen Beruf als Psychologin auszuüben.«

Viele ArbeitgeberInnen wissen Berufs- und Lebenserfahrungen zu schätzen, die jenseits von Fachkenntnissen liegen: »Ich mag Leute, die im Leben kämpfen mussten, auch wenn das oft heißt, dass sie keinen glatten Lebenslauf haben. Aber gerade HochschulabsolventInnen, deren Papi das BWL-Studium, den Auslandsaufenthalt und das MBA-Programm bezahlt, lassen sich nicht überall einsetzen, weil sie keinen Problemen gewachsen sind«, meint Margit Wegner, Leiterin der Abteilung Human Resources der Firma MetaDesign.

Hilfestellungen für den Berufsstart

Der Berufsstart beginnt schon mit dem Studium. Dass dies bisher weder von den StudentInnen noch von den Hochschulen genügend erkannt wurde, zeigt die große Zahl der StudienabbrecherInnen: Obwohl etwa 31 Prozent eines Jahrgangs die Hochschulzugangsberechtigung erhalten, schließen nur circa 16 Prozent davon das Studium ab. Laut Professor Grottian ist das »bildungspolitisch eine Katastrophe«.

Zu wissen, was man will, ist die erste schwierige Hürde auf dem Weg in den Beruf. Mit der Entscheidung für das Studienfach ist noch längst nicht alles getan. ExpertInnen legen Studierenden dringend nahe, über den Tellerrand Ihres Faches hinauszuschauen. Schon während des Studiums können sie über Betriebspraktika einen Einblick in die Berufswelt erzielen, Auslandsaufenthalte zur Verbesserung von Sprachkenntnissen nutzen und über ehrenamtliches Engagement fachliche und soziale Kompetenzen ausbauen.

Da Jobs häufig über persönliche Kontakte vergeben werden, sollten auch entsprechende Chancen, die ein Studium bietet, genutzt werden. Eine gute Möglichkeit, sich bei ArbeitgeberInnen ins Gespräch zu bringen, ist, die Diplomarbeit direkt in Unternehmen zu verfassen. Dieser Praxisbezug ist vor allem bei IngenieurInnen, NaturwissenschaftlerInnen und WirtschaftswissenschaftlerInnen möglich. An den Diplomarbeitsbörsen im Internet oder an den schwarzen Brettern der Lehrstühle lassen sich Angebote von Firmen finden. Noch aussichtsreicher ist das Verfassen einer Diplomarbeit im Anschluss an einen WerkstudentInnen-Job im Betrieb. Werkverträge sind projektbezogene Honorarverträge, die besonders für StudentInnen eine gute Möglichkeit bieten, über einen längeren Zeitraum hinweg Einblicke in ein bestimmtes Arbeitsgebiet zu bekommen. Auch PersonalchefInnen und AbteilungsleiterInnen können sich so von der Arbeitsweise, Teamfähigkeit und Selbstständigkeit des Studierenden überzeugen.

Kontakte von ProfessorInnen sind eine weitere Möglichkeit, an einen Job zu gelangen. Nicht alle haben dabei so viel Glück wie Peter aus Heidelberg am Ende seines Bauingenieurstudiums: »Mein Professor war von meiner Diplomarbeit so überzeugt, dass er mich persönlich einer großen Baufirma in Berlin weiterempfahl. Dort arbeitete ich ein Jahr lang und konnte anschließend zu einer Filiale hier in der Region wechseln und weiter aufsteigen. Ohne die Hilfe meines Professors wäre ich nie auf die Idee gekommen, mich in Berlin zu bewerben.«

Wer nicht über solche Kontakte verfügt, kann schon während des Studiums berufliche Beratung und Hilfestellungen in Anspruch nehmen. Diese sind notwendig, da die rein fachliche Ausbildung an den Universitäten den Anforderungen der Berufswelt nicht entspricht. In angelsächsischen Ländern übernehmen Hochschulen schon lange Mitverantwortung für einen erfolgreichen Übergang ihrer AbsolventInnen in die berufliche Praxis und fördern intensiv Kontakte zwischen Studierenden und späteren potenziellen ArbeitgeberInnen. »Die Studenten können in den USA einen solchen Service einfordern, da sie hohe Studiengebühren zahlen«, erklärt Frau Büren vom Hochschulteam Berlin.

In deutschen Universitätsstädten wurden 1996 Hochschulteams an den Arbeitsämtern eingerichtet. Parallel dazu entwickelten sich an den Hochschulen Initiativen, die sich mit Fragen der beruflichen Orientierung und des beruflichen Einstiegs befassten. Seit 1999 sind sie als »Career Center« etabliert. Heute arbeiten beide Institutionen meist eng zusammen: Oft werden gemeinsam Hochschulkontaktmessen organisiert und Veranstaltungen angeboten.

Die Hochschulteams der Arbeitsämter bieten StudentInnen und AbsolventInnen bis zu einem Jahr nach Hochschulabschluss Orientierung, Beratung und Vermittlung. Die MitarbeiterInnen aller Hochschulteams weisen darauf hin, dass ihre Angebote schon für StudentInnen ab dem Hauptstudium gedacht sind. Sie werden jedoch hauptsächlich von AbsolventInnen in Anspruch genommen. Die Hochschulteams versuchen nun vermehrt, nicht nur im Arbeitsamt und bei den Studienberatungen, sondern in eigens eingerichteten »Karrierebüros« an den Hochschulen vertreten zu sein, um ihre Zielgruppe besser zu erreichen.

Ähnliche Hilfen bieten die »Career Center« an den Hochschulen, darunter auch die Vermittlung von Stipendien, Studien- und Diplomarbeiten sowie WerkstudentInnen-Jobs. Neben Veranstaltungen, auf denen VertreterInnen verschiedener Branchen den Arbeitsmarkt für AkademikerInnen darstellen, bieten sie gemeinsam Weiterbildungs-Programme an: »Career Office« ist ein zwölfwöchiges Intensivprogramm des »Career Centers« der Technischen Universität Berlin und des Hochschulteams des Arbeitsamtes Berlin-West. Themen sind unter anderem Beratungen zur persönlichen Bewerbungsstrategie, Kommunikationstraining, Zeit- und Selbst-Management sowie PC-Kurse. Ein Zertifikat bescheinigt die Teilnahme.

Besonders beliebt sind die zweitägigen Trainingsangebote wie zum Beispiel Bewerbungsseminare, das Training von Soft Skills sowie spezielle Kenntnisse und Arbeitstechniken. Zu den Soft Skills zählen Rhetorik, soziale Kompetenz, Team- und Kommunikationsfähigkeit. In Stellenanzeigen finden sich weitere gefragte Schlüsselqualifikationen wie Kreativität, Flexibilität, Konfliktfähigkeit,

Eigenverantwortlichkeit oder Organisationstalent, die allesamt die Persönlichkeit betreffen. Hier ist es vor allem wichtig, die eigenen Stärken erkennen und darstellen zu lernen, sowie diese mit Beispielen belegen zu können.

In vielen Bereichen der Arbeitswelt für AkademikerInnen werden spezielle Kenntnisse und Arbeitstechniken als Qualifikation vorausgesetzt. Hierzu zählen Software-Kenntnisse, Presse- und Öffentlichkeitsarbeit, Projektmanagement, methodische Fähigkeiten und Präsentationstechniken.

Von Firmen nachgefragt sind vor allem auch Praxis-Erfahrungen. Einige Hochschulteams vermitteln auf Anfrage der AbsolventInnen geförderte Betriebspraktika, die meist in Anstellungen oder anschließende Honorartätigkeiten übergehen. Die Weiterbeschäftigung nach Praktika über das Hochschulteam Berlin-Südwest lag im Jahr 2000 bei 91 Prozent. Praktika bieten die Chance, mit Firmen in Kontakt zu kommen, Fähigkeiten zu testen und Kenntnisse über Arbeitsbereiche zu sammeln. Praxiserfahrungen helfen, übertriebene Ansprüche an den Beruf zu vermeiden sowie späteren Enttäuschungen durch Über- oder Unterforderungen vorzubeugen. Sie geben eine gute Orientierung über die Anforderungen in den jeweiligen Tätigkeitsbereichen und über die eigenen Stärken und Interessen. Vorstellungsgespräche für Praktika sind zudem eine gute Übung für spätere Bewerbungen um Stellen. Hier kann man testen, wie man sich einem Arbeitgeber gegenüber verkauft. Über Praktika kann man noch spielerisch Arbeitsbereiche kennen lernen und Kontakte aufbauen. Wer ein Praktikum im Ausland absolviert, erwirbt oft mit einem Mal viele gefragte Qualifikationen: Im Zeitalter der Globalisierung achten immer mehr ArbeitgeberInnen auf interkulturelle Kompetenz und Sprachkenntnisse ihrer BewerberInnen.

Wer während seines Studiums schon genügend Praxiserfahrung gesammelt oder eine pfiffige Geschäftsidee hat und dazu noch risikofreudig, kreativ und leistungsbereit ist, kann sich nach dem Studium selbstständig machen. An Hochschulen und Arbeitsämtern gibt es dafür Existenzgründerberatungen und Seminare, in denen es um Ideenfindung, Marktanalysen und Förderprogramme geht. Viele akademische Berufe bieten die Möglichkeit zur beruflichen Selbstständigkeit. Im Berufsbild von ÄrztInnen, ArchtitektInnen und RechtsanwältInnen ist Selbstständigkeit nichts Neues, aber auch AbsolventInnen der Geistes- und Sozialwissenschaften werden von den Hochschulteams ermuntert, eine Existenzgründung in Betracht zu ziehen. Auf dem mehrtägigen »Gründer-Special« des Hochschulteams im Arbeitsamt Berlin-Südwest stellen junge Unternehmen ihre Ideen und Erfahrungen vor. Unterstützung bieten auch Industrie- und Handelskammern, kommunale Behörden und private GründungsberaterInnen.

Eine Existenzgründung ist als freiberufliche Zwischenlösung wie auch beim Aufbau eines Unternehmens eine gute Chance Berufserfahrungen zu sammeln. Wenn es der Arbeitsmarkt zulässt, steht einer späteren Anstellung in einem Betrieb dadurch nichts im Wege. Wer schon einmal allein wirtschaftliches Risiko getragen hat und sich sozial selbst absichern musste, kann Verantwortung und sogar Führungsaufgaben übernehmen. Schwierigkeiten könnten lediglich die Einordnung in feste Hierarchien und vorgegebene Arbeitszeiten bereiten.

Hochschulkontaktmessen

Jobbörsen, Hochschulkontakt- oder Recruiting-Messen sind in den letzten zehn Jahren wie Pilze aus dem Boden geschossen. Von Hochschulen, StudentInnen-Initiativen oder Arbeitsämtern organisiert, finden sie meist in den Hochschulen statt. Immer mehr Personalberatungsunternehmen und Event-Agenturen veranstalten Recruiting-Messen professionell in Messehallen und Kongress-Zentren. Üblicherweise präsentieren sich auf diesen Messen große Industrie- und Dienstleistungsunternehmen sowie Zeitarbeitsfirmen. Wer den Einstieg in die Wirtschaft sucht, ist hier richtig. Das gilt auch für Geistes- und SozialwissenschaftlerInnen, die in Bereichen wie Beratung oder Unternehmenskommunikation als Quereinsteiger einsetzbar sind. Die teilnehmenden Firmen zahlen Gebühren für den Messestand und investieren Zeit und Personal. Dieser Aufwand lohnt sich jedoch für die Unternehmen, da sie auf hochinteressierte StudentInnen und AbsolventInnen treffen, persönliche Kontakte knüpfen und BewerberInnen auswählen können. Für die BewerberInnen besteht der Vorteil, ausführliche Informationen über die Firmen und deren Anforderungen zu erhalten, AnsprechpartnerInnen genannt zu bekommen und so gezielt Bewerbungen schreiben zu können. Einige Messen und Veranstaltungen treffen eine Vorauswahl der TeilnehmerInnen durch einen Fragebogen. Der Veranstalter leitet nur die Unterlagen vielversprechender KandidatInnen an die Unternehmen weiter. VertretereInnen der Unternehmen vereinbaren dann über die Veranstalter Gesprächstermine mit den BewerberInnen auf der Messe. Bei Messen ohne Vorauswahl können die BewerberInnen dagegen spontan mit FirmenvertreterInnen ins Gespräch kommen – je nach Andrang, versteht sich. Die Messen werden nicht nur von jungen HochschulabsolventInnen zur Bewerbung auf Stellen, sondern auch von StudentInnen unterer Semester zur Nachfrage nach Praktika und Diplomarbeiten genutzt. Darüber hinaus bieten die Messen und Recruiting-Events eine Vielzahl von Berufsinformationen durch Vorträge, Podiumsdiskussionen, Seminare und Beratungen.

In den letzten Jahren ist das Interesse an diesen Messen stark gestiegen. Die Event-Agentur Campus-Concept veranstaltete 1999 ihre erste Hochschulkontaktmesse in München. Mittlerweile findet die »Campus-Chances« in 17 Städten Deutschlands statt. Sie richtet sich an Studierende und AbsolventInnen aller Fachbereiche. »Die Firmen sehen diese Messen zunehmend als Instrument der Personalrekrutierung neben den üblichen Stellenausschreibungen in den Printmedien. Der Bedarf wird noch weiter steigen«, meint Carolin Reeß von Campus-Concept in Köln. Im Vorfeld der Messen vermittelt das Organisationsteam Bewerbungstermine an den Ständen und nimmt Bewerbungen für Firmen entgegen. BewerberInnen können ihr Glück auch ohne Termin versuchen, die Firmen begrüßen jedoch die Vorauswahl. Zurzeit baut Campus-Concept ein Institut auf, das Seminare zur Ausbildung von Soft Skills und anderen Qualifikationen anbieten soll.

Der Veranstaltungsmarkt in diesem Bereich ist mittlerweile kaum noch überschaubar. Viele Veranstaltungen richten sich an bestimmte Zielgruppen: »Career« an IT-Fachkräfte, »bonding« an NaturwissenschaftlerInnen und IngenieurInnen, »Karrieretag« an Führungskräfte. Sie werden von bis zu 15 000 StudentInnen besucht. Begleitet werden alle Messen von Beratungen für BewerberInnen und Vorträgen mit Firmenpräsentationen.

Auch an kleinen Hochschulstandorten wächst der Bedarf an Hochschulkontaktmessen: Seit dem Jahr 2000 organisiert eine StudentInnen-Initiative jährlich die »Perspektiva« an der Uni Marburg, um die Kooperation zwischen Uni und Unternehmen zu verbessern. Für die OrganisatorInnen ist das eine Möglichkeit durch eigenes Engagement praktische Erfahrungen zu sammeln, in einem interdisziplinären, überfachlichen Team zu arbeiten und sich in Organisation, Presse- und Öffentlichkeitsarbeit zu qualifizieren.

Bundesweit eine Besonderheit war eine Jobmesse für den Non-Profit-Sektor, die im November 2001 erstmalig an der Freien Universität Berlin stattfand. Hier wurden Studierende fündig, »die einen potenziellen Arbeitsplatz an anderen Kriterien messen als einzig am Verdienst«, so die Veranstalter, ein Zusammenschluss der »Interessensvereinigung für Politikwissenschaftsstudierende e. V.« mit dem Hochschulteam des Arbeitsamtes Berlin-Südwest und dem »CareerService« der Freien Universität Berlin. Die Non-Profit-Messe »Care & Contakt« kam auf Drängen der StudentInnen zustande: »Die Studierenden kritisierten, dass auf den Hochschulkontaktmessen nur »Global Players« vertreten sind. Sehr viele wollen sich lieber beruflich in einer Nicht-Regierungs-Organisation (NRO) engagieren, weil sie das besser mit ihrem Ethos vereinbaren können«, so Mitveranstalterin Renate Pieper. Auf dieser Messe präsentierten sich nicht-profitorientierte Organisationen und Institutionen mit sozial verantwortlichem, ökologischem und nachhaltigem Anspruch. Auf Podien stellten MitarbeiterInnen von Menschenrechts- oder Umweltorganisationen ihre ungewöhnlichen Lebensläufe und ihre Arbeit vor. Es wurde deutlich, dass es dabei um viel Engagement, Überzeugung und mehr um Berufung als um Beruf geht, denn man verdient meist wesentlich weniger Geld als in der Erwerbswirtschaft. Ein beruflicher Einstieg ist bei der großen Nachfrage in diesem Bereich dennoch oft nur über jahrelange ehrenamtliche Arbeit und schlecht bezahlte Praktika möglich. Gut 1 500 StudentInnen besuchten die Messe.

Werbung in eigener Sache

Nach dem Uni-Abschluss geht es an die Arbeit: Denn sich bewerben, Werbung für die eigene Person und Arbeitskraft zu machen, ist harte Arbeit und eine Kunst für sich. Schon die Orientierung im Dschungel der gut gemeinten Ratschläge zu finden, ist eine Leistung. Nicht mehr zählbar sind die Bewerbungsratgeber in den

Buchläden, die Tipps im Internet und in Broschüren von Banken, Versicherungen und Bildungsinstituten. Den Weltbestseller »What Color is Your Parachute?« von Richard Nelson Bolles oder die zahlreichen Ratgeber des Autorenduos Hesse und Schrader haben die meisten, die sich auf diesem Gebiet einen Überblick verschaffen wollen, schon in der Hand gehabt. Hochschulen, Arbeitsämter und zahlreiche andere Institutionen bieten Bewerbungsseminare, in denen schriftliche Bewerbungen und Vorstellungsgespräche trainiert werden. Auch die Chancen verschiedener Vorgehensweisen werden von allen Seiten beleuchtet. Neben den schriftlichen Bewerbungen auf Stellenanzeigen zählen hierzu die Bewerbung im Internet, die Initiativbewerbung, Stellengesuche, die persönliche Kontaktsuche auf Recruiting-Messen sowie die Arbeitsvermittlung durch Arbeitsämter und private Vermittler.

»Es gibt so viele Bewerbungstrainings, die Bewerbungsmappen werden immer perfekter und aufwändiger gestaltet, so dass es schon inflationär ist«, meint Bettina Satory vom »Career Center« der TU Berlin. Weit gefehlt: Aus der Praxis berichtet Peter Kriegelsteiner, Leiter des Personalbetreuungs-Centers bei Siemens, dass nur jedes dritte persönliche Anschreiben fehlerfrei sei. Sogar Anschreiben auf ausgerissenen Ringbuchseiten seien keine Seltenheit.

Worauf kommt es also an bei einer Bewerbung? In Kurzform hier die wichtigsten Ratschläge:

Zu wissen, was man will und was man kann, ist die erste Voraussetzung für eine Bewerbung. Auch Fragen grundsätzlicher Art, zum Beispiel welchen Stellenwert der Beruf im Leben spielen soll, die Bereitschaft in eine andere Stadt oder für eine Weile ins Ausland zu gehen, sollten immer wieder geklärt werden, denn sie können sich im Laufe der Zeit ändern.

Um eine Orientierung über den Stellenmarkt zu bekommen, ist ein regelmäßiges Studium der Stellenanzeigen in den Printmedien und im Internet sinnvoll. Darüber lassen sich auch die Anforderungen an fachliche und soziale Qualifikationen erkennen. Sie ermöglichen eine Selbsteinschätzung, welche Kenntnisse und Fähigkeiten vorhanden sind und welche noch erworben werden müssen. Um sich auf eine Stellenanzeige zu bewerben, sollten 70 bis 80 Prozent der gewünschten Qualifikationen erfüllt sein. Sich nur gezielt auf geeignete Anzeigen zu bewerben, erhöht die Erfolgschancen und spart Zeit, Geld und Frustrationen. Die Bewerbung sollte formal korrekt sein: hundertprozentig korrekte Rechtschreibung auf ordentlichen Unterlagen. Die schriftliche Bewerbung besteht aus einem kurzen persönlichen Anschreiben, einem nicht mehr als zweiseitigen Lebenslauf mit Foto sowie Zeugnissen und Referenzen. Aus dem Anschreiben sollen die persönlichen Gründe und die Qualifikation für genau diese Stelle hervorgehen. Das Anschreiben sollte persönlich an eine/n Ansprechpartner/in gerichtet sein, der Name der zuständigen Person kann vorab telefonisch erfragt werden.

Auch wenn die Bewerbung perfekt ist: Die Erwartungen auf Erfolg nicht zu hoch zu schrauben, schützt vor Enttäuschung. Nur etwa ein Drittel der offenen Stellen wird über die Schaltung von Stellenanzeigen besetzt. Oft werden nur KandidatInnen eingestellt, die den Firmen bereits bekannt sind oder die ihnen persönlich empfohlen wurden. So sparen die Firmen Zeit und Arbeit. Dennoch müssen viele Stellen aus formalen Gründen ausgeschrieben werden. »Mehr als die Hälfte der Stellen werden bei Siemens erst ausgeschrieben, wenn wir bereits einen Bewerber oder eine Bewerberin haben. Das sind meist Werkstudenten oder firmeninterne Bewerber. Es ist jedoch vorgeschrieben, die Stellen auszuschreiben«, so Kriegelsteiner.

Erfolgt auf die schriftliche Bewerbung länger als zwei Wochen keine Antwort, lohnt sich telefonisches Nachhaken. Damit kann das große Interesse an der Stelle wirksam zum Ausdruck gebracht und die Chance auf eine Einladung zum Gespräch erhöht werden.

Einen Zugang zu internen Stellenausschreibungen erhalten BewerberInnen, wenn sie als DiplomandInnen, PraktikantInnen oder WerkstudentInnen bereits einen Fuß in der Tür haben.

Gelingt es schließlich, zu einem Vorstellungsgespräch eingeladen zu werden, sind den Ratgebern wiederum zahlreiche Tipps von der Gesprächsführung bis hin zu Outfit, Stimme und Körpersprache zu entnehmen. Von den BewerberInnen wird erwartet, dass sie sich für die Firma interessieren und sich vor dem Gespräch ausreichend informieren. Das ist in vielen Fällen über das Internet möglich.

Die besten Chancen haben BewerberInnen mit einer sympathischen Ausstrahlung. Die haben sie am ehesten, wenn sie sich authentisch verhalten. Um sich nicht selbst in schwierige Situationen zu bringen, sollten die Angaben über die eigenen Fähigkeiten und Kenntnisse in der schriftlichen Bewerbung nicht übertrieben sein: »Wir erleben immer wieder, dass BewerberInnen ins Stottern kommen oder ganz verstummen, wenn sie aufgefordert werden, das Vorstellungsgespräch auf Englisch weiterzuführen«, berichtet Kriegelsteiner. Falsche Angaben über Sprachkenntnisse können genauso verfänglich wie gefälschte Arbeitszeugnisse sein. Bei großen Firmen kann man davon ausgehen, dass sie über weit reichende Kontakte verfügen und stichprobenweise telefonisch nachfragen, ob die Angaben im Zeugnis der Bewerberin oder des Bewerbers von ehemaligen ArbeitgeberInnen bestätigt werden.

Viele Firmen sehen mittlerweile von den aufwändigen, oft mehrtägigen Assessment-Centern ab, weil die BewerberInnen bei diesem stressigen Auswahlverfahren häufig ihre Authentizität verlieren. Nur die besten SchauspielerInnen kommen bei den Gruppenbeobachtungen gut durch. Schüchterne Menschen, die nicht minder qualifiziert sein müssen, gehen dabei unter.

Gelingt kein Berufseinstieg über schriftliche Bewerbungen, müssen andere Wege gefunden werden. Stellengesuche in Printmedien sowie die Vermittlung über das Arbeitsamt gelten jedoch als wenig aussichtsreich. Seit 1994 wurde das Monopol der Arbeitsvermittlung der Bundesanstalt für Arbeit aufgehoben. Seither steigt die Zahl der Personen und Firmen im Bereich der privaten Arbeitsvermittlung. Beim Bundesverband Personalvermittlung e.V. lassen sich die Adressen erfragen. Meist stellen die Arbeitsvermittler den Arbeitgebern als Vermittlungsgebühr ein bis zwei Bruttogehälter in Rechnung, für die BewerberInnen ist dieser Service häufig kostenlos. Die Vermittlungschancen sind für BerufseinsteigerInnen aufgrund ihrer mangelnden Erfahrung jedoch sehr begrenzt.

Praktika, Zeitarbeit, Werkverträge und Tätigkeiten, die nicht hundertprozentig der Qualifikation entsprechen, sind in jedem Fall eine Chance für einen Berufseinstieg. Oft entstehen über die gesammelten Erfahrungen Ideen zur Existenzgründung.

Eine Verlängerung des Studiums in Form der Promotion ist sinnvoll, wenn ohnehin eine wissenschaftliche Laufbahn angestrebt wird. Auch die Teilnahme an Aufbaustudiengängen garantiert nicht unbedingt einen besseren Berufseinstieg. Kurze Weiterbildungen, verbunden mit Praktika, versprechen oft mehr Erfolg. Denn über Praxiserfahrungen lassen sich am besten wertvolle Kontakte knüpfen.

Zwischen Idealismus und Brotaufstrich

»Ich habe mir ein zweites Standbein geschaffen«

Tanja ist 32 Jahre alt, hatte den Studiengang Biogeografie im Saarland begonnen, dann jedoch Landschaftsplanung an der TU Berlin studiert. Sie finanzierte das Studium mit vielen Jobs in Büros und an der Uni sowie mit Hilfe ihrer Eltern. Nach dem Uni-Abschluss begann für sie die Suche nach einem sinnvollen Berufseinstieg. Ihr berufliches Selbstvertrauen fand sie durch einen fachfremden Job und entwickelte neue Berufsziele – denn auf dem Arbeitsmarkt werden mittlerweile keine LandschaftsplanerInnen mehr gebraucht.

»Weil ich etwas für die Umwelt tun wollte, wählte ich den Studiengang Landschaftsplanung: Ich wollte die Welt retten – auf ökologischer Ebene! Von der Landschaftsplanung habe ich mir erhofft, dass es ein Beruf ist, der damit etwas zu tun hat. Die zweite Motivation war meine persönliche Verbundenheit mit Natur und Landschaft.

Meine Diplomarbeit beschäftigte sich mit Landwirtschaft in einem anthroposophischen Zusammenhang. Das war keine klassische landschaftsplanerische Arbeit. Und das entsprach dem Punkt, an dem ich mich innerlich befand: Mein Idealismus war im Laufe des Studiums durch die Kontakte mit dem Beruf, die ich bis dahin schon gehabt hatte, geschrumpft. Denn meine Büroerfahrungen und thematische Auseinandersetzungen zeigten mir, dass mit meinem Idealismus in der Landschaftsplanung kein Blumentopf zu gewinnen war. In der ›Goldgräberphase‹ der Landschaftsplanung, 1992, als Büros wie Pilze aus dem Boden schossen, fing ich in einem jungen Büro als studentische Hilfskraft an. Das war meine erste Tätigkeit in einem Planungsbüro. Dort wurde ziemlich viel gepfuscht: Ich musste eine Höhenlinienkarte so manipulieren, dass sie mit der Landschaft draußen nicht mehr viel zu tun hatte. Man hätte meiner Meinung nach ins Gelände fahren müssen, aber ich sollte einfach eine Höhenlinie auf der Karte erfinden. Ich fand diesen Pfusch auf Anweisung einfach grausig. Mich hat diese Realitätsferne – also in Karten zu denken, ohne einen Bezug zu dem, was draußen ist oder was tatsächlich wahr ist – fast umgebracht. Auch die Art des Arbeitens, bei der man Projekte durchziehen musste, weil es einen gewissen Geld- und Zeitrahmen gab und ich nicht so arbeiten konnte, wie ich es inhaltlich für sinnvoll hielt, widersprach meinem Anspruch.

So suchte ich während des Studiums Themen und Methoden, die meinen Ansprüchen gerecht wurden, mich jedoch von der klassischen Landschaftsplanung entfernten.

Nach dem Studium verlief der Übergang ins Berufsleben jedoch zunächst ganz pragmatisch: Ich arbeitete wie bisher an der Uni als Tutorin im befristeten Angestellten-Verhältnis weiter. Parallel dazu fing ich eine zweite Tätigkeit an: Meine Freundin Elke erhielt einen Auftrag für ein landwirtschaftliches Gutachten. Ich übernahm die Hälfte der Arbeit, denn das Thema knüpfte an meine Diplomarbeit an. Wir erstellten ein Modellkonzept aus landschaftsplanerischer und landwirtschaftlicher Perspektive für die Entwicklung der Landschaft in einer ländlichen Region.

Das Gutachten war thematisch sehr breit angelegt und nur mit viel Arbeitsaufwand und Idealismus zu bewältigen. Als der Tutorenjob auslief, habe ich nur noch intensiv das Gutachten bearbeitet. Wir leisteten viel mehr, als dafür bezahlt wurde und legten ein ziemlich umfangreiches Werk für wenig Geld vor.

Verschiedene Gründe hielten mich von einer weiteren gutachterlichen Tätigkeit mit Elke ab: Das Entwickeln von Ideen und Projekten hätte viel Arbeit gekostet. Wir hätten Geldquellen erschließen und uns etablieren müssen. Dieser Schritt erschien mir gigantisch und unüberwindbar. Es wäre ein Schritt in Richtung Selbstständigkeit gewesen, wir hatten beide jedoch keinerlei Startkapital. Aus dem ersten Gutachten hatten wir keine Rücklagen. Zudem konnte ich mir nicht vorstellen, bei noch geringer Berufserfahrung stets mehrere Projekte gleichzeitig zu bearbeiten und auch schon neue Aufträge zu akquirieren. Das ist bei der Selbstständigkeit aber notwendig. Gutachten und Diplomarbeit waren bereits sehr aufwändig gewesen. Ich wollte mit dieser Art des ›Große-Werke-Produzierens‹ aufhören.

Das Gutachten hat mich der Landschaftsplanung nicht unbedingt näher gebracht. Die Goldgräberphase in der Landschaftsplanung wie auch in der Architektur war mittlerweile vorüber. Die Büros entließen ihre Mitarbeiter und Mitarbeiterinnen oder schlossen ganz. Nur noch Planer mit einschlägigen Berufserfahrungen hatten Chancen.

Auf die Frage: ›Was dann?‹ brach das ganze Ausmaß der katastrophalen Ratlosigkeit über mich herein. Ich war orientierungslos und hatte Zweifel an meinen fachlichen Kompetenzen: Ich fühlte mich nicht als Landschaftsplanerin, aber auch nicht als Landwirtin, Ökologin oder Landschaftsgestalterin. Ich wollte aus den schon genannten Gründen nicht in einem Büro unter extrem stressigen Bedingungen bei mittlerweile immer schlechterer Bezahlung arbeiten. Auch zu einer Laufbahn im Öffentlichen Dienst habe ich mich nicht berufen gefühlt, weil ich seine Trägheit nicht mit meinem Charakter überein brachte.

Ein Berufsfindungsseminar machte mir klar, dass es viele Richtungen für mich gab, aber nichts, von dem ich konkret sagen konnte: ›Aha! Hier geht es jetzt lang! Das kann ich.‹

An eine Beschäftigung mit sinnvollen Zielen, zum Beispiel in einem Umweltverband, einer Initiative von unten, einer Nicht-Regierungsorganisation, traute ich mich damals nicht einmal zu denken.

Wegen der Selbstzweifel an meiner fachlichen Kompetenz wandte ich mich erst mal ganz von der Landschaftsplanung ab und fing an, in andere, nicht so anspruchsvolle Bereiche hineinzuschnuppern. Das erste war die Finanzdienstleistungsbranche, ein kurzes Intermezzo von zwei Monaten. Als ich merkte, dass dort nur Halsabschneider arbeiteten und ich weder den Arbeitsstil noch das Thema gut fand, gab ich das wieder auf.

Mittlerweile steckte ich in einer richtigen Finanzmisere: Ich hatte Schulden bei Freunden und Freundinnen gemacht und musste noch ein studentisches Darlehen für die Diplomarbeit zurückzahlen. Eigentlich bin ich mit dem Thema Geld nicht eben verheiratet, das interessiert mich gar nicht besonders. Aber ich hatte kein Geld mehr, meine Miete zu bezahlen oder Brot zu kaufen, geschweige denn Brotaufstrich. An Urlaub oder ein neues Fahrrad war gar nicht zu denken.

Um zu überleben und um Schulden zurückzuzahlen, überlegte ich mir schließlich, womit ich Geld verdienen könnte – ganz konkret und ganz real! Die Bürotätigkeit, die ich zu Beginn meines Studiums gemacht hatte, und meine Sprachkenntnisse in Englisch, Französisch und Spanisch waren Pferde, auf die ich sofort setzen konnte.

Ich fing an zu jobben. Es begann mit einfachen Büroarbeiten wie Briefe schreiben. Verantwortungsvollere Tätigkeiten kamen schnell hinzu. Danach hatte ich das Gefühl: Sekretariatsarbeit – das kenne ich jetzt! Mit meinen Sprachkenntnissen war es leicht, über Zeitarbeit einen Job zu finden.

Als Landschaftsplanerin hätte ich auf dem ersten Arbeitsmarkt keine Chancen gehabt, als Fremdsprachensekretärin einen Job zu finden, weil ich kein Zertifikat hatte. Aber ich wusste: Ich kann das! Zumindest mit ein bisschen Einarbeitung würde mir das ziemlich schnell und gut gelingen. Aber ich hatte keinen Schein, der das dokumentierte. Daher musste ich als Hintertür die Zeitarbeit wählen, mich irgendwo für wenig Geld einsetzen lassen, Erfahrungen sammeln und darüber Qualifikationen erwerben. Während der Einarbeitungszeit konnte ich mir – viel einfacher als in der Landschaftsplanung – noch die fehlenden Qualifikationen, wie Büroorganisation und spezifische Anwendungen in den Sprachen, aneignen. Die Computerprogramme kannte ich schon. Ich fing mit einfachen Tätigkeiten an und arbeitete mich dann systematisch hoch.

So kam ich zu einer Stelle, bei der ich sehr viel mit Handelsenglisch und technischem Englisch arbeiten musste. Ich hatte zuvor Erfahrungen in fünf verschiedenen Firmen gesammelt.

Über die Zeitarbeitjobs entdeckte ich Fähigkeiten an mir, die ich durch mein Studium erworben hatte. Dazu gehörten strukturiertes Arbeiten, analytisches Denken, schnelle Einarbeitung in Themen, Recherche, Gruppenarbeit, Kommunikation, Organisation und Projektmanagement. Diese Fähigkeiten ermöglichten mir das Arbeiten in einem Beruf, den ich nicht erlernt hatte.

Die organisatorische und eigenständige Arbeitsweise beherrsche ich durch mein Studium besser als die Frauen mit Büroausbildung – auch wenn sie im klassischen Bürobereich natürlich besser sind. Aber ich kann mit mehr Überblick flexibler, offener und sehr selbstständig arbeiten – auch wenn ich mit dem Thema vorher nichts zu tun hatte: Ich arbeitete zum Schluss als Schwangerschaftsvertretung in einer Abteilung einer Metallbaufirma, die sich mit Elektrik beschäftigte. Die Metallbaufirma stellt Maschinen für die Pharma- und Waschmittelindustrie her.

Ich war dort eine Mischung aus Fremdsprachensekretärin und persönlicher Referentin für einen Abteilungschef, der 40 Leute unter sich hatte. Er war der Leiter der Elektroabteilung und auch zuständig für Software, Dokumentation, Service. Fachlich lag alles, was mit Elektrik und Elektronik zu tun hatte, in seinen Händen, zudem die Bearbeitung von Kundenanfragen nach dem Verkauf. Als seine einzige Sekretärin erledigte ich seine Korrespondenz und machte alle organisatorischen Arbeiten, die in dieser Abteilung anfielen. Außerdem koordinierte ich die Termine und übersetzte Texte für englische Kunden. Schließlich übernahm ich immer mehr die Projektorganisation und auch Verantwortung.

Meine Tätigkeit bestand zu 60 bis 70 Prozent aus der Kommunikation mit den Mitarbeitern oder Kunden in Deutsch und Englisch, manchmal auch in Französisch. Ich redete, schrieb und organisierte viel, zudem betreute ich Schulungen. Ich organisierte Reisen und betreute die Gäste im Haus. Aufgrund dieser abwechslungsreichen Tätigkeiten blieb ich über ein Jahr. In diesem Bereich der Organisations- und Kommunikationsarbeit füllte ich eine Management-Lücke aus und so wurde eine neue Stelle geschaffen. Ich verdiente 3 500 Mark Brutto für 35 Stunden pro Woche, im Vergleich zur Landschaftsplanung war das ganz gut.

Mittlerweile hatte ich ein gutes Selbstbewusstsein. Damit kam jedoch auch der Wunsch nach einer inhaltlich sinnvollen Tätigkeit auf. Ich merkte, dass ich nicht auf Dauer in einem Industriebetrieb arbeiten wollte. Ich wollte vielmehr meine erworbenen Fähigkeiten in einem Bereich anwenden, in dem ich mich für Umwelt und Gesellschaft einsetzen konnte.

Deswegen habe ich schließlich gekündigt. Ich hatte nun genügend Selbstbewusstsein und endlich Anspruch auf Arbeitslosengeld. Es dauerte nicht lange – und ich fand genau die Weiterbildung, die mich interessierte: ›Organisation und Management in Verbänden und Non-Profit-Organisationen‹. Ich erhielt sofort einen Platz im nächsten Kurs und war zufrieden damit. Die 12-monatige Weiterbildung wurde vom Arbeitsamt bezahlt. Nach dem theoretischen Teil musste ich diese für ein Jahr unterbrechen, denn ich war schwanger und habe nun eine Tochter. Mein Mann nimmt sich ein Erziehungsjahr, so dass ich ein Praktikum bei einem Umweltverband machen und die Weiterbildung abschließen kann.

Obwohl ich nicht weiß, ob ich damit einen richtigen Berufseinstieg finde, betrachte ich die Chance, ein Studium abgeschlossen zu haben, als großen Gewinn und habe das nie bedauert – trotz aller Schwierigkeiten im Anschluss daran. Ich finde, das Mindeste, was man von mir erwarten kann, ist, dass ich in der Lage bin, etwas daraus zu machen – wenn nicht aus dem Studium, dann wenigstens aus meinem Leben. Den Anspruch, mich selbst über Wasser zu halten, habe ich schon. Ich arbeite lieber irgendetwas, auch wenn es mir nicht ganz entspricht, als arbeitslos zu sein.

Auch wenn meine Berufserfahrung als Sekretärin nicht im Bereich der Landschaftsplanung liegt, habe ich mir effektiv ein zweites Standbein geschaffen: Ich kann diese Erfahrungen als Referenz heranziehen, ich habe gute Zeugnisse bekommen. Ich weiß, dass nicht jede Sekretärin diesen Job in einer solchen Position übernehmen kann. Meine Erfahrungen kann mir niemand mehr nehmen. Mein Ziel, ein zweites Standbein zu haben, mit dem ich Geld verdienen kann und leicht Arbeit finde, habe ich erreicht. Zuvor hatte ich dieses Gefühl vermisst: kompetent zu sein, etwas direkt angehen und sofort einen Job finden zu können.

Mein neues Selbstbewusstsein festigt zwar nicht mein Verhältnis zur Landschaftsplanung, aber es stärkt mich sozusagen als Teil der arbeitenden Bevölkerung, weil ich jetzt weiß, dass ich mein Geld verdienen kann.

In jener Phase nach der Wende, als sehr viele Planungsbüros entstanden, hätte ich – wenn ich damals schon mit dem Studium fertig gewesen wäre – versuchen können, einen Job in der Landschaftsplanung zu finden. Ich hätte mich dann in einen Bereich einarbeiten können, so wie ich das als Sekretärin geschafft habe. Aber die Situation ist jetzt eine andere: Man muss genau wissen, was man will und innerlich von seinen Fähigkeiten überzeugt sein, andernfalls ist es sehr schwer, sich zu verkaufen. Das ist jedoch genau das, was mir in dem Bereich der Landschaftsplanung fehlt, und deshalb habe ich das auch nicht weiterverfolgt.

Mein Fazit aus der Studienerfahrung ist: Ich kann mich in viele Bereiche einarbeiten. Ich bin eher Generalistin als Spezialistin. Ich will nun beruflich etwas ganz anderes machen und hoffe, diese Berufserfahrung bald in andere Berufsfelder integrieren zu können. Ich organisiere und koordiniere gern – das sind Allgemeinfähigkeiten, die man auch in einem anderen Rahmen anwenden kann. Ich kann mit Leuten verhandeln, und zwar nicht nur beschränkt auf Deutschland. Mein Wunsch wäre, einerseits im Team und andererseits eigenverantwortlich zu arbeiten – am liebsten in einem Umweltverband. Ich suche zudem einen Inhalt, der mir am Herzen liegt, ein Thema, das mich fasziniert und längere Zeit hält. Ich denke, über meine Weiterbildung kann ich einen beruflichen Einstieg jenseits der Landschaftsplanung finden, der meinen Fähigkeiten und Ansprüchen genügt.

Mein Tipp für Studentinnen und Studenten lautet: Konzentriert euch auf das, was ihr könnt, und probiert euch in verschiedenen Tätigkeiten aus, um Selbstbewusstsein aufzubauen. Habt Mut, die berufliche Zielvorstellung zu ändern, wenn ihr merkt, dass euch bisherige Qualifikationen nicht in den ursprünglich angesteuerten Beruf führen! Und: Viele Kontakte knüpfen und sie auch weiterzuführen ist sehr wichtig. Entscheidend ist es, sich Türen zu öffnen und offen zu halten!«

Am Ball bleiben

»Die Gier nach Wissen ziehe ich positiv aus meinem Lebensweg«

Julian, 35, schloss in der DDR kurz vor dem Mauerfall sein Studium zum Sportoffizier ab. Da sein Examen nach der Wiedervereinigung nicht anerkannt wurde, absolvierte er ein zweites Studium zum Vermessungsingenieur. Davor spielte er eine Weile als Profi-Handballer in der Zweiten Bundesliga. Seit zwei Jahren ist er selbstständig und versucht, seine Ein-Mann-Firma zu etablieren. Nebenher bildet er sich kontinuierlich weiter.

»Nach der Schule machte ich eine Lehre. Eigentlich wollte ich Schiffskoch werden. Aber dafür war ich zu groß, man durfte nicht größer als 1,83 m sein. Im Osten gab es eine zentrale Arbeitsvermittlung für alle Lehrberufe. Arbeitslosigkeit gab es in der DDR nicht. Weil ich nicht die freie Wahl hatte, blieb mir nichts weiter übrig, als Maurer zu lernen. Ich verließ nach zehn Klassen die Schule, fürs Abitur reichte es leider nicht. Es war in der DDR sehr schwer, aufs Gymnasium zu kommen.

Während der Lehre fing ich an, auf der Abendschule mein Abitur nachzumachen. Das ging über zwei Jahre. Mit dem Abschluss der Lehre schaffte ich gleichzeitig mein Abitur.

Meine Mutter wollte immer, dass ich Sportlehrer werde. Und mein Vater, der bei der Armee war, wollte, dass ich Offizier werde. Dadurch kam ich auf die Idee, Sportoffizier zu studieren. Ich studierte vier Jahre in Leipzig an der Deutschen Hochschule für Körperkultur und Sport (DHfK), die inzwischen abgewickelt wurde. Nach zwei Jahren konnte man sich den Truppenteil aussuchen, zu dem man später gehen wollte. Ich ging zu den Grenztruppen, wo ich 1989 meinen Abschluss als Diplompädagoge für Sport machte. Und dann kam die Wende. Mein Studienabschluss war plötzlich kaum mehr etwas wert. Die Ausbildung zum Sportoffizier war auf die Arbeit bei der NVA ausgerichtet und mein Aufgabenbereich wäre das sportliche Training der Soldaten und Offiziere gewesen. Ursprünglich hatte ich mich für 25 Jahre als Berufsoffizier verpflichtet.

Nach der Wende fing ich an, mich zu bewerben. Die Stellen, die angeboten wurden, interessierten mich nicht. Ich wollte meinen Beruf als Diplompädagoge ausüben. Aber mein Abschluss wurde nicht anerkannt. Dafür hätte ich noch drei Jahre in Köln an der Sportuni studieren müssen. Das wollte ich nicht. Ich bewarb mich bei der Armee und bekam auch eine Stelle. Die erste Stelle, auf die ich mich beworben hatte, war die eines Generals und ich denke, die Bewerbung wurde als anmaßend empfunden. Deswegen wurde ich nach Ahlbeck, in die nordöstlichste Stadt vor der polnischen Grenze, geschickt. Ich wurde sozusagen strafversetzt. Aber dort gefiel es mir überhaupt nicht. Ich verbrachte einen Monat mit Nichtstun und ging dann freiwillig. Mir wurde sogar eine Abfindung gezahlt. Und damit war die Sache gegessen. Ich hatte meine Ausbildung mit einem anderen Ziel gemacht. Das wollte ich mir nicht weiter antun. Die alten Kaderoffiziere blieben im Amt und konnten die Stellen so verteilen, wie sie wollten. Und sie schoben sich gegenseitig die guten Posten zu.

So meldete ich mich arbeitslos. Über Beziehungen bekam ich eine Stelle als Sportlehrer an einer Schule. Durch meine jahrelange Trainer-Tätigkeit beim Deutschen Turn- und Sportbund hatte ich genug Erfahrungen gesammelt. Und ich spiele seit dem sechsten Lebensjahr Handball. Aufgrund meines Studiums konnte ich alle Sportdisziplinen unterrichten, sogar Bodenturnen und Barren. Ich unterrichtete zwei Jahre, bis ein neuer Rektor aus den alten Bundesländern eingesetzt wurde. Eigentlich wollte ich noch ein zweites Fach unterrichten. Aber der neue Rektor kündigte mir mit der Begründung, jemanden wie mich wolle er nicht an der Schule haben. Denn ich war ja in der DDR beim Militär gewesen, einem staatsnahen Organ, und das war verpönt.

Ich war nur kurze Zeit arbeitslos. Zuerst spielte ich Handball, fuhr zu Turnieren und trainierte eine Mädchenmannschaft. Auf einem Turnier sprach mich ein Spielervermittler aus Bremen an und fragte, ob ich nicht Lust hätte, woanders Handball zu spielen. Ich hatte Lust und spielte anschließend anderthalb Jahre in der Zweiten Bundesliga in einem kleinen Dorfverein nahe Varel in Norddeutschland. Dabei verdiente ich sogar sehr gut. Leider hatte ich dann einen schweren Bandscheibenvorfall, der operiert werden musste, und das war das Ende meiner Spielerlaufbahn.

Als ich endlich wieder fit war, meldete ich mich beim Arbeitsamt. Eine Weiterbildung oder Umschulung kam für mich nicht in Frage. 1994 entschloss ich mich, ein neues Fach zu studieren. Für mich standen Informatik und Vermessungstechnik zur Auswahl. Ich entschied mich für Vermessungstechnik an der Technischen Fachhochschule. Mir gefiel, dass ein großer Teil des Studiums sowie des Berufsalltags draußen stattfand, und Informatik war mir zu trocken. Nach vier Jahren beendete ich das Studium als Vermessungsingenieur. Ein halbes Jahr später machte ich mich zusammen mit einem Kollegen selbstständig, nachdem die benötigten Kredite genehmigt waren. Wir gründeten eine GbR. Wir mussten uns viel Technik – Tachymeter, PC's, Prismen, Stative, ein Auto, Plotter und Vermessungs-Software – kaufen. Dafür brauchten wir etwa 250 000 DM, obwohl wir viele Geräte gebraucht kauften. Zum Glück konnten mir meine Eltern mein ›Erbe‹ vorab auszahlen. Dadurch musste ich nur noch einen Kredit über 80 000 DM aufnehmen, konnte alles anschaffen und vor drei Jahren mit der Arbeit anfangen.

Allerdings konnten wir erst Aufträge annehmen, nachdem wir den Stempel von der Baukammer erhalten hatten. Vorher durften wir noch nicht einmal werben. Ich habe mir vorgenommen, fünf Jahre durchzuhalten und dann zu sehen, ob es weitergeht oder nicht. Unsere Kunden sind vorwiegend Baufirmen oder Privatleute. Die meisten Aufträge kommen aus Brandenburg. Das Problem ist, dass praktisch keine Aufträge mehr über Ausschreibungen, sondern nur noch über Beziehungen zu bekommen sind. Ich hatte bisher noch kein Glück bei Ausschreibungen, obwohl ich es regelmäßig versucht habe. Die meisten Baufirmen haben ihre eigenen Vermesser, deswegen stehen auch wenig Projekte in den Amtsblättern.

Ich versuchte erst gar nicht, als Angestellter bei einer Baufirma zu arbeiten, denn ich wollte mich unbedingt als Selbstständiger etablieren. Ich habe immer noch die Option, zu der Firma, bei der ich meine Praktika absolvierte, zurückzugehen. Das mindert mein Risiko. Ob ich das will, ist die andere Frage.

Unsere Umsatzzahlen sind in den letzten drei Jahren gestiegen, um 7 000 bis 8 000 DM jedes Jahr. Mein Kollege stellte sich das dennoch alles ein bisschen einfacher vor. Unter den gegebenen Umständen wollte er nicht mehr dabeibleiben. Jetzt arbeite ich allein weiter. Immerhin könnte ich schon vom Gewinn leben, wenn der Kredit nicht wäre.

Zum Vermessen nehme ich jetzt einen Punker mit, der nicht regelmäßig arbeiten will. Fachlich ist der richtig gut. Er ist Techniker und seine einzige Bedingung ist: ›Nicht vor elf‹. Danach ist er dann voll motiviert, selbst wenn wir bis 20 Uhr vermessen.

Ich habe recht schnell gemerkt, dass ich auf diesem einen Fuß allein nicht stehen kann. Deswegen mache ich jetzt nebenbei eine Weiterbildung zum Gutachter für Gebäudeschäden und Grundstücksverwaltung, zu der auch ein Praktikum gehört. Und ich verkaufe zusammen mit einem Freund spanische Immobilien. Wir machen das seit paar Monaten und sind erstaunt, wie viele Deutsche immer noch in Spanien leben wollen. Wir bieten in Deutschland die Beratung an, alles andere wird in Spanien erledigt. Damit verbringe ich nur hin und wieder ein paar Stunden. Im Vordergrund steht natürlich meine Firma. In einem bis anderthalb Jahren kann ich vermutlich abschätzen, wie sich die Lage entwickeln wird. Leider geht es ziemlich bergab mit der Vermessungsbranche, viele Büros machen pleite, in Berlin ist die Auftragslage ganz schlecht. Zum Glück habe ich zwei Auftraggeber, die mir immer wieder Projekte geben. Für eine Landesgartenschau bekomme ich vielleicht bald einen größeren Auftrag. Die Entscheidung fällt im Laufe dieses Jahres. Kürzlich bekam ich einen Auftrag für die Vermessung von Kanälen in einem Landschaftsschutzgebiet.

Ende des Jahres habe ich die Möglichkeit, für ein Jahr nach China zu gehen. Dort will ein amerikanischer Unternehmer mit deutschem Know-how ein Werk für Sanddornprodukte bauen. Nordchina hat das größte Sanddornaufkommen der Welt. Die Beeren des Sanddorns sind sehr Vitamin-C-haltig und eignen sich zur Herstellung von Säften, Pasten und Likören. Ich kenne den Geschäftsführer der deutschen Partnerfirma, die hier verschiedene Produkte aus Sanddorn herstellt. Vor einiger Zeit machte er sich selbstständig. Ich lernte ihn über meine Mutter kennen.

Ich werde in China nicht nur vermessen, sondern auch bei der Bauleitung mitwirken. Das ist ein großer und gut bezahlter Auftrag für mich. Es arbeiten dort noch andere Fachleute mit. Ich bin zuversichtlich, dass das ein spannendes Projekt wird.

Zurzeit stehe ich zum ersten Mal vor dem Problem, dass Firmen ihre Rechnungen an mich nicht bezahlen. Es handelt sich dabei um etwa 8 000 Euro und das ist eine erhebliche Summe für einen so kleinen Betrieb wie meinen. Das Finanzamt schläft schließlich nicht: Ich muss vierteljährlich Vorauszahlungen leisten und meine

Versicherungen warten auch nicht. Zudem laufen die Kredite noch. Die sind als erstes zu bezahlen.

Im Winter habe ich wenig zu tun, aber im März geht es wieder richtig los. Trotzdem habe ich keine Bedenken, ob ich mit meiner Firma überleben kann. Ängste habe ich zum Glück noch nie gehabt. Vor einiger Zeit musste ich mir noch einen Nebenjob besorgen, um meine Miete zu bezahlen. Und so jobbe ich noch heute regelmäßig als Türsteher bei verschiedenen Veranstaltern. Allerdings reduzieren sich meine Einsätze immer mehr, weil regelmäßig so viel Geld übrig bleibt, dass ich nicht unbedingt acht Nächte im Monat arbeiten muss. Meine Einsatzorte sind eine Disco und ein Veranstaltungsort, an dem Konzerte für Nachwuchsbands stattfinden. Zur Vorbereitung reicht mein Handball-Training, ab und zu gehe ich auch ins Fitnessstudio. Mit diesem Job habe ich nach dem Studium angefangen. Während des Studiums verdiente ich in einem Vermessungsbüro richtig viel Geld. Das war mehr als genug zum Leben.

Ich würde gern ein Aufbaustudium machen. Seevermessung hätte mich sehr interessiert, aber das ist ein Vollstudium und das schaffe ich nicht. Auf ein Fernstudium hätte ich mich gern eingelassen. Dann hätte ich im Anschluss zum Beispiel auf einer Bohrinsel arbeiten können. Auch Bildflug, also die Aufnahme und Erstellung von Luftbildern aus dem Flugzeug, interessiert mich. Aber die Chancen, in diesem Bereich Arbeit zu finden, sind sehr gering. Was sich als Idee herauskristallisiert, ist ein betriebswirtschaftliches Studium, das ich nebenher machen kann.

In meinem Büro erledige ich außer der Steuererklärung alles selbst. Eine Sekretärin brauche ich nicht. Am Anfang hatten wir zum Teil so große Aufträge, dass wir noch Mitarbeiter gebraucht hätten. Aber für Angestellte wären kontinuierlich viel mehr Aufträge nötig gewesen.

Zurzeit bereite ich mich auf das Praktikum im Rahmen der Gutachter-Weiterbildung vor. Abends werden bei der Baukammer Kurse angeboten. Die habe ich schon besucht. Ich habe mir verschiedene Gutachten zuschicken lassen, um zu sehen, wie die geschrieben sind. Gutachter ist ja neben Immobilienmakler einer der wenigen Berufe, für den man keinen Titel und kein Zertifikat braucht. Man kann Gutachten schreiben und ist dann eben Gutachter. Und ich wollte etwas machen, was meiner jetzigen Tätigkeit ähnelt. Für eine Neuorientierung fehlt mir noch die zündende Idee.

Wenn sich der negative Bautrend in Berlin so weiterentwickelt, bleibt mir gar nichts weiter übrig als ein beruflicher Umstieg. In anderen Bundesländern, wo die Situation zum Teil besser ist, habe ich keine Kontakte. Dadurch ist es sehr schwierig für mich, dort Aufträge zu bekommen.

Mein Vorbild sind die Amerikaner, die in ihrem Leben vier bis fünf verschiedene Jobs machen. Mich beschäftigt aber die Frage, was sein wird, wenn ich noch zehn Jahre so arbeite. Dann ist irgendwann der Zug abgefahren und es nimmt mich keiner mehr, wenn etwas schief geht. Es sei denn, ich bin bis dahin ein gefragter Spezialist und eine gesuchte Arbeitskraft.

Im Hinterkopf habe ich die Vorstellung, den Vertrieb für die Sanddornprodukte, die in China hergestellt werden, zu übernehmen. Grundsätzlich bin ich für vieles offen.

Wenn ich eine Sache angefangen habe, will ich sagen können, dass ich alles dafür getan habe, damit sie funktioniert. Dann kann ich auch ruhigen Gewissens wieder aufhören, wenn es trotzdem nicht klappt. Das ist etwas ganz anderes, als wenn ich mir vorwerfen müsste, nichts dafür getan zu haben. Für meine Firma habe ich schon sehr viel gearbeitet. Rumheulen gehört zum Geschäft, aber ich habe es mir so ausgesucht und da muss ich jetzt durch.

Manchmal habe ich auch einen Frust, vor allem wenn ich an mein Erspartes gehen muss, weil die Firmen nicht zahlen. Dann zweifele ich manchmal und denke, dass ein gesichertes Einkommen bei einer geregelten 40-Stunden-Woche vielleicht doch besser wäre. Andererseits müsste ich mir dann immer von irgendwelchen Leuten etwas vorschreiben lassen. Wenn jedoch ein Kunde anruft und fragt, ob wir noch Kapazitäten haben, bin ich wieder obenauf und überzeugt von meiner Arbeit.

Selbst wenn ich für einen Auftrag keine ausreichenden Erfahrungen habe, sage ich trotzdem zu und suche mir Leute, die das können. Dabei lerne ich es auch selbst. Einen Auftrag abzulehnen, ist schlecht fürs Geschäft. Bestimmte Dinge traue ich mir vom Fachlichen her nicht zu. Ich würde zum Beispiel gern einmal eine Brücke bauen, aber das ist zu schwer.

Der Nachteil für Vermessungsbüros allgemein ist, dass die öffentlich bestellten Vermessungsingenieure (ÖBVI) bevorzugt werden. Bevor etwas vermessen wird, muss ein amtlicher Lageplan her, den nur die ÖBVI erstellen dürfen. Am Ende bekommen sie oft noch den Auftrag für den Rest, obwohl sie teurer sind.

Positiv ist, dass ich inzwischen selbst die Initiative ergreife, um etwas Neues zu beginnen. Das konnte ich mir früher nie vorstellen, nicht an der Hand genommen zu werden und gesagt zu bekommen: ›Jetzt fangen wir an zu laufen.‹ Auch die Gier nach Wissen ziehe ich positiv aus meinem Lebensweg. Das hätte mir keiner, der mich früher kannte, zugetraut. Jetzt erweitere ich mein Wissen selbstständig durch das Lesen von Fachliteratur. Ich war als Schüler eher faul. Heute besorge ich mir die Literatur, setze mich hin und lese. Auch das Zeichenprogramm CADdy habe ich mir selbst angeeignet.

Als Vermesser muss man genau arbeiten. Je nach Aufgabe mehr oder weniger. Bei Lageplänen kommt es auf einen Zentimeter nicht an, aber bei komplizierten Bauwerken sieht es schon wieder ganz anders aus.

Ich möchte die Freiheit, zu denken und zu arbeiten, ohne dass irgendjemand mir sagt, was zu tun ist, nicht mehr missen. Auch die freie Zeiteinteilung kommt meiner morgendlichen Faulheit entgegen.

Mir gefällt die Abwechslung von Innen- und Außendienst. An Regentagen bleibe ich zu Hause, bei gutem Wetter gehe ich raus.«

Der Arbeitsmarkt für AkademikerInnen

Der Strukturwandel des Beschäftigungssystems begünstigt AkademikerInnen. In diesem Zusammenhang wird auch von einer zunehmenden »Akademisierung der Arbeitswelt« gesprochen. Die Zahl der erwerbstätigen AkademikerInnen stieg in den letzten zwanzig Jahren um mehr als das Doppelte: »Hatten 1976 im Westen nur sieben Prozent der Erwerbstätigen einen Unioder FH-Abschluss, so waren es 1998 bereits 16 Prozent«, lauten die Angaben des Instituts für Arbeitsmarktforschung (IAB). Neue Erwerbsformen bedeuten jedoch auch für AkademikerInnen unsichere Arbeitsverhältnisse.

Die Akademisierung der Arbeitswelt

Trotz des Einbruchs der Informationstechnologie-Branche und damit des »Neuen Marktes« im Jahr 2001 kann sich keiner mehr dem Wandel zur Informationsgesellschaft entziehen. Die neuen Informationstechnologien erfordern in Zukunft eine wachsende Zahl an InformatikerInnen, IngenieurInnen und Multimediafachleuten sowie Menschen, die die Masse an Informationen koordinieren und in Wissen umwandeln können. Andererseits werden in vielen Bereichen der Wirtschaft und des öffentlichen Lebens neben SpezialistInnen immer mehr GeneralistInnen gebraucht: Der eigene Ausbildungshorizont muss oft überschritten werden, da Hierarchieebenen wegfallen und sowohl projektbezogen als auch in Teamarbeit fachübergreifende Lösungen gefunden werden müssen. Es werden vermehrt AkademikerInnen als SachbearbeiterInnen eingesetzt. Denn hier ist eine Steigerung der generellen Kompetenzen nötig, um leichter und schneller auf neue und erweiterte Aufgaben reagieren zu können. Im Zuge der Globalisierung der Märkte und der damit verbundenen Internationalisierung gewinnen zudem Fremdsprachenkenntnisse und interkulturelle Kompetenz an Bedeutung.

Der Kurzbericht des Instituts für Arbeitsmarkt- und Berufsforschung (IAB) 10/1999 bestätigt einen ungebrochenen Trend zur Wissensgesellschaft und prognostiziert höhere Beschäftigungsanteile bei den sekundären Dienstleistungen für die Arbeitslandschaft 2010. Die Bereiche Forschung und Entwicklung, Organisation und Management sowie Beraten, Betreuen, Lehren und Publizieren werden ihre Beschäftigungsanteile erhöhen. Einfache Tätigkeiten verlieren dagegen an Bedeutung: Alle produktionsorientierten Beschäftigungen sowie der primäre Dienstleistungsbereich mit beispielsweise einfachen Bürotätigkeiten werden weiter zurückgehen. So können Hoch- und FachhochulabsolventInnen auch in Zukunft mit Beschäftigungsgewinnen rechnen. »Allerdings«, so das IAB, »wird dort mit einem Teilzeitanteil von etwa 30 Prozent im Jahr 2010 gerechnet, so dass das Arbeitsvolumen nicht in derselben Größenordnung zunehmen wird wie die Zahl der Arbeitsplätze.«

AkademikerInnen sind schon heute von allen Berufsgruppen am wenigsten von Arbeitslosigkeit betroffen. Während die Beschäftigungskrise der 90er Jahre besonders das verarbeitende Gewerbe und damit eher niedrig Qualifizierte erfasste, gab es einen Zuwachs im Dienstleistungssektor, von dem AkademikerInnen am stärksten profitierten. 1998 lag die Arbeitslosenquote bei Uni-AbsolventInnen im Westen bei 3,5 Prozent, bei FH-AbsolventInnen bei 2,4 Prozent, im Osten bei beiden Gruppen geringfügig höher. Bei Menschen ohne berufliche Ausbildung war jedoch jeder Vierte arbeitslos. Seit 1996 ist die Arbeitslosenquote bei FachhochschulabsolventInnen die geringste von allen Qualifizierungsgruppen.

Im Jahr 2000 ging die Zahl der arbeitslosen AkademikerInnen bundesweit um 11 Prozent gegenüber dem Vorjahr zurück. In diesem Zeitraum sank die Arbeitslosigkeit zwar auch bei anderen Qualifikationsgruppen, aber die der AkademikerInnen ging überdurchschnittlich zurück. Im Jahr 2001 stieg die AkademikerInnenarbeitslosigkeit wieder leicht an. Zukunftsprognosen bestätigen jedoch einen weiter steigenden Bedarf an AkademikerInnen im kommenden Jahrzehnt, bei einer gleichzeitigen Verknappung des Angebots an akademisch gebildeten Arbeitskräften. Dieser zukünftige Mangel wird zum einen auf die gesunkene Studierneigung der Hochschulberechtigten in den 90er Jahren sowie ein drastisches

Sinken der Jahrgangsstärken der jungen Generation im nächsten Jahrzehnt zurückgeführt. Wenn die Bildungsexpansion der letzten Jahrzehnte weiter zum Stillstand kommen sollte, bedeute dies einen Rückschritt, beschreibt der IAB-Kurzbericht 8/2001. Die ehemalige Akademikerschwemme würde sich demnach für den Hochtechnologiestandort Deutschland in Zukunft in einen Fachkräftemangel wandeln. In der Beschäftigungskrise der 90er Jahre wurden ältere ArbeitnehmerInnen vermehrt in den Vorruhestand und in die Arbeitslosigkeit entlassen. Fachkräfte ab 40 Jahren gelten auf dem Arbeitsmarkt als »Risikogruppe« und haben es bis heute schwer einen neuen Arbeitsplatz zu finden. Die Weiterentwicklung betrieblichen Know-hows wurde über die Einstellung von jungen, frisch ausgebildeten BerufsanfängerInnen sichergestellt. »Dieser Weg«, meint das IAB, »wird künftig in die Sackgasse führen, weil das Potenzial an jungen Fachkräften immer kleiner wird.«

Aus dem Trend zur allgemeinen Höherqualifizierung ließe sich jedoch höchstens ableiten, dass sich Studieren im Allgemeinen lohne, stellt Corinna Schöps in ihrem Artikel »Zyklus der Schweine« (*Die Woche*, 5.10.2001) fest. Die Nachfrage nach einzelnen Disziplinen und Berufsfeldern ließe sich aufgrund der so genannten Schweinezyklen, also dem starken konjunkturellen Auf und Ab von Angebot und Nachfrage, nicht vorhersagen. »Welches Talent in welchem Studium oder Beruf auch tatsächlich ankommt, das bleibt für die meisten Schulabgänger auch in der Informationsgesellschaft ein schwer zu lösendes Rätsel.« Diese konjunkturellen Schwankungen erfuhr die Autorin schon ein halbes Jahr später selbst: Die Wochenzeitschrift *Die Woche* musste ihre Produktion im Februar 2002 einstellen.

Um dem angekündigten Mangel an jungen Fachkräften entgegenzuwirken, werden immer mehr Bachelor-Studiengänge eingerichtet, die wesentlich kürzer als normale Studiengänge sind, was seitens der Wirtschaft begrüßt wird. Durch die Schaffung von Junior-Professorenstellen besteht seit kurzem auch die Möglichkeit ohne Habilitation bereits mit Mitte 30 Professor zu werden und damit die Unilaufbahn zu beschleunigen. WissenschaftlerInnen können demnach schon rund zehn Jahre früher als bisher in die selbstständige Forschung und Lehre einsteigen. An den Universitäten scheiden sich allerdings die Geister, ob ein Hochschulstudium Pragmatismus und Schnelligkeit oder eher der Persönlichkeitsbildung und forschender Tiefe dienen soll. Mittelfristig sollen 6 000 Junior-Professorenstellen im Rahmen der Dienstrechtsreform geschaffen werden, die laut Bundesbildungsministerium die wissenschaftspolitisch größte Reform seit den 60er Jahren ist. »Gleichwohl sehen Verbände, die den akademischen Nachwuchs vertreten, die Generation der jetzt 30- bis 45-Jährigen als Verlierer der Reform, zumal die Junior-Professuren auf Kosten von Stellen für Dozenten und wissenschaftliche Assistenten eingerichtet werden«, merkt die *Frankfurter Rundschau* vom 30.3.2002 an. Durch eine Novelle des Hochschulrahmengesetzes von Januar 2002 wird zudem die Qualifikationsphase für den wissenschaftlichen Nachwuchs an den Universitäten auf 12 Jahre begrenzt. »Viele Wissenschaftler fürchten nun, ihre wissenschaftliche Tätigkeit an der Uni nicht mehr fortsetzen zu können.« (*TU intern,* 2–3/2002).

Unsichere Erwerbsformen und Beschäftigung unterhalb der Qualifikation

Der Strukturwandel der Arbeitswelt ändert die Formen der Erwerbstätigkeiten. Im Zuge der Globalisierung kommt es gehäuft zu einer Verlagerung von Arbeitsplätzen ins Ausland. Unternehmen verselbstständigen Unternehmensteile und Abteilungen. Dieses so genannte »Outsourcing« führt zu einer Zunahme ungesicherter Beschäftigungsverhältnisse, Selbstständigkeit und Scheinselbstständigkeit. Beim Outsourcing werden Bereiche wie Datenverarbeitung, Marketing und Öffentlichkeitsarbeit an kleinere Unternehmen, freie MitarbeiterInnen oder Selbstständige vergeben. Fach-, Führungs- und Koordinationsaufgaben werden immer häufiger auf Zeit oder lediglich für einzelne Projekte vergeben. Flexibilität und Mobilität werden zunehmend gefordert. Die Arbeitsbedingungen für HochschulabsolventInnen wandeln sich insbesondere für BerufsanfängerInnen weg von dauerhafter Vollbeschäftigung mit tariflicher arbeitsmarkt- und sozialrechtlicher Gestaltung hin zu befristeten, unsicheren Beschäftigungsformen, die häufig auch als »prekär« oder »marginalisiert« bezeichnet werden.

Die Tendenz zu mehr Beschäftigung im Bereich Selbstständigkeit bestätigen Aussagen des Instituts der Deutschen Wirtschaft Köln vom 14.10.1999: »Insgesamt hat sich die Zahl der erwerbstätigen Akademiker binnen Jahresfrist um 139 000 auf fast 5,4 Millionen erhöht. Dieses Plus geht allerdings vornehmlich auf das Konto der Freiberufler, Existenzgründer und Unternehmer, denn die Zahl der sozialversicherungspflichtig beschäftigten Akademiker ist im vergangenen Jahr um 25 000 gesunken.«

Nach Angaben der *Information für die Beratungs- und Vermittlungsdienste* (ibv) 26/2001 von Franziska Schreyer sind von den »unsicheren« Erwerbsformen die HochschulabsolventInnen von allen beruflichen Qualifikationsgruppen am zweithäufigsten nach den Personen ohne jegliche Berufsausbildung betroffen. »Anders als bei der Arbeitslosigkeit kann bei der unsicheren Beschäftigung also nicht von einer privilegierten Position der AkademikerInnen gesprochen werden«, heißt es in diesem Bericht. Unter unsicheren Erwerbsformen werden befristete sozialversicherungspflichtige Beschäftigung, Arbeitsbeschaffungsmaßnahmen, Leiharbeit, geringfügige Beschäftigung sowie Freie Mitarbeit verstanden. Unsichere Beschäftigung ist bei allen Qualifikationsstufen vor allem ein Problem der Frauen und der Jüngeren.

Zu den unsicheren Beschäftigungsverhältnissen kommt ein hoher Anteil an ausbildungsinadäquaten Berufstätigkeiten. 1995 waren im Westen 14 Prozent der Akademikerinnen und Akademiker beruflich ausbildungsinadäquat eingesetzt. In den neuen Ländern stieg zwischen 1991 und 1995 die inadäquate Akademikerbeschäftigung von 19 auf 29 Prozent. Der ibv-Bericht wertete verschiedene Studien aus und versteht die Ergebnisse nur als »Annäherung an ein komplexes und sich wandelndes Phänomen«. Dies lässt eine große Grauzone an inadäquater Beschäftigung vermuten. Solche Tätigkeiten, die der Ausbildung nicht entsprechen, sind häufig mit einem dem Studienabschluss nicht angemessenen Einkommen oder einer schlechteren betrieblichen Position verbunden. 1995 waren im Westen Deutschlands 26 und im Osten 36 Prozent der erwerbstätigen AkademikerInnen unterhalb ihrer Qualifikation eingesetzt. Die unter 30-jährigen BerufsanfängerInnen waren 1995 mit 21 Prozent, im Osten sogar mit 47 Prozent bei ausbildungsinadäquaten Tätigkeiten eingesetzt. Etwa ein Drittel der selbstständigen AkademikerInnen hätte für die Ausübung ihrer Tätigkeiten kein Studium gebraucht.

Akademikerinnen gleichberechtigt?

Frauen sind neben ihrer größeren Betroffenheit von unsicheren und inadäquaten Beschäftigungen auch häufiger arbeitslos als Männer: 1998 waren bundesweit 4,6 % der Hochschulabsolventinnen im Vergleich zu 3,4 % der Männer mit Hochschulabschluss arbeitslos gemeldet. Laut IAB-Bericht 1999 sind Frauen aller Studienfächer stärker von Arbeitslosigkeit betroffen als Männer. Bei traditionellen »Männerfächern« ist dieser Unterschied sogar besonders groß. So lag 1995 die Arbeitslosenquote bei Elektroingenieurinnen mit Universitätsstudium fast dreimal so hoch wie bei Elektroingenieuren. Die Annahme, Akademikerinnen seien stärker von Arbeitslosigkeit betroffen, da sie vor allem in die »brotlosen« Geisteswissenschaften strömten, ist daher nicht zu halten.

Akademikerinnen verdienen zudem weniger als Akademiker. »Der Einkommensunterschied zwischen männlichen und weiblichen Akademikern ist gravierend. In den unteren Einkommensklassen sind die Frauen deutlich stärker vertreten als in den oberen.« Diese Angabe ist den *Arbeitsmarktinformationen* der Zentralstelle für Arbeitsvermittlung der Bundesanstalt für Arbeit (ZAV) 1/1999 zu entnehmen.

Der Arbeitsmarkt für einzelne Fächergruppen

IngenieurInnen, NaturwissenschaftlerInnen und InformatikerInnen

Bei den IngenieurInnen handelt es sich um die konjunkturanfälligste Großgruppe auf dem AkademikerInnen-Arbeitsmarkt. Während die Arbeitslosigkeit in fast allen Studienfächern Ende der 90er Jahre und 2000 zurückging, bildeten die Architektur und das Bauingenieurwesen eine Ausnahme: Hier stieg die Arbeitslosigkeit in den letzten Jahren sogar weiter an.

»Dies verweist auf die Gebrochenheit des Ingenieurarbeitsmarktes: Waren in den 90er Jahren zunächst die Elektrotechnik und das Maschinenbauingenieurwesen die ›Sorgenkinder‹ dieses Teilarbeitsmarktes, so nahmen in der zweiten Hälfte des Jahrzehnts vor dem

Hintergrund der schwierigen Baukonjunktur die ›Baufächer‹ diese Rolle ein«, heißt es im ibv-Bericht von Franziska Schreyer .

IngenieurInnen mit Informatik-Kenntnissen sind jedoch weiterhin gefragt: Siemens kündigte 2001 an, weltweit 17 000 Stellen abzubauen, davon über die Hälfte in Deutschland. Dennoch wurden rund 3 000 IngenieurInnen gesucht. 2000/2001 stellte das Unternehmen etwa 6 000 AkademikerInnen ein (*VDI nachrichten* vom 26.10.2001). Personalvorstand Peter Pribilla sagt im Interview mit den *VDI nachrichten*: »Tatsache ist, dass es uns trotz aller Bemühungen nicht gelingt, unseren Bedarf an IT-Spezialisten vollständig zu decken. Es werden in vielen Bereichen sehr spezifisch ausgebildete, hoch qualifizierte Ingenieure benötigt.« Pribilla warnt jedoch mit Blick auf die aktuellen Einschreibungszahlen an den Hochschulen vor dem Schmalspurinformatiker, der nur sein Fach beherrscht. »Von eminenter Bedeutung für die Industrie werden vielmehr Ingenieure und Naturwissenschaftler mit Informatik-Kenntnissen sein beziehungsweise Informatiker, die anwendungsbezogen arbeiten können.«

Wirtschaftsingenieure haben aufgrund ihrer interdisziplinären Ausbildung durchweg gute Chancen in der Wirtschaft: »Wirtschaftsingenieure können sich den Arbeitgeber aussuchen«, hieß es in der *FAZ* vom 25.8.2001. Mit ihrer betriebswirtschaftlichen und technischen Qualifikation lassen sie sich an Schnittstellen zwischen technischen und kaufmännischen Bereichen einsetzen. Gute Chancen haben sie in den Bereichen Einkauf, Marketing und Vertrieb von Elektroindustrie, Fahrzeug- und Maschinenbau sowie in der IT- und Kommunikationsbranche.

KünstlerInnen und PublizistInnen: Berufe im Kulturbereich

KünstlerInnen und PublizistInnen praktizieren seit jeher Erwerbsformen, die sich in anderen Berufsbereichen nun erst ausbreiten. Diskontinuierliche Erwerbskarrieren mit höheren Einkommensrisiken sind hier normal. In den 90er Jahren fand ein weiterer Wandel statt: Durch die Sparmaßnahmen im Kulturbereich und die damit verbundenen Stellenkürzungen sind KünstlerInnen zunehmend gezwungen, selbstständig zu arbeiten, sich selbst zu vermarkten und wirtschaftlich zu handeln. Fortbildungen im Bereich Kulturmarketing sollten ehemals fest angestellten OrchestermusikerInnen, TänzerInnen, Licht- und TontechnikerInnen Hilfestellungen bieten. Bereits 1995 waren 35 Prozent der Künstler und Publizisten selbstständig, während nur neun Prozent der Erwerbstätigen insgesamt selbstständig arbeiteten. Der Einfluss der Informationstechnologie verstärkt auch im künstlerischen Bereich den Trend zur Selbstständigkeit. »Die Zahl freiberuflicher Künstler, Übersetzer, Schriftsteller und eben Web- und Grafik-Designer stieg 2000 um 22 000« (*Handelsblatt*, 10.8.2001).

Viele Berufe in den vor- und nachgelagerten Kulturbereichen erfordern keine spezifische Ausbildung. Dies trifft auf die Berufe von LektorInnen, DramaturgInnen, RegisseurInnen, KunstvermittlerInnen, KritikerInnen und ModeratorInnen zu. Hier finden sich QuereinsteigerInnen aus unterschiedlichen Fachrichtungen. Aber auch das Berufsbild von SchauspielerInnen ist noch nicht konkret definiert (siehe den Bericht von Ida: »Von der Geografie ins Rampenlicht«). Tätigkeitsvielfalt, Mobilität und Flexibilität sind charakteristisch für das Berufsbild von KünstlerInnen.

Insgesamt stieg die Anzahl der erwerbstätigen KünstlerInnen zwischen 1978 und 1995 um 70 Prozent. Die stärkste Gruppe sind die PublizistInnen, gefolgt von den LehrerInnen für musische Fächer und den bildenden und darstellenden KünstlerInnen.

Eine Studie des Wissenschaftszentrums Berlin für Sozialforschung von Caroll Haak und Günther Schmid aus dem Jahr 1999 beschreibt Arbeitsmärkte für KünstlerInnen und PublizistInnen als Modelle einer zukünftigen Arbeitswelt und prognostiziert, »dass die Arbeitsplätze der Zukunft zunehmend künstlerisch geprägt sein werden: mehr selbstbestimmt und kompetetiv; wechselhafter in Art und Umfang des Beschäftigungsverhältnisses und in stärkerem Maße projekt- oder teamorientiert; zunehmend in Netzwerken und weniger in Betrieben integriert; mit vielfältigeren und wechselnden Arbeitsaufgaben, die zu lebenslangem Lernen anspornen, aber auch mit schwankender Entlohnung oder Vergütung und kombiniert mit anderen Einkommensquellen oder unbezahlter Eigenarbeit.«

LehrerInnen, Geistes- und SozialwissenschaftlerInnen

Seit 1970 bis zum Beginn der 90er Jahre stellte die Gruppe der LehrerInnen den größten Anteil an Arbeitslosen mit abgeschlossener Universitätsausbildung. Seit Ende der 90er Jahre hat sich der Arbeitsmarkt für LehrerInnen entspannt. Zudem kamen LehrerInnen mit mathematisch-naturwissenschaftlicher Ausbildung und ökonomischen Fähigkeiten bei Software- und Beratungsfirmen unter. Bis zum Jahr 2010 ist von nun ab mit hohen Einstellungszahlen in den Schulen zu rechnen, da zahlreiche LehrerInnen wegen Pensionierung ausscheiden.

Der Arbeitsmarkt für GeisteswissenschaftlerInnen verschlechterte sich seit den 70er Jahren ebenfalls ständig. Lagen die klassischen Arbeitsfelder von GeisteswissenschaftlerInnen früher im öffentlichen Bereich und in der Forschung, so haben sie heute jedoch zunehmend Chancen in der Wirtschaft. Die *taz* vom 16. 2.2002 meldete: »Die Absolventen geistes- und sozialwissenschaftlicher Fächer sind wieder gefragt: Fast um ein Drittel hätten die entsprechenden Stellenangebote im ersten Halbjahr 2001 zugenommen, ermittelten etwa der Personaldienstleister Adecco und die Medienagentur EMC.«

Als Grund für diesen Boom werden die Soft Skills dieser AbsolventInnen genannt. Diese Eigenschaften würden umso mehr gebraucht, als zunehmend in wechselnden Teams in verschiedenen Projekten zusammengearbeitet werde, berichtet Volker Engels in dem *taz*-Artikel. Besonders GeisteswissenschaftlerInnen mit wirtschaftlichen Zusatzqualifikationen haben gute Chancen in den Bereichen Marketing, Personal- und Sozialwesen oder Vertrieb. Zu Doppelqualifikationen rät auch Roland Eckert, Professor für allgemeine Soziologie an der Uni Trier, in einem Gespräch mit Marc Herbermann in *Arbeitsmarkt Bildung, Kultur, Sozialwesen* vom 27.11.2001: »Ein Soziologe, der in der Statistik beschlagen ist, hat große Chancen in der Marktforschung. Ein Soziologe, der gleichzeitig politisch engagiert ist, kann natürlich in verschiedenen Assistentenstellen im Parlament, in den Stiftungen oder Verbänden etwas werden. Ein Soziologe, der frühzeitig angefangen hat zu schreiben – auch als Redakteur in der Lokalpresse –, hat gute Chancen als Journalist. Also: Es ist immer die Kombination. Die Soziologie pur ist sicherlich schwierig und nur dem anzuraten, der sich eine wissenschaftliche Karriere zutraut.«

Für die AbsolventInnen der Politikwissenschaften nennt Professor Peter Grottian von der FU Berlin folgenden Berufsverbleib: »Die stärkste Gruppe ist die der Wissenschaftler. Die meisten Absolventen bleiben erst einmal in der Wissenschaft, das heißt sie bewerben sich auf ein Stipendum, arbeiten in einem Drittmittel-Forschungsprojekt bei der DFG mit oder bekommen einen Honorarvertrag in einem anderen Forschungsprojekt. Die zweitgrößte Gruppe sind die Selbstständigen: Darunter findet man verschiedenste Berufe – vom Taxifahrer bis zu Leuten, die Agenturen gründen, Politikberatung machen oder Kultureinrichtungen aufbauen. Die drittgrößte Gruppe sind die Journalisten, sei es der erfolgreiche Star-Journalist oder derjenige, der mühselig seine Zeilen in irgendeine kleine Zeitung pressen kann. Der vierte Bereich ist die Planung und Verwaltung, der fünfte europäische Institutionen sowie internationale Organisationen. Studenten überschätzen den Arbeitsmarkt in diesem Bereich, ebenso wie den der Nicht-Regierungs-Organisationen. Diese haben wenig Geld und sind eher für ehrenamtliche Arbeit und Praktika geeignet.«

Für GeisteswissenschaftlerInnen aller Fachrichtungen sind Mehrfachqualifikationen und die Bereitschaft, Nischen zu suchen, sinnvoll. Wer fantasievoll ist, findet in der Dienstleistungs- und Wissensgesellschaft Möglichkeiten, völlig neue Bereiche zu erschließen und sich selbstständig zu machen. Claudio Gallio beschreibt in seinem Buch »Den eigenen Beruf erfinden – Wie Geisteswissenschaftler ihre Chancen nutzen« unübliche Berufswege von GeisteswissenschaftlerInnen, die verschiedene Fachrichtungen und Kompetenzen kombiniert und dadurch neue und kreative Berufe geschaffen haben.

Arbeiten im Ausland

Nicht mehr nur die klassischen Berufe »EntwicklungshelferIn« oder »EthnologIn« sind mit Auslandserfahrung verbunden. IngenieurInnen, ComputerspezialistInnen, Wirtschafts- und NaturwissenschaftlerInnen, JuristInnen und Marketing-ExpertInnen bewegen sich in einem weltweiten Aktionsfeld. Neue, global ausgerichtete Unternehmen bieten die Möglichkeit zu internationalen Karrieren. Die Vernetzung der Informations- und Kommunikationssysteme, die Liberalisierung der Güter- und Kapitalmärkte sowie preiswertere Produktionsbedingungen im Ausland verändern die Arbeitsmärkte.

Etwa ein Drittel des Welthandels vollzieht sich laut *Arbeitsmarktinformation* 7/1998 der Zentralstelle für Arbeitsvermittlung der

Bundesanstalt für Arbeit »innerhalb von Unternehmensbereichen global tätiger Unternehmungen, ein weiteres Drittel zwischen diesen Unternehmen selbst«. Die gegenwärtig dominierenden Branchen setzten »auf Kopfarbeit und können sich buchstäblich an jedem Ort der Welt ansiedeln: so etwa Softwareproduktion, Mikroelektronik, Telekommunikation, Gen- und Biotechnologie. Durch Hochleistungsübertragungstechniken und weltweite Vernetzung ist inzwischen überall und jederzeit Wissen verfüg- und abrufbar.« In der Arbeitsmarkt-Information wird darauf hingewiesen, dass trotz der Internationalisierung der Arbeitsmärkte das Potenzial des grenzüberschreitenden Austauschs von Arbeitskräften bei weitem nicht so groß sei, wie es die Weltmarktentwicklung der Güter- und Kapitalströme vermuten ließe. Denn die im Ausland neu aufgebauten Arbeitsplätze würden in aller Regel mit »locals« besetzt. Dennoch benötigen weltweit produzierende Unternehmen MitarbeiterInnen, die in der Lage sind, zumindest vorübergehend ins Ausland zu gehen. Sprachkenntnisse, Mobilität und interkulturelle Kompetenz gewinnen damit an Bedeutung. Diese Fähigkeiten werden zunehmend wichtiger, sowohl für die Arbeit im Ausland als auch in Deutschland. Denn mehr als zwölf Prozent aller Beschäftigten in deutschen Unternehmen, in manchen Branchen sogar 25 Prozent, müssten laut Studien des Bundesinstituts für Berufsbildung (BIBB) heute in ihrem Arbeitsalltag mindestens eine Fremdsprache verstehen, beziehungsweise sich in ihr ausdrücken können (*UNI-Magazin*, 2/1998).

Auslandspraktika schon während des Studiums erhöhen damit die Berufschancen. Zahlreiche Unis, Stellen der Arbeitsämter und andere Institutionen vermitteln Praktikumsstellen und vergeben Stipendien.

Dass sich deutsche WissenschaftlerInnen und ForscherInnen dauerhaft im Ausland niederlassen, sei aus Sicht der deutschen Forschung und Wirtschaft jedoch nicht direkt beabsichtigt, berichtet Simone Schmollack in *Arbeitsmarkt Bildung, Kultur, Sozialwesen* vom 29.5.2001: »Einer Studie des Forschungsinstituts Cris zufolge siedelt jeder siebte deutsche Nachwuchswissenschaftler – von Naturwissenschaftlern bis hin zu Geisteswissenschaftlern – in die USA, nach Japan oder ein anderes High-Tech-Land über. Die Folge für Deutschland – zumindest im naturwissenschaftlichen und technologischen Bereich – ist fatal: Neuerungen und durchbrechende wissenschaftliche Leistungen finden überall, nur nicht in Deutschland statt.« Andererseits weist der Artikel auch darauf hin, dass die beruflich bedingten Auslandsaufenthalte der Deutschen nicht immer erfolgreich seien. Von jenen, die in einem fremden Land einen neuen Anfang wagen, scheitern nach Schätzungen des Bundeswirtschaftsministeriums mehrere tausend pro Jahr.

Überfälle inbegriffen: von Berlin nach New York und Mexiko

»Für die Arbeit gehe ich überallhin«

Nach dem Politologie-Studium hat der Berufseinstieg erst mal längere Zeit nicht geklappt – doch dann machte Meike, heute 38, Karriere. Nach einer Zeit als Stipendiatin beim Europäischen Parlament fand sie einen Einstieg bei den Vereinten Nationen in New York.

»Mir war schon lange klar, dass ich studieren wollte. Mein Studienfach habe ich ausgewählt, weil mich meine Latein- und Geschichtslehrerin so faszinierte. Ihr Unterricht war eine Mischung aus Soziologie, Politikwissenschaft und Geschichte. Ich wollte etwas studieren, das in diese Richtung geht. Das Nächstliegende war dann Politologie zu studieren. So ging ich von Aachen nach Berlin.

Mir war gar nicht klar, was ich damit beruflich anfangen konnte. Das Fach an sich hat mich einfach sehr interessiert.

Mein Studium hat mir für den Berufseinstieg indirekt geholfen: Ich habe gelernt zu forschen oder besser gesagt, weitwinklig zu denken. Eine Politologin weiß, wo sie was findet und wie sie was rausbekommt. Praktische und berufsspezifische Kenntnisse, also Spezialkenntnisse wie ein Arzt oder ein Ingenieur, hat man erst mal nicht. Auch ein Jurist hat mehr direkt verwendbare Kenntnisse. Durch mein Studium habe ich gelernt, wie ich an Informationen komme und wie ich mir Wissen aneigne.

Erst nach meiner Zwischenprüfung habe ich näher über den eigentlichen Beruf nachgedacht. Ein Praktikum im Schwerpunktbereich war Voraussetzung, um das Diplom machen zu können. Am Fachbereich gab es einen Praktikumsberater, der mir half, ein Praktikum bei den Vereinten Nationen in New York zu bekommen: Ich hatte Glück und wurde ausgewählt. So ging ich nach New York. Dort wurde mir klar, dass ich auch später gern in einem internationalen Umfeld arbeiten würde.

Während des Praktikums habe ich schon mit Entwicklungshilfeprojekten gearbeitet, das heißt Projektdokumente zusammengefasst, mich in Projekte eingelesen, in Englisch Berichte geschrieben und alle möglichen Arbeiten gemacht. Ich war alles: vom Handlanger, der Kopien macht, bis zur Autorin von Texten.

Das Praktikum war sehr teuer, weil ich keinen Lohn dafür bekam. Ich musste zuerst alles selbst zahlen. Im Nachhinein bekam ich einen Flugkostenzuschuss vom Deutschen Akademischen Austausch-Dienst (DAAD), danach auch etwas Geld vom Fachbereich, das zumindest einen Teil der Kosten abdeckte.

Mein Vater hat mir auch etwas Geld dazu gegeben und meine Schwester gab mir einen Kredit. Aber das meiste Geld finanzierte ich selbst durch meine vorherige Arbeit in einer Fabrik.

Ich war zweimal in New York, insgesamt fünf Monate.

Im Nachhinein hat sich das Praktikum tausendmal bezahlt gemacht. Denn mir ist später eine Stelle bei der UNO angeboten worden, die von der Bundesrepublik bezahlt wurde. Durch mein Praktikum wusste die betreffende UNO-Abteilung in New York, dass ich gut und gern arbeitete. Ohne Praktikum wäre ich nie dort reingekommen. Ich bin äußerst dankbar, dass ich das gemacht habe.

Nach dem Studium war ich jedoch zunächst anderthalb Jahre arbeitslos. Diese Zeit war sehr schwierig. Ich war damals 25. Vorher hatte ich auf Arbeitslose schon mal herabgesehen. Ich konnte nicht verstehen, dass sie mit ihrer Zeit wenig Sinnvolles anfingen: Dass sie die Zeit zum Beispiel nicht nutzten, um Kurse zu belegen oder wegzufahren. Heute weiß ich, dass es schwer ist, etwas zu planen, wenn man arbeitslos ist, denn man weiß ja nie, ob und wann die Arbeitslosigkeit endet.

Ich habe circa 70 Bewerbungen geschrieben. Aber auf die meisten Stellen haben sich bis zu tausend Leute beworben. Manchmal bin ich in die engere Auswahl gekommen, das war dann nur wegen des Praktikums bei der UNO. Es wurden jedoch immer Leute genommen, die schon Berufserfahrung hatten. Unter den tausend Bewerbern gab es etwa hundert mit Berufserfahrung, die kamen dann in die Auswahl.

Das war sehr frustrierend. Ich habe immer weiter Bewerbungen geschrieben, gewartet und weiter in der Fabrik gearbeitet, denn ich hatte keinen Anspruch auf Arbeitslosengeld. Mein Vater hat dann auch noch etwas dazu gegeben. In der Fabrik war es einerseits sehr hart: viel Staub, giftige Gase. Andererseits hat mir die Arbeit auch Spaß gemacht. Es war eine Manufaktur in einem Berliner Hinterhof, die Einzelaufträge bearbeitete wie Hauben für Schallplattenspieler, Plastikbehälter in einem bestimmten Format oder Teile für die Automobil- und Computerindustrie. Es waren durchschnittlich drei Tage, die man an einem Auftrag arbeitete, dann kam wieder etwas Neues.

Insgesamt war es für mich jedoch eine furchtbare Zeit. Arbeit war mir immer sehr wichtig. Wenn ich nicht gearbeitet habe, hatte ich das Gefühl kein Anrecht zu haben, überhaupt zu leben. Das war frustrierend. Da habe ich viel besser verstanden, wie es anderen Arbeitslosen geht. Obwohl ich ja immer gearbeitet hatte, habe ich mich trotzdem arbeitslos gefühlt, weil es für mich nicht die Arbeit war, die ich sinnvoll fand. Denn seit ich bei der UNO gewesen war, wusste ich, dass ich zu ganz anderen Arbeiten fähig bin.

Während ich arbeitslos war, habe ich auch Reisen gemacht: Ich war zwei Monate in Südafrika. Trotzdem hing die ungelöste berufliche Situation wie ein Schatten über mir. Das hat mich sehr erstaunt. Ich hatte erwartet, dass mir das nicht so viel ausmachen würde und dass ich die Zeit ohne Arbeit genießen könnte.

Irgendwann bekam ich dann die Möglichkeit, drei Monate nach Luxemburg zu gehen und mit einem Stipendium beim Europäischen Parlament zu arbeiten. Ich bekam das Stipendium aufgrund meiner Diplomarbeit. Von den Bewerbern wurde wirklich die Abschlussarbeit gelesen. Meine gefiel denen – ich sprach später mit der Person, die mich ausgewählt hatte. Es war eine gute Zeit. Ich hätte auch nach der Stipendiatszeit bleiben können, allerdings nur halbtags und schlecht bezahlt. Das wollte ich nicht. Ich bewarb mich bei der UNO.

Dann bekam ich ein Stellenangebot von der Bundespost. Aber zwei Tage vor dem Interview wusste ich bereits, dass ich tatsächlich nach New York gehen würde. Ich nahm den Termin für ein Vorstellungsgespräch trotzdem wahr, weil mich die Stelle an sich interessierte und weil ich meine Chancen testen wollte. Ich war dann viel lockerer als zuvor, denn der Job war mir nicht wichtig. Ich war sehr selbstsicher und hätte ihn auch bekommen. Ich denke, wenn ich Angst gehabt und die Arbeit unbedingt gebraucht hätte, wäre ich nicht ausgewählt worden.

Bei der UNO habe ich dann einen Einstellungstest im Bereich Sozialwissenschaften bestanden. Anfangs arbeitete ich in der technischen Zusammenarbeit mit Entwicklungsprojekten und dann mehr in der Verwaltung. Das hatte mit meiner eigentlichen Ausbildung nur sehr wenig zu tun – abgesehen davon, dass ich selbstständig arbeiten und denken gelernt und studienbegleitend meine Sprachkenntnisse weiter ausgebaut habe. Obwohl ich Englisch als Abiturfach hatte, habe ich während des Studiums weitere Englischkurse absolviert sowie Französisch- und sogar Lateinkurse belegt. Bei der UNO habe ich noch dazu Spanisch gelernt. Die Sprachen haben mir sehr weitergeholfen. Ohne sie wäre ich jetzt nicht da, wo ich bin.

Was ich jetzt mache, hätte ich auch mit einer anderen Ausbildung machen können. Ich habe Kollegen, die Jura oder Verwaltungswissenschaften studiert haben. Absolut notwendig waren die Sprachkenntnisse und die Bereitschaft gut und gern mit Menschen aus anderen Ländern zusammen zu arbeiten. Das war und ist für mich bis heute auch der Anreiz bei der UNO zu arbeiten.

Die Arbeit in der Verwaltung machte mir von Anfang an viel Spaß, denn sie war sehr konkret. Es ging um Gehälterfestlegung und Arbeitsplatzklassifizierung. Da habe ich sehr viel über die Organisation gelernt. Ich habe auch interessante kurzfristige Aufgaben übernommen: Einmal ging ich zum Beispiel für einige Monate als Wahlbeobachterin nach Nicaragua. Ich bin sehr viel gereist. Bald habe ich schon aufgrund meiner Kontakte Angebote bekommen zu wechseln. Mich kannten viele Leute durch die Dienstreisen und die Kurse, die ich gab. Ich habe dann gesagt: ›Nein, ich will jetzt noch nicht aufsteigen und die Stelle wechseln. Ich will hier bleiben, weil ich dieses und jenes noch lernen will.‹ Ich habe mich ganz bewusst entschieden, erst mal alles in meinem Bereich gründlich zu lernen. Außerdem war das Arbeitsklima in meiner Abteilung gut. Ich habe mich dort ein Jahr lang um Personalverwaltung gekümmert und habe dann in die internationale Dienstrechtskommission gewechselt, die sich um Personalrichtlinien im UNO-System kümmert. Zur weiteren UNO-Familie gehören auch Organisationen wie die Weltgesundheitsorganisation (WHO), die Internationale Zivilluftfahrtorganisation (ICAO) und der Weltpostverein (UPU). Ich hatte das Glück, dass ich immer wieder neue Angebote bekam, aufzusteigen.

In New York habe ich mich viel wohler gefühlt als in Berlin. Zu Berlin habe ich eine Art Hassliebe. Dieser Stadt trauere ich nicht nach, weil die Zeit dort eine der schwierigsten meines Lebens war. Die gesamten Jahre dort war ich sehr unglücklich, besonders während der Arbeitslosigkeit.

Die Studieninhalte haben mir Spaß gemacht, aber die Uni und die Stadt waren mir zu groß. Ich bin eher ein Mensch für eine mittlere Großstadt wie Marburg oder Bremen, wo ich vermutlich viel zufriedener gewesen wäre. New York war dann auch wieder riesig, aber die Leute erschienen mir menschlicher als in Berlin. Die Berliner Uni war anonym und sehr überfüllt. Vorlesungen, bei denen die Leute auf dem Gang saßen, waren keine Seltenheit. Da hat man den Professor nicht gesehen, sondern nur gehört. Bei diesem Massenbetrieb waren kaum Kontakte möglich. Wenn man einen Bekannten sehen wollte, musste man tagelang vorher einen Termin ausmachen. Das fand ich sehr schwierig. Später in New York kannte ich dann Leute, die im Beruf standen, aber dennoch Zeit hatten und zugänglicher waren. In Berlin war der Rahmen kalt und unfreundlich. Von dort aus nach New York zu gehen war daher überhaupt kein Problem für mich.

Im vorletzten Jahr hatte ich mich auf zwei Stellen innerhalb der UNO beworben. Ich bin bei beiden angenommen worden und musste mich entscheiden. Bei der einen Stelle wäre ich weiter in New York geblieben. Das wäre in der Haushalts- und Finanzabteilung gewesen. Die andere Stelle war in Mexiko als Verwaltungschefin für das dortige Subregionalbüro der UNO. Das hat mich dann viel mehr gereizt. Das ist genau die Arbeit, die ich haben wollte. In anderen größeren Büros der Vereinten Nationen braucht man zehn bis fünfzehn Jahre länger, um so einen Posten zu bekommen. Für die Stelle bin ich dann nach Mexiko gegangen. Ich war vorher schon mal auf Dienstreise dort gewesen. Es gab zwei Dienstorte, an denen ich mir vorstellen konnte zu arbeiten: Das waren Mexiko und Beirut im Libanon.

In New York habe ich elf Jahre gelebt. Da ich dort keine Familie habe, waren mir meine Freunde sehr wichtig. Es tat mir sehr Leid, diese nun zu verlassen. Nachteile von Mexiko sind neben den fehlenden Freunden und Kollegen die gelegentlichen Erdbeben, die Luftverschmutzung und die Kriminalität: Fast alle meine UNO-Kollegen in Mexiko wurden schon einmal überfallen und ausgeraubt. Viele wurden stunden- oder tagelang festgehalten, bis sie ihr letztes Geld vom Konto abgehoben und den Entführern übergeben hatten. Das sind die sogenannten Express-Kidnappings. Mir ist zum Glück so etwas noch nicht passiert. Ich lebe nun seit etwa zwei

Jahren in Mexiko-City und es gefällt mir sehr gut. Ich vermisse New York zu meiner eigenen Überraschung kaum.

Wenn ich wählen sollte, würde ich das gleiche Fach noch mal studieren, aber in Verbindung mit etwas Praktischerem wie Betriebswirtschaft oder Jura. Auf meinem jetzigen Posten sollte eigentlich jemand arbeiten, der Verwaltungswirtschaft studiert hat. Falls ich die Zeit finde, werde ich noch ein Aufbaustudium Betriebswirtschaft anfangen.

Ich bin lange auf der untersten Stufe im Höheren Dienst geblieben. Das war meine eigene Entscheidung. Ich wollte erst alles Grundlegende lernen. Dann war ich ein Jahr auf der nächst höheren Stufe und bin dann sehr schnell weitergekommen und jetzt bin ich auf dem Dienstrang, mit dem die meisten UNO-Beamten im Höheren Dienst in Rente gehen. Nun steht bereits die nächste Beförderung an, auf einen Dienstrang, den nur wenige in ihrer Dienstlaufbahn erreichen.

Was ich jetzt mache, könnte ich in einem größeren Büro machen oder ich könnte wieder innerhalb der Verwaltung in andere Bereiche wechseln, zum Beispiel in die Personalverwaltung als Managerin.

Eine Bereicherung ist für mich die Zusammenarbeit mit Leuten aus verschiedenen Ländern, denn jeder denkt und arbeitet anders. Da kann ich immer noch viel lernen.

Geld war nie so wichtig für mich, obwohl ich nun sehr viel verdiene. Wenn ich überlege, wie ich meine Entscheidungen getroffen habe, richteten sich diese nie nach Geld.

In der Zeit, als ich arbeitslos war, habe ich beim Arbeitskreis Nicaragua im Büro arbeiten wollen, das war für 900 DM im Monat. Da hatte ich mich beworben und bin aber nicht genommen worden, denn es gab sehr viele andere Bewerbungen.

Meine Entscheidungen resultieren aus den Aspekten ›Was ist sinnvoll?‹, ›Lust und Laune‹ und ›Was nützt es mir für später?‹ Außerdem ist es mir wichtig, dass das, was ich tue, Hand und Fuß hat.

Ich werde ja noch 25 weitere Jahre bei der UNO bleiben, wenn ich dort bis zur Rente arbeite. Ich kann mir vorstellen, noch ein- oder zweimal die Arbeitsbereiche oder Orte innerhalb der UNO zu wechseln. Vielleicht gehe ich auch wieder nach New York zurück.

Eigentlich habe ich alles erreicht: Mein Lebensstandard ist sehr hoch, ich habe meinen Traumjob. Ich bin sehr zufrieden mit der Arbeit und ebenso mit meinem Wohnort.

Wenn ich ehrlich bin, muss ich sagen, dass meine Liebesbeziehungen manchmal unter meiner Berufstätigkeit gelitten haben. Denn eigentlich ging mir der Beruf immer vor. Ich bin glücklich, dass ich hier in Mexiko eine Partnerschaft gefunden habe, die sich zurzeit mit meinem Beruf verträgt.

Am meisten zu kämpfen habe ich vielleicht mit mir selbst. Mit meiner eigenen Sturheit, mit meinem eigenen Wesen. Meine Stärken hängen auch mit dem Studium zusammen: Ich bin absolute Generalistin, das ermöglicht mir sehr viele Aufgaben zumindest zufriedenstellend zu erledigen. Ich bin in nichts hervorragend, aber ich kann dafür mehr Dinge befriedigend oder besser machen als andere.

Aus meinen Erfahrungen würde ich Studenten raten: Man muss etwas machen, was einen von der Masse unterscheidet und wodurch sichtbar wird, dass man Interesse hat zu arbeiten. Es gibt ja mehr als genug Leute mit einem Studienabschluss. Man muss irgendetwas haben, was andere nicht haben. Im internationalen Bereich sind zum Beispiel absolut gute Sprachkenntnisse und Erfahrungen durch Praktika gefragt. Mich hat das damals traurig gemacht, als viele meiner Kommilitonen sagten: ›Das halbe Jahr Praktikum, dieses Umsonst-Arbeiten, das können wir uns gar nicht leisten. Wir müssen für Geld arbeiten.‹ Okay – man muss schon genug zum Leben haben, aber die sind dann in den Urlaub nach Teneriffa gefahren. Ich habe dagegen bei vielen anderen gesehen, dass sie Arbeitsplätze über ein Praktikum fanden. Da baut man Kontakte auf, kann vielleicht gleich dableiben – aber selbst wenn das nicht klappt: Man ist für jeden Arbeitgeber interessanter, wenn man etwas dergleichen im Lebenslauf stehen hat.«

Die Kunst, einen Rolls-Royce zu präsentieren

»Meine erste Arbeitsstelle – und ich wurde gekündigt«

Sophia, 31, studierte zehn Semester Kunstgeschichte an der TU Berlin und zwei Semester in Zürich. Seitdem ist sie auf der Suche nach einer passenden Stelle mit Perspektive. Mehrere Praktika im Studium sowie das praxisbezogene Aufbaustudium Tourismusmanagement brachten keinen sichtbaren Erfolg. Nach verschiedenen Jobs in einer Autoausstellung und Sekretariaten macht sie jetzt eine vom Arbeitsamt geförderte Weiterbildung als »Projektmanagerin für interaktive Medien«.

»Ich hatte mir vor dem Studium Informationen über Kunstgeschichte zuschicken lassen. Darin hieß es natürlich schon, dass es mit Stellen ganz schlecht aussieht. Aber das schien mir damals noch ganz weit weg. Ich wollte Kunstgeschichte studieren, weil mich das Fach interessierte. Mir machten schon in der Schule die Geisteswissenschaften am meisten Spaß. Kunstgeschichte hatten wir gar nicht als Unterrichtsfach, das Interesse kam intuitiv. Vielleicht lag es daran, dass ich mit 16 anfing, in Museen zu gehen. Die Idee kam jedenfalls plötzlich, ich kann da gar keine Initialzündung benennen, aber dann war das Ziel klar. Vom Studium erwartete ich gar nichts Großartiges. Im Nebenfach studierte ich Germanistik und Klassische Archäologie.

Ich studierte erst mal drei Semester. Es war schon schwierig genug, sich in Berlin an so einer Massenuni zurechtzufinden. Danach wurde mir ziemlich schnell klar, dass ich Praktika machen musste, obwohl sie nicht Pflicht im Studium waren. Auf der Suche nach einem Praktikum schrieb ich mir die Finger wund, bis ich eine Zusage vom Kunstgewerbemuseum Berlin bekam. Das war mein erstes Praktikum. Ich war total schüchtern. Obwohl die Direktorin sehr engagiert war und mir von Anfang an viel zutraute. Ich schrieb einen Artikel und recherchierte für einen Katalog. Da war ich noch im Grundstudium. Auch im Hauptstudium bewarb ich mich immer weiter an verschiedenen Museen und das fiel mir dann leichter. Während der zwei Semester in Zürich absolvierte ich beim schweizerischen Landesmuseum und danach im Luzerner Kunstmuseum ein Praktikum, ein weiteres bei der Heinrich-der-Löwe-Ausstellung in Braunschweig. Alle Praktika während des Studiums waren unentgeltlich und dauerten zwischen sechs Wochen und drei Monaten. 1996 war ich nach 12 Semestern fertig. Ich stand da ohne Arbeit, obwohl ich mich natürlich schon während des Studiums beworben hatte. Aber allein mit dem Magister-Abschluss und ohne Promotion ist das sehr schwierig. Der übliche Zugang zum Museum läuft über ein schlecht bezahltes Volontariat, das ohne Promotion kaum zu bekommen ist. Aber ich wollte das irgendwie schaffen. Mein nächstes dreimonatiges Praktikum machte ich 1997 im Pariser Louvre. Natürlich wieder unbezahlt, aber es machte richtig Spaß. Zur Finanzierung jobbte ich vorher einen Monat in einem kleinen Auktionshaus.

Im Louvre waren wir mehrere Praktikanten in einer Abteilung. Der Konservator übertrug uns spannende Aufgaben und traute uns sehr viel zu. Zudem konnte ich mein Französisch wieder auffrischen. Ich war hauptsächlich an einer Ausstellung beteiligt. Schwerpunkt war die Mitarbeit am Katalog, die sowohl Recherche als auch die Erstellung von Texten umfasste. Zum Glück konnte ich hauptsächlich das machen, was mich interessierte. Und dann schaute ich mir natürlich den Louvre genau an, vor allem wenn geschlossen war. Der gute Name des Museums beeindruckte ziemlich. Dadurch bekam ich auch mein erstes Vorstellungsgespräch für ein Volontariat im Märkischen Museum. Dafür musste ich von Paris nach Berlin fliegen, natürlich auf eigene Kosten. Leider klappte es dann nicht.

Während ich in Paris war, sah mein Vater in den Stellenanzeigen des *Tagesspiegel* die Annonce für das Aufbaustudium Tourismus. Nach Rücksprache mit mir fuhr er nach Berlin und suchte meine Unterlagen zusammen. Ich schickte ihm mein Bewerbungsschreiben per Fax. Er reichte dann auf den letzten Drücker, am letzten Tag die Unterlagen persönlich bei der Uni ein. So bekam ich die Einladung für das Auswahlverfahren. Es gab 25 Studienplätze und circa 150 Bewerber. Vorher hatte ich mich noch über andere Aufbaustudiengänge informiert. Aber das interessierte mich alles nicht so oder war zu teuer. Und das Aufbaustudium Kulturmanagement hatte ich leider verpasst, das beginnt nur alle zwei Jahre. Für das Bewerbungsgespräch legte ich mir zurecht, warum ich dieses

Studium machen wollte. Hauptsächlich nach dem Motto, eine Geisteswissenschaftlerin muss auch Ahnung von Betriebswirtschaft haben. Ich dachte nicht, dass ich angenommen würde, weil die Dozentin im Gespräch so kritisch war. Aber es klappte wider Erwarten doch und ich war wieder für ein Jahr gerettet.

Vor Beginn arbeitete ich noch zwei Monate als Werkstudentin bei VW in Wolfsburg. Ich hatte großes Glück und kam in die Kundenbetreuung. Dort gab ich Kundenbeschwerden aus aller Welt in standardisierte Masken ein. Es machte mir sogar Spaß, zumal noch mehr Studenten in der Abteilung arbeiteten und der Verdienst auch stimmte.

Dann fing das Tourismus-Studium an. Ich bewarb mich immer parallel und wäre sofort abgesprungen, wenn ich eine Stelle bekommen hätte. Die meisten anderen ließen es einfach laufen. In dem Jahr schrieb ich etwa 300 Bewerbungen, davon circa 100 Blindbewerbungen. Ich hatte sieben Vorstellungsgespräche. Jetzt schreibe ich nur noch auf Annoncen, denn die Chancen auf ein Vorstellungsgespräch sind größer als bei Blindbewerbungen.

Durch das Tourismusstudium lernte ich nette Leute und viel Neues kennen. Und ich absolvierte mein Pflichtpraktikum bei einem Verlag in Köln. Im Reiseressort, als Lektorin von Reiseführern. Hier bestand auch eine Verbindung zur Kunstgeschichte. Nach dem Studium fiel ich – wie zu erwarten – wieder in ein Loch.

Und dann antwortete ich ziemlich schnell auf eine Annonce in der *Morgenpost*. Da wurden für das Automobilforum von VW Leute gesucht. Ich bewarb mich auf eine Teamassistenz. Voraussetzungen waren ein Studium und zwei Sprachen. Ich hatte allein deshalb gute Chancen, weil ich schon bei VW gearbeitet hatte. Ich wurde tatsächlich zu einem zweistündigen Vorstellungsgespräch eingeladen, in dem ich auch einen Vortrag halten musste. Als die Antwort von der Personalabteilung kam, dachte ich aufgrund des großen Umschlags zuerst, es sei eine Absage. Aber ich sollte als Moderatorin geschult werden. Darauf hatte ich mich gar nicht beworben. Im Endeffekt kam ich in die Kundenbetreuung im Automobilforum. Dabei handelt es sich um eine Konzernvertretung von VW, in der sich alle Marken vorstellen. Dort sollen sich Besucher informieren und ohne Stress die Autos ansehen können, anders als beim Händler gibt es keinen Verkauf.

Ich wurde für die Abteilung mit Rolls-Royce, Bentley und Bugatti ausgewählt. Wahrscheinlich weil ich beim Bewerbungsgespräch auf die Frage, was mein Bezug zum Auto sei, sagte, dass Autos für mich Design-Objekte wären und dass man in Berlin kein Auto bräuchte. Wir waren 25 Leute, die gleichzeitig neu eingestellt wurden und wir bekamen eine zweimonatige Ausbildung, für die wir schon voll bezahlt wurden. Toll war, dass wir im Rahmen der Schulung eine Woche in England waren und da auch in die Rolls-Royce-Welt eingeführt wurden. Wir wohnten in einem tollen Hotel. Genial war auch, dass wir immer im Rolls-Royce herumchauffiert wurden und auch selbst fahren durften, sogar über längere Strecken.

Nach der Schulung wurden wir direkt in die Arbeit reingeschmissen. Meine Tätigkeit bestand darin, den ganzen Tag im grauen Anzug dazustehen, in so einem Glaskasten Ecke ›Unter den Linden‹. Ich fühlte mich wie im Aquarium den Passanten ausgesetzt. Besonders unangenehm war mir unser Einheitslook. Wir sollten die Besucher des Forums empfangen und deren Fragen beantworten. Worüber wir uns mit den Leuten unterhielten, war egal. Hauptsache, die Besucher gingen zufrieden weg. Die meisten von ihnen hatten nur Standardfragen, etwa danach, was so ein Rolls-Royce kostet. Manche waren schon total glücklich, sich einmal in einen Rolls-Royce oder einen Bentley setzen zu dürfen.

Es wurden immer wieder dieselben Fragen gestellt und ich fühlte mich in keiner Weise gefordert. Ich dachte gar nicht nach und spulte nur ein auswendig gelerntes Band über die Autos ab. Manchmal stand ich auch nur herum, weil niemand kam. Wir mussten hyperflexibel sein und auch am Wochenende in unterschiedlichen Schichten arbeiten. Immerhin hatte ich viele nette Mitarbeiter. Aber es gab keine Herausforderungen für mich. Das einzige Erfolgserlebnis war, wenn es den Besuchern gefallen hatte. Die Leute waren ganz erstaunt, wenn sie erfuhren, dass fast alle Mitarbeiter im Forum ein Studium abgeschlossen hatten. Bestimmt dachten sie dann: ›Die Armen müssen jetzt so was machen.‹

Ich hörte eher unfreiwillig mit dem Job auf. Die Probezeit war fast zu Ende und ich war felsenfest davon überzeugt, dass ich alles ordentlich gemacht hatte. Alle anderen hatten ihre Briefe über die bestandene Probezeit schon bekommen, nur meine Gruppe nicht. Und plötzlich wurde abends meinem Kollegen und am nächsten Tag mir gekündigt. Aus vollkommen fadenscheinigen Gründen. Ich hätte mal ein Laubblatt nicht aufgehoben, beherrschte keinen

Smalltalk und hätte eine seltsame Gestik. Aber das glaube ich einfach nicht. Ich vermute eindeutig persönliche Gründe hinter der Kündigung. Das war jedenfalls ein ziemlicher Schock: meine erste Arbeitsstelle – und ich wurde gekündigt. Das fand ich überhaupt nicht witzig. Obwohl ich selbst parallel immer weiter nach einer neuen Stelle gesucht hatte. Aber ich hätte natürlich erst gekündigt, wenn ich etwas anderes in der Hand gehabt hätte. In Bezug auf die Arbeit hatte ich mir nichts vorzuwerfen, das weiß ich.

Und dann war ich arbeitslos, bekam aber zum Glück Arbeitslosenhilfe. Meine bisherigen Arbeitsstellen hatte ich mehr als Übergangslösung und als Job gesehen. Bis heute ist es so, dass ich in die Kunstgeschichte will. Ein wirklich spannender Job in einem anderen Bereich könnte vielleicht ein Ersatz sein oder auch eine Verbindung von Kunstgeschichte und Tourismus oder mit Neuen Medien. Ich hatte nach dieser Erfahrung wirklich viele Vorstellungsgespräche, auch in Museen, aber es hat nie geklappt. Um Geld zu verdienen, arbeitete ich fast ein Jahr lang als Sekretärin im Rahmen der Organisation einer großen Ausstellung, danach als Redaktionsassistentin bei einem Radiosender. Beide Stellen waren nur befristet und zum Glück ganz interessant. Und ich war sozialversichert. Vor allem musste ich nicht zu Hause herumsitzen und warten. Ich lernte dort vor allem Büro-Organisation. Nach diesen beiden Übergangsjobs war ich wieder monatelang arbeitslos. Bis ich mich zu meiner Fortbildung zur ›Projektmanagerin für interaktive Medien‹ entschloss.

Diese Ausbildung soll zur Projektleitung und -koordination im Internetbereich befähigen. Die Inhalte sind Grundlagen am PC, Betriebswirtschaftslehre und vor allem die Arbeit mit dem Internet, zum Beispiel die Erstellung von Internetseiten. Wir haben unter anderem unsere eigene Website erstellt und erarbeiten zurzeit den Internetauftritt für ein Berliner Projekt. Von der Fortbildung erhoffe ich mir neue Perspektiven im Bereich Kultur und Museum. Ursprünglich wollte ich mich im Bereich Presse- und Öffentlichkeitsarbeit weiterbilden, aber das erschien mir zu schwammig. Ich habe diese Fortbildung ausgesucht, weil ich davon ausging, dass ich damit mehr Möglichkeiten auf dem Arbeitsmarkt habe. Die Arbeit am Computer macht mir außerdem viel Spaß.

Leider werden viele Inhalte oberflächlich behandelt und ermöglichen nur einen Einblick. Wir lernen von allem etwas und können in der kurzen Zeit natürlich kaum etwas vertiefen. Trotzdem bereue ich die Entscheidung für die Fortbildung auf keinen Fall, denn ich habe viel gelernt und bin jetzt auf dem aktuellen Stand der gängigen Computertechnik.

Im Prinzip bin ich schon angemeldet für eine Promotion an der Uni Zürich. Darum hatte ich mich parallel gekümmert. Leider hat sich herausgestellt, dass mein Thema schon besetzt ist. Das hatte ich vorher trotz umfangreicher Recherchen nicht gewusst. Aber bezüglich einer Promotion bin ich sowieso im Zweifel. Viele ausgeschriebene Stellen verlangen eine Promotion, meist mit etlichen Jahren Berufserfahrung, die ich ja gar nicht habe. Da würde mir auch ein Doktortitel nichts nützen. Außerdem würde ich dann wieder im stillen Kämmerchen sitzen und über ein Thema schreiben, das niemanden interessiert, und ich hätte währenddessen kein Geld. Ohne Promotion entferne ich mich aber immer weiter vom Kunstgeschichtsstudium. Das ist eine richtige Zwickmühle für mich.

Ich bereue es auf keinen Fall, dieses Studium gemacht zu haben. Und ich würde es immer wieder machen, trotz der Verzweiflung, danach keine Arbeit zu finden. Denn es hat mir intellektuell viel gebracht und das möchte ich nicht missen. Ich musste mich immer durchkämpfen. Ich glaube, auch das stärkt, nicht immer gleich zu bekommen, was man haben will. Ich bin aber deprimiert, wenn ich sehe, wer manchmal weiterkommt. Viele haben mit weniger Erfahrungen und Qualifikationen mehr Erfolg. Ich fühle mich dann wie auf der Strecke geblieben. Ich habe beruflich schon sehr viele verschiedene Sachen gemacht und war als Kunsthistorikerin ziemlich flexibel. Andere mit dem gleichen Abschluss würden so etwas wie Tourismusmanagement nie machen. Ich würde dagegen überall hingehen für eine Stelle, zwar nicht gern, aber ich würde es tun. Der einfachste Weg wäre eine Promotion im Anschluss ans Studium gewesen. Dann hätte ich mich erst mal gar nicht mit all den Ablehnungen auseinandersetzen müssen. Besonders schrecklich ist es, in Stoßzeiten zehn Absagen gleichzeitig zu bekommen. In einem dicken Ordner befinden sich alle meine Absagen, es sind über 400. Das ist nebenbei eine ganz interessante Briefkopfsammlung. Ich habe mich in Museen, Verlagen und Agenturen beworben. Alles, was im weitesten Sinne noch irgendwie passte. Auch an der Uni und in der Industrie, manche Firmen haben ja Kunstsammlungen oder Kulturstiftungen. Aber leider sind die Abteilungen so klein, dass man nur schwer hineinkommt.

Meine beruflichen Entscheidungen fielen immer aus Interesse oder auch per Zufall. Bei den Praktika hing es von den Angeboten ab. Ich wollte ins Museum, das war klar. Manches war auch geplant, zum Beispiel die zwei Semester in Zürich. Die Arbeit bei VW, auch als Werkstudentin und als Sekretärin, machte ich nicht aus Interesse, sondern wegen des Geldes. Das Tourismusstudium habe ich mehr aus Verzweiflung begonnen, das war immer noch besser als herumzusitzen. Außerdem war es eine Zusatzqualifikation. Aber wirklich wichtig war nur meine Kunstgeschichte.

Ich habe immer Hilfe von meinen Eltern bekommen, finanziell und emotional. Sie haben mich immer unterstützt. Ich wusste, die würden mich nie hängen lassen. Eine befreundete Restauratorin ist die einzige im Freundeskreis, die ab und zu im Museumsbereich arbeitet. Die gibt mir Tipps, wenn sie beruflich etwas Interessantes hört. Die meisten anderen Kunsthistoriker, die ich kenne, krepeln ähnlich vor sich hin wie ich.

Ich habe mich so breit gefächert beworben, weil ich der Auffassung bin, dass man sich überall einarbeiten kann. Diese Erfahrung habe ich auch in den Praktika gemacht. Ich würde sehr gern ein Volontariat am Museum machen, um von Grund auf alles zu lernen. Obwohl ich bereits im Studium wirklich viel gelernt habe. Sogar die Organisation von Ausstellungen würde ich mir zutrauen. Das Kunstgeschichtsstudium in Deutschland ist leider ziemlich wirklichkeitsfremd, wie im Elfenbeinturm. Es basiert immer noch auf der Lehre aus dem 19. Jahrhundert, in der alles sehr stark auf Interpretation ausgerichtet ist. Es wird sehr auf Details geachtet, fern vom Leben. Trotzdem machte es mir an der Uni meistens Spaß.

Wenn ich nach meinen Träumen frage, würde ich am liebsten forschen oder für Ausstellungskataloge und Zeitungen schreiben. Auch Projekte planen macht mir Spaß. Etwas planen, es anderen vorstellen und dazu schreiben. Ich arbeite total gern mit Text. Und ich will eine bezahlte Arbeit, die mir Spaß macht und mich inhaltlich fordert. Ich wünsche mir, nicht von Leuten und Chefs abhängig zu sein. Aber für die Selbstständigkeit bin ich, glaube ich, nicht geeignet.

Die Arbeit hat auf jeden Fall einen hohen Stellenwert für mich. Immerhin verbringt man dort täglich acht Stunden. Im Automobilforum hatte ich immer das Gefühl, Lebenszeit und Ressourcen zu vergeuden, wenn ich mein Können und meine tatsächlichen Tätigkeiten verglich. Es war immer ein Warten aufs Wochenende.

Eigentlich hatte ich unter anderem auch studiert, damit ich keine solchen Arbeiten machen muss. Abgesehen von meinem Praktikum im Louvre hatte ich noch nie einen Job, der mir richtig viel Spaß gemacht hat. Und bei den ersten Praktika war ich noch zu schüchtern, sonst hätte ich mehr daraus machen können.

Wenn ich das Geld nicht bräuchte, würde ich trotzdem arbeiten wollen, aber nicht in typischer Lohnarbeit. Das finde ich nicht unbedingt erstrebenswert. Auch eine volle Stelle brauche ich nicht notwendigerweise. Ich habe noch viele andere Interessen. Neben der Arbeit macht mir auch das Lernen Spaß. Ich möchte nicht jeden Tag den gleichen Trott. Vielleicht müsste ich mir noch konkreter überlegen, wo meine eigenen Stärken liegen. Aber andererseits bringt das auch nicht viel. Denn es gibt einfach zu wenig Jobs, selbst wenn ich meine Stärken genau kenne.

Trotzdem gucke ich alle Zeitungen durch und schreibe weiter Bewerbungen. Und ich muss ja irgendwann regelmäßig Geld verdienen. Ich denke, da kommt schon noch was. Auch wenn ich oft nicht weiß, woher ich die Energie zum Weitersuchen nehmen soll.

Am schwierigsten sind die ständigen Rückschläge. So wie jetzt, wo ich wieder nicht weiß, wie es in wenigen Monaten nach der Fortbildung weitergehen soll. Manchmal denke ich, da kann auch gar nichts mehr kommen. Wirklich vertan ist die Zeit nicht, weil ich ja immer etwas Neues lerne, aber ich hab nie das Gefühl, mich einem Ziel anzunähern, geschweige denn anzukommen. Ich bin immer auf dem Weg und weiß gar nicht genau, wo er hinführt. Manchmal mache ich mir so eine Art gesellschaftlichen Druck. Das kommt auch durch meinen Vater, der sehr erfolgreich war. Ich dagegen mache tausend Umwege und sehe gar kein Ziel. Aber irgendwie geht es schon weiter. Leider fehlt mir die Ruhe. Ich habe Angst, Zeit zu verlieren, und weiß nicht, wie ich das alles in meinem Lebenslauf kaschieren soll. Wie verkaufe ich das? Es sind häufig äußere Zwänge, die ich sehr intensiv erlebe. In den meisten Personalbüros wird genau auf Alter und Lebenslauf geschaut.

Mein Tipp für Studienabgänger ist, dass man versuchen sollte, schon im Studium Kontakte zu knüpfen, beispielsweise durch Praktika. Praktika finde ich enorm wichtig, auch wenn sie nicht Pflicht sind. Keiner sollte vor Ende des Studiums das Gefühl haben, noch gar nichts zu können. Mit der Zeit lernt man dann, sich besser zu verkaufen. Außerdem ist es wichtig, finanziell mehr Forderungen zu stellen.«

Neue Berufe

Explosion neuer Berufsfelder und -bezeichnungen

Auf der einen Seite wächst die Welt immer enger zusammen, auf der anderen Seite dehnen sich die Möglichkeiten neuer Tätigkeiten aus. Zahlreiche Jobs werden aus den USA importiert. Ohne Englischkenntnisse sind die meisten Stellenanzeigen kaum mehr zu lesen: Neue Berufe wie Screen-DesignerIn, FundraiserIn oder InfobrokerIn sind in den letzten zehn Jahren entstanden. Berufsbezeichnungen wie Online-RedakteurIn oder WebmasterIn sind mittlerweile schon sehr geläufig. Doch was ist eine Key-Account-ManagerIn oder eine Facility-ManagerIn? Bei den wenigsten Bezeichnungen handelt es sich um Ausbildungsberufe, die man mit einer Lehre oder einem Studium erlernen kann. Der Einstieg in viele der neuen Berufe ist durch kurze Weiterbildungen, den Ausbau von Neigungen und Talenten, durch »Training-on-the-Job« und »Learning by Doing« möglich. QuereinsteigerInnen und BerufswechslerInnen, die ihre Berufserfahrungen und Fähigkeiten mit neuen Zusatzqualifikationen kombinieren, haben vielfältige Möglichkeiten. »Die fortschreitende Liberalisierung der Berufsbezeichnungen eröffnet jedem die Möglichkeit, interdisziplinär fremde Äcker zu bestellen«, schreibt Alexander Glück in der Zeitschrift *Arbeitsmarkt Bildung, Kultur, Sozialwesen* vom 12.3.2002 und meint damit vor allem neue Berufsfelder im Medienbereich, die sich durch das Internet und neue Technologien entwickeln, wie zum Beispiel Web-DesignerIn, Flash-Profi oder Multimedia-AutorIn. Für die digitalen Berufe existieren bereits digitale Bildungsmöglichkeiten: Im Internet bieten Fachhochschulen, Universitäten und andere Einrichtungen Kurse an, zum Teil kostenlos. So entstanden wiederum neue Lehrberufe wie TeletutorIn und Fernlehr-TrainerIn.

Berufeboom in den Bereichen Informationstechnologie und Multimedia

Die neuen Informationstechnologien sind hauptverantwortlich für den Boom an neuen Berufen. Solange in neuen Bereichen noch keine geregelten Ausbildungen existieren, haben BerufsumsteigerInnen gute Chancen, hier einen Quereinstieg zu finden. Im Bereich der neuen Technologien hat mittlerweile jedoch eine zunehmende Professionalisierung und Spezialisierung eingesetzt. Zudem wurde das Wachstum dieses Bereichs vielfach überschätzt.

»Vor drei Jahren gab es noch für alle Einstiegsmöglichkeiten. Es war schwer, gute Leute zu finden. Leute aus den verschiedensten Fachrichtungen, Studienabbrecher oder sogar Krankenschwestern fanden mit einer kleinen Fortbildung im Bereich der Informations-Technologien Jobs. Die goldenen Jahre der New Economy sind nun vorbei. Das ist wie in der Automobilbranche: Als das Auto Anfang des 20. Jahrhunderts erfunden wurde, gab es etwa 80 Autofirmen in Deutschland – heute gibt es nur noch vier. Genauso schätze ich die Entwicklung der Web-Agenturen ein. Es wird drei bis vier große Firmen geben, die sich durchsetzen. Nur einige Crazy-Freaks, also Spezialisten wie Flash-Designer, werden als Freiberufler oder in kleinen Firmen von den Aufträgen der großen überleben können«, prognostizierte im Herbst 2001 Margit Wegner von der Firma Metadesign mit Hauptsitz in Berlin. Die 1990 gegründete Design-Agentur wuchs bis zum Jahr 2000 auf 200 MitarbeiterInnen an und schuf für hochkarätige Kunden wie VW oder die Berliner Verkehrsbetriebe das Corporate Design. Im Juni 2001 musste die Firma 25 MitarbeiterInnen entlassen, 2002 mussten weitere gehen, von den 20 PraktikantInnen werden keine mehr übernommen. Zahlreiche jüngere Konkurrenzbetriebe wie Frog-Design sind schon wieder vom Markt verschwunden. Aber auch die Pixelpark AG, einer der führenden europäischen Internetdienstleister, kommt zurzeit aus den roten Zahlen nicht mehr heraus.

QuereinsteigerInnen mit wenig fundierten Kenntnissen haben heute nur noch geringe Chancen, in den Bereichen Multimedia und Informationstechnologie Jobs zu finden. Im Bereich Design und Web-Design werden bei Metadesign nur erstklassig ausgebildete DesignerInnen mit Fachhochschulabschluss eingestellt. Die Ansprüche an die grafische Gestaltung sind gestiegen und nicht jeder, der ein Computerprogramm bedienen kann, ist ein Grafiker.

Andererseits sind auch die Anforderungen auf der technischen Seite gestiegen.

Die Tätigkeitsfelder im Multimediabereich ähneln denen der Werbeagenturen: Im Bereich Konzeption arbeiten die KreativdirektorInnen, KonzeptionerInnen, WerbetexterInnen, JournalistInnen, DrehbuchautorInnen. Hier sind vor allem Teamfähigkeit und Kundenorientierung gefragt. Im Bereich Design arbeiten GrafikerInnen und DesignerInnen sowie InternetgrafikerInnen und Screen-DesignerInnen. Im Bereich Projektmanagement sind kaufmännische Kenntnisse Voraussetzung. Hier findet man die genannten Key-Account-ManagerInnen, also die EtatdirektorInnen. Im Bereich Programmierung arbeiten überwiegend Männer: Quereinsteiger aus technischen Berufen. Online-RedakteurInnen und InfobrokerInnen gehören zu den Multimedia-Randbereichen. Online-RedakteurInnen sind oft QuereinsteigerInnen aus der Germanistik oder Pädagogik und können gut texten. InfobrokerInnen recherchieren Informationen aus dem Internet zu Spezialgebieten. Hier finden sich QuereinsteigerInnen aus verschiedenen Feldern wie der Medizin und Wirtschaft.

Insgesamt hatte der Informationstechnologie- und Multimediabereich so starken Einfluß auf andere Berufsbereiche, dass in den 90er Jahren vom Bundesinstitut für Berufsbildung (BIBB) neue Ausbildungsberufe wie MediengestalterIn, IT-System-ElektronikerIn oder IT-Kauffrau geschaffen wurden. Sie stellen die Verknüpfung der neuen Technologien mit herkömmlichen Berufen dar. Der Beruf MediengestalterIn vereint zugleich die veralteten Ausbildungen ReproherstellerIn, SchriftsetzerIn sowie Werbe- und MedienvorlagenherstellerIn. Es handelt sich hier um Ausbildungen im dualen System, die von RealschulabsolventInnen sowie zunehmend von AbiturientInnen gewählt werden. Für HochschulabsolventInnen gibt es zahlreiche Weiterbildungen, zum Beispiel zur NetzwerkadministratorIn oder WebmasterIn. NetzwerkadministratorInnen betreuen das Computernetzwerk einer Firma, WebmasterInnen entwickeln, warten und optimieren Internetseiten.

Manche Weiterbildungen ermöglichen die Verknüpfung verschiedener Vorkenntnisse. Lara, 44, absolvierte eine einjährige Weiterbildung zur Fachzeitschriften- und Online-Redakteurin: »Ich bin Germanistin und Krankengymnastin. Mit der Weiterbildung wollte ich diese Berufsfelder verknüpfen, für den Gesundheitsbereich schreiben und so meinem Traumberuf Journalistin näher kommen. Ich mache nun freiberuflich die Öffentlichkeitsarbeit für ein Filmmuseum und habe schon einige Artikel zu sozialen und Gesundheitsthemen in Tageszeitungen veröffentlicht. Die Weiterbildung hat mir zum Einstieg verholfen – ob ich jedoch jemals von dieser Arbeit leben kann, weiß ich nicht. Von den 26 Teilnehmern der Ausbildung arbeitet heute keiner in einer Online-Redaktion. Nur sieben Leute haben eine feste Stelle im Bereich Öffentlichkeitsarbeit und bei Verlagen gefunden. Das liegt wohl an der derzeitigen Konjunkturflaute. Der Anzeigenmarkt ist drastisch zurückgegangen, davon sind alle Printmedien und auch deren Online-Redaktionen betroffen.«

Vom Arbeitsamt wurden in den 90er Jahren auch Weiterbildungen im Computerbereich gefördert, die herkömmliche Berufe ergänzten und mittlerweile Vorraussetzung für einen Berufseinstieg waren. So lernten HochschulabsolventInnen der Bauberufe in einjährigen Weiterbildungen Anwendungsprogramme wie Geografische Informationssysteme (GIS) oder Computer Aided Design (CAD). Inzwischen lernte jedoch schon die studierende junge Konkurrenz diese Programme zur Karten- und Planerstellung an den Hochschulen. Einen beruflichen Vorsprung boten diese Weiterbildungen daher nicht, sie waren eher Nachhilfestunden.

»Die GIS-Weiterbildung war zwar eine gute Ergänzung zum Studium, eine echte Spezialisierung war sie jedoch nicht, da wir nicht Programmieren lernten«, sagt Landschaftsplanerin Monika. »Ich fand aufgrund der neuen Kenntnisse nur für drei Monate eine befristete Stelle, danach belegte ich einen Volkshochschulkurs zur Internetseitengestaltung. Für ein kleines Planungsbüro konnte ich die Homepage gestalten. Mittlerweile bin ich dort angestellt und zeichne Pläne mit CAD. CAD war ein Teilbereich der Weiterbildung. Meine GIS-Kenntnisse sind nun jedoch nach zwei Jahren so veraltet, dass ich in diesem Bereich keine Arbeit mehr finden würde. Im EDV-Bereich muss man sein Wissen ständig durch Anwendung erneuern, sonst kann man von vorne anfangen. Wenn man nach einer Weiterbildung nicht sofort einen richtigen Einstieg findet, war alles Lernen umsonst. Daher arbeitet heute auch kaum einer aus meinem Kurs in diesem Bereich.«

Insgesamt wird der IT-Bereich zu über 50 Prozent von AkademikerInnen abgedeckt. Der Frauenanteil liegt bei etwa 20 Prozent, inklusive Sekretärinnen.

Neue Berufe für GeneralistInnen

Neue Berufe in der Informations- und Dienstleistungsgesellschaft entstehen jedoch nicht nur auf dem Gebiet der Spezialisierung in den Informationstechnologien und Medien. Auch GeneralistInnen sind sehr gefragt. Bei großen Firmen wie DaimlerChrysler oder bei der TUI existieren bereits Abteilungen für Knowledge Management, also für Wissensmanagement. WissensmanagerInnen müssen nach Aussage des Instituts der deutschen Wirtschaft in *Spiegel online* vom August 2001 »in den immer komplizierteren Abläufen den Überblick behalten und für das richtige Zusammenspiel der Spezialisten sorgen. Die Fähigkeit, Wissen zu organisieren, zählt zu den wichtigsten Fähigkeiten der Zukunft.«

Neue Berufe in den Bereichen Umwelt, Gesundheit, Management und Marketing

Aber auch in anderen Bereichen wie Umwelt, Gesundheit, Beratung oder Management und Organisation entstehen neue Tätigkeitsbereiche und Berufe.

Im Marketingbereich gewinnt das Event-Marketing zunehmend an Bedeutung. Event-ManagerInnen konzipieren, organisieren und führen Veranstaltungen durch, die dem Publikum ein unvergessliches Erlebnis bleiben sollen. Die Events sollen dem Veranstalter ein positives Image verschaffen oder seine Produkte ins beste Licht setzen. Kreativität, Kommunikations- und Organisationstalent sowie betriebswirtschaftliche Kenntnisse sind Vorraussetzung für einen Einstieg in diese boomende Branche. BetriebswirtInnen, KommunikationswissenschaftlerInnen und GeisteswissenschaftlerInnen sind hier gefragt. Im April 2002 fand in Aachen die erste Jobmesse für Event-Management statt, auf der sich die 20 größten Eventagenturen Deutschlands präsentierten. An den Fachhochschulen Karlsruhe und Düsseldorf kann man sich seit dem Jahr 2000 zur Diplom-Event-ManagerIn ausbilden lassen.

Fundraising ist ebenso ein Bereich, der weiter wächst und professionalisiert wird. FundraiserInnen sind professionelle SpendensammlerInnen für gemeinnützige Zwecke. Soziale, karitative und kulturelle Einrichtungen werden in Zukunft immer stärker auf Fundraising angewiesen sein. Die erste Fundraising Akademie in

Deutschland bietet eine zweijährige berufliche Qualifizierung an, in der fachliche, methodische, kommunikative sowie soziale Kompetenzen trainiert werden. Diese Ausbildung ist vom Berufsverband, der Bundesarbeitsgemeinschaft Sozialmarketing, und vom Deutschen Spendenrat anerkannt. Bislang finden AbsolventInnen aus verschiedensten Fachrichtungen mit Erfahrungen im Bereich Öffentlichkeitsarbeit den Quereinstieg in dieses neue Berufsfeld.

Im Umweltbereich finden sich neue Berufe wie Öko-AuditorIn und UmweltberaterIn, SolarfachberaterIn oder MobilitätsberaterIn.

Seit der Öko-Audit-Verordnung von 1993 gibt es den Beruf ÖkoAuditorIn. Diese überprüfen in Unternehmen, ob das Umweltmanagementsystem funktioniert und ob die gesetzlichen Anforderungen beachtet werden. Sie führen Umweltbetriebsprüfungen durch, vergeben Zertifikate und beraten. AbsolventInnen naturwissenschaftlicher Fachrichtungen, der Wirtschafts- oder Verwaltungswissenschaften mit Weiterbildungen und Auditoren-Lehrgängen sowie Berufserfahrungen im betrieblichen Umweltschutz sind für diesen Beruf geeignet.

Im Gesundheitsbereich entstanden Berufe wie Wellness-TrainerIn oder GesundheitsmanagerIn. Der Beruf Wellness-TrainerIn setzt eine Ausbildung in den Bereichen Gesundheit und Sport wie PhysiotherapeutIn oder SportlehrerIn voraus. Wellness-TrainerInnen betreuen und beraten Gäste von Hotels und Freizeitanlagen zu den Themen Ernährung, Bewegung und Entspannung. GesundheitsmanagerInnen entwerfen medizinische Konzepte und Projekte in Krankenhäusern oder bei den Krankenkassen. In großen Unternehmen betreuen sie die Gesundheitsvorsorge oder den Arbeitsschutz. In diesem Bereich können alle aus dem Gesundheitswesen arbeiten, so zum Beispiel ÄrztInnen, Krankenschwestern oder HeilpraktikerInnen.

Im Bereich Finanzen wurden zurzeit des Börsenbooms zahlreiche FondsmanagerInnen, WertpapieranalystInnen sowie Investor-Relations-ManagerInnen gesucht. Gerade hier zeigt sich jedoch, wie abhängig viele der neuen Berufe von der augenblicklichen Konjunktur sind.

Die meisten Berufsbezeichnungen sind noch ungeschützt. Für manche Berufe gibt es mehrere Bezeichnungen. Einige Berufe werden weiter professionalisiert, andere verschwinden nach einigen Jahren wieder. Um einen Quereinstieg in neue Bereiche, eine berufliche Orientierung oder gar den Traumberuf zu finden, ist es sinnvoll, die neuen Berufsfelder und deren Anforderungen zu kennen. In vielen neuen Berufen werden Stellen an InitiativbewerberInnen vergeben. Engagement und Kreativität schon bei der Stellensuche sind bei den neuen Berufen besonders notwendig.

Sylvia Englert stellt in ihrem Buch »Die Jobs der Zukunft« eine große Palette neuer Berufe vor. Wer wissen möchte, was sich hinter Berufsbezeichnungen wie Mystery-ShopperIn, Quality-ManagerIn, Research-AnalystIn oder Channel-Marketing-SpezialistIn verbirgt, findet hier Rat und Anregung. Eine gute Orientierung bietet eine Tabelle im Buch, in der den neuen Berufen Interessen und Fähigkeiten sowie Ausbildungsvoraussetzungen zugeordnet werden.

Spürnase für neue Berufsfelder

»Ich verkaufe für einen guten Zweck«

Sonja, 36, studierte Biogeografie, arbeitete erst in der Umweltplanung, später ehrenamtlich in der Kommunalpolitik. Danach gelangte sie über einen 630-Mark-Job in den Bereich Fundraising, arbeitete schließlich als Texterin und zuletzt als Veranstaltungsmanagerin.

»Meine Eltern wollten, dass ich Beamtin oder Bankkauffrau werde. Das wollte ich aber nicht. Nach dem Abitur arbeitete ich ein Jahr bei einer Firma im Bereich Geophysik. In diesem Jahr musste ich mich für ein Studium entscheiden. Es war mir wichtig, etwas zu machen, das ich gut finde, am besten etwas im sozialen oder im Umweltbereich. Ich hatte in der Schule Biologie und Erdkunde als Leistungsfächer. Als ich den Studiengang Biogeografie entdeckte, war ich sehr glücklich, weil das gut passte und weil es nicht in Hannover war. Ich wollte mal von zu Hause weg.

Gleich in der Einführungsveranstaltung sagte ein Professor: ›Was wollen Sie überhaupt hier? Sie sind nach dem Studium doch eh arbeitslos.‹ Das schockte mich und weckte zugleich meinen Ehrgeiz. Die meisten denken, man würde Lehrer, wenn man Geografie studiert. Als Diplom-Geografin musste ich mir jedoch Nischen suchen. Mit der Biogeografie ging ich in den Bereich Umweltbewertung. Von da aus ist es kein großer Schritt mehr in die Umweltplanung. Biogeografen werden jedoch nicht im Bereich Planung ausgebildet. Planungsmethoden musste ich mir im Beruf aneignen.

Nach dem Vordiplom suchte ich mir Praktika und Jobs, die etwas mit meinem Studium zu tun hatten. Vorher hatte ich als Sportverkäuferin gejobbt, um einen Teil des Studiums zu finanzieren. Um fachliche Erfahrungen zu sammeln, arbeitete ich dann in den Semesterferien in der Bundesanstalt für Geowissenschaften und Rohstoffe in Hannover. Beim Stadtverband Saarbrücken machte ich ein Praktikum in einem Modellprojekt im planerischen Bereich.

Später arbeitete ich dort als freie Mitarbeiterin weiter. Außerdem erstellte ich für ein Ingenieurbüro Altlastenkartierungen. Die Jobs fand ich durch Eigeninitiative. Von der Uni bekam ich keinerlei Unterstützung. Die Universität ist ein Elfenbeinturm, die Dozenten haben keine Ahnung, was in der Wirtschaft gebraucht wird. Viele meiner Kommilitonen haben ihr Fachwissen später nie angewendet: Einer verkauft heute auf dem Biomarkt Bioprodukte, einer wurde Gärtner, ein anderer Altenpfleger. Ein weiterer leitet heute ein großes Kaufhaus, wieder ein anderer arbeitet nun als Webdesigner in einer Internetfirma.

Ich wählte mein Diplomarbeitsthema so aus, dass ich mich damit bewerben konnte. Für meine Diplomarbeit bewertete ich verschiedene Landschaftspläne. So kam ich auf die Idee, mich in Landschaftsplanungsbüros zu bewerben. Ich versuchte es im Rhein-Main-Gebiet, denn im Saarland ist es wirtschaftlich schwierig. Ich landete bei einer renommierten Firma im Bereich Umweltplanung. Diese Firma hatte ich vorher auf einer Messe kennen gelernt. Auf meine erste Bewerbung bekam ich gleich den Job und arbeitete dort zweieinhalb Jahre. Ich kartierte und bewertete die Tier- und Pflanzenwelt für Umweltgutachten bei großen Bauvorhaben wie Talsperren. Eines Tages wurde ein landschaftspflegerischer Begleitplan für ein Bauvorhaben angeboten. In dem Büro wusste außer mir keiner, was das war. Damit konnte ich in der Firma ein neues Segment aufbauen. So erhielten wir weiterhin Aufträge dieser Art.

Ich bekam mein erstes Kind mit 28 Jahren und hörte mit der Arbeit auf. Als mein Mann seinen Job verlor, zogen wir nach Hannover. Hier herrschte gerade Expo-Stimmung. Wir hatten beide keinen Job. Jörg hatte jedoch Glück und fand über ein Stellengesuch schon nach vier Wochen eine Arbeit bei einem Architekten.

Mir wurde es bald langweilig zu Hause. Ich begann mich politisch zu engagieren und nahm Kontakt zur SPD auf, arbeitete im Ortsverein mit und wurde bald Vorsitzende. Als Bürgerinnenvertretung arbeitete ich im Umweltausschuss mit. In dieser Zeit hatten wir einen großen Mangel an Kindergartenplätzen. Auf einer politischen Veranstaltung fragte mich eine Frau, ob wir gemeinsam etwas dagegen tun wollten. Die Zusammenarbeit mit ihr klappte sehr gut, da wir uns prima ergänzten. Wir gründeten einen Verein, renovierten einen Raum einer Kirchengemeinde und stellten drei Frauen ein, die zu Beginn an drei Tagen in der Woche zwölf Kinder betreuten. Anfangs nannten wir das ›Kindergarten light‹. Damit war das Problem jedoch nicht gelöst. Die Stadt wollte für die Kinder einen gebrauchten Container bereitstellen. Der sollte 250 000 Mark kosten. Wir fanden das viel zu teuer und suchten voller Energie nach anderen Lösungen. Vor zwei Jahren wurde schließlich ein Kindergarten nach einer Idee von mir gebaut. Er wurde in einem Doppelhaus eingerichtet, das die Kommune erst als Kindergarten nutzen und später mit einfachen Mitteln umbauen und verkaufen kann. Das hat den Vorteil, dass die Kommune diese Räume nicht weiter unterhalten muss, wenn der Kindernachwuchs in der Siedlung ausbleibt.

Wir nutzen dieses Doppelhaus nun seit drei Jahren als Kindergarten, in fünf Jahren wird es voraussichtlich keinen Bedarf mehr dafür geben. Dann kann das Haus verkauft werden. Dieses Projekt wurde als Modellprojekt gefördert. Ich hatte mir das alles ausgedacht, aber die Idee haben sich Mitarbeiter einer Siedlungsgesellschaft zu eigen gemacht. Wir kooperierten mit dieser Siedlungsgesellschaft, die das Modell nun als ihre Idee verkauft. Ich merkte, dass ich für diese Leute nur irgendeine Mutter war. Die fehlende Anerkennung ärgerte mich insgesamt bei meinem ehrenamtlichen Engagement. Andererseits war ich froh über die Erfahrung, denn ich lernte viel und konnte die Arbeit zeitlich gut mit der Kindererziehung kombinieren.

Als mein zweites Kind anderthalb Jahre alt war, merkte ich, dass meine Arbeit im Ortsverein erfolgreich war. Aber die ehrenamtlichen Herausforderungen näherten sich dem Ende. Ich hatte noch den Vorsitz bei der SPD, aber es lagen keine Probleme und Aufgaben vor, die mich richtig in Anspruch genommen hätten. Mir wurde langweilig. Ich wollte arbeiten gehen und eine Bestätigung suchen. Weder die Hausarbeit noch das ehrenamtliche Engagement werden richtig anerkannt. Ich hatte viel Öffentlichkeitsarbeit gemacht und politisch gearbeitet. In diesen Bereichen wollte ich nun Geld verdienen. Ich bewarb mich als Referentin im Landtag. Leider wurde mein Wunsch nach Teilzeitarbeit nicht berücksichtigt. Als ich darauf aufmerksam machte, dass die SPD laut Parteiprogramm die Teilzeitarbeit fördern wolle, hieß es: »Im Prinzip schon, aber nicht hier.«

So suchte ich nach Weiterbildungen im Bereich Presse- und Öffentlichkeitsarbeit. Dabei fand ich die Stellenanzeige einer Agentur, die Non-Profit-Organisationen wie den BUND oder

Robin Wood betreut. Ich bewarb mich, bekam die Stelle jedoch nicht, weil ich zuwenig Erfahrung hatte. Einige Wochen später suchte die Organisation jedoch für ihr Call-Center Leute, die telefonisch Spender akquirieren sollten. Ich bekam solch einen Job auf 630-Mark-Basis. Das Telefonieren machte mir Spaß. Ich rief Privatleute an, die schon gespendet hatten, und fragte, ob sie regelmäßig spenden wollten. Gleichzeitig erhielt ich verschiedene rhetorische Ausbildungen.

Nach einem halben Jahr bewarb ich mich bei meiner Chefin als Teambetreuerin und erhielt eine 30-Stunden-Stelle. So durfte ich ein Team von 30 Leuten betreuen, für die ich Einsatzpläne, Schulungen und Auswertungen machte. Das gefiel mir gut, aber ich wollte noch mehr lernen. Firmenintern war eine Stelle als Texterin und Konzeptionerin ausgeschrieben worden. Ich bekam die Stelle. Anderthalb Jahre verfasste ich Texte für Broschüren und Mailings für verschiedene Kunden aus dem Non-Profit-Bereich sowie Imagebroschüren und Plakate. Das Texten im Fundraisingbereich ist anders als zum Beispiel das Texten von Geschäftsbriefen: Ich bat um Spenden, das heißt ich musste darstellen, warum gespendet werden sollte. Das ist eine rein emotionale Angelegenheit. Die Menschen müssen in ihrem Herzen angesprochen werden. Die Call-Center-Erfahrung war eine gute Grundlage für diese Arbeit. Ich hatte dadurch die Scheu überwunden nach Geld zu fragen und gelernt selbstbewusst aufzutreten. Ich konnte vermitteln, dass die Organisation gute Arbeit machte und zum Beispiel Menschenleben rettete. Und dass sie deshalb unterstützt werden müsse. Es gibt verschiedene Instrumente im Fundraising und ich musste die jeweils richtige Strategie entwickeln. Als Texterin kümmerte ich mich noch nicht um die Gesamtkonzepte, aber ich konnte Themen vorschlagen.

Ich wurde dann gefragt, ob ich in den Consultingbereich wechseln wollte, um Kunden zu beraten und Strategien zu entwickeln. In diesem Bereich beschäftigte ich mich mit strategischen Vorgaben und statistischen Auswertungen sowie Zielgruppenansprachen. Ich betreute verschiedene Teams. In einem Team waren jeweils Grafiker, Produktioner und Texter.

Fundraising ist ein Termingeschäft. Punktuell war das stressig. Die meiste Arbeit fiel vor Weihnachten an.

Sehr interessant fand ich die Teilnahme an einem Fundraisingkongress in Kassel. Bemerkenswert in dieser Szene ist, dass es sich um sehr engagierte Leute handelt. Fundraiser haben Lust, etwas zu verändern und für einen guten Zweck zu arbeiten. Es ist ein wachsender Berufsstand, in dem zunehmend professionell gearbeitet wird. Die Fundraiser entwickeln ein neues Selbstbewusstsein nach dem Motto: ›Ich mache einen tollen Job und ich brauche dafür eure Unterstützung.‹

In Deutschland ist es immer noch nicht gut angesehen, um etwas zu bitten. In den USA und in England sowie in Holland ist dagegen die Spendenkultur eine Selbstverständlichkeit. In Deutschland herrscht diesbezüglich eine Aufbruchstimmung. Und es macht Spaß, für einen guten Zweck zu arbeiten. Man kann da ganz viel Energie rausziehen.

Interessant ist jedoch, dass der Spenden-Markt nicht wächst. Daher werden nur solche Fundraiser überleben, die sich professionalisieren. Der Fundraisingkongress findet seit den 90er Jahren jährlich statt und wird von der Bundesarbeitsgemeinschaft für Sozialmarketing durchgeführt. Diese Bundesarbeitsgemeinschaft ist dabei, eine akademische Ausbildung für Fundraiser zu schaffen und einen eigenen Berufsstand ins Leben zu rufen. Bisher arbeiten im Fundraising nur Quereinsteiger mit unterschiedlichsten Berufserfahrungen. Sie werden als Texter oder Kundenberater angelernt.

Den Job in der Agentur kündigte ich schließlich, weil es beruflich und finanziell nicht weiterging. Innerhalb kurzer Zeit hatte ich das Gefühl: ›Ich habe das im Griff.‹ Ich steigerte den Umsatz. Die Kunden waren mehr als zufrieden. So bekam ich immer mehr Kunden und bearbeitete sie gut. Aber es wurde nicht finanziell honoriert. Ich fand es frustrierend, dass ich nicht mehr verdiente als sieben Jahre zuvor bei meinem ersten Job in Frankfurt. Das Gehaltsniveau in der Agentur war sehr niedrig und es gab keine Möglichkeit der Gehaltserhöhung. Ich forderte, an Fortbildungsmaßnahmen teilzunehmen oder zu Kongressen zu gehen. Doch das war auch nicht möglich.

Ich fand eine neue Stelle in einem Umweltverband. Ich hatte schon zugesagt und in der Agentur gekündigt, als ich ein Gespräch mit meiner Chefin hatte. Sie und auch der Geschäftsführer baten mich, mir meine Entscheidung noch einmal zu überlegen. Ich bin gleich um zehn Zentimeter gewachsen in dieser Zeit, aber es war schon zu spät, denn ich hatte den anderen Job schon zugesagt.

Als ich den ersten Tag beim Umweltverband anfing – wir hatten vorher keinen Arbeitsvertrag gemacht –, wurde mir gesagt, dass ich doch keine volle Stelle bekäme. Ich lernte daraus, dass ich egoistischer sein muss. Bisher hatte ich immer zu sehr im Sinne meiner Arbeitgeber gedacht.

Mit meiner neuen Stelle bin ich wieder in ein neues Berufsfeld hineingerutscht: Ich leite eine Energiekampagne, für die ich über 30 Einzelveranstaltungen koordinieren muss. Event-Marketing habe ich vorher noch nicht gemacht. Ich habe noch nie Veranstaltungen organisiert, vor allem nicht in dieser Vielfalt. Neue Berufsfelder sind für mich jedoch eine Herausforderung: Ich bin immer daran interessiert, meine Arbeitsweise und Rhetorik zu verbessern. Ich holte mir viele Hilfen aus Büchern, etwa über Projektmanagement oder kreative Mitarbeiterführung. Insbesondere im Bereich Konfliktgespräche lernte ich viel. Auch Weiterbildungen, die mit Videoanalysen arbeiteten, halfen mir sehr.

Teambesprechung, Teamführung und Telefonieren sind jetzt meine Hauptaufgaben. Durch die Erfahrungen im Call-Center habe ich einen Weg gefunden, die Leute zu Beginn des Gesprächs zum Lachen zu bringen. Danach lässt es sich lockerer kommunizieren. Damit komme ich auch im privaten Bereich besser zurecht. Gestern rief ich zum Beispiel beim Friseur an und sagte: ›Ich bin so unglücklich, ich fühle mich so unwohl, meine Haare liegen nicht.‹ Da fing er an zu lachen und gab mir gleich einen Termin.

Das Studium hat mir für meine Persönlichkeitsentwicklung geholfen. Mein Grundverständnis für Umweltthemen ist mir geblieben, die Fachkenntnisse benötige ich für die jetzige Tätigkeit nicht mehr. Ich bin nun ›straighter‹ als die typischen Leute im Umweltbereich, denn ich bin ein Verkäufertyp. Ich verkaufe für einen guten Zweck. Ich denke an Erfolge, während die Umweltszene weniger erfolgsorientiert ist.

Bei der politischen Arbeit habe ich mir Durchhaltevermögen angeeignet. Letztes Jahr lief ich beim Marathon mit. Mein Durchhaltevermögen hilft mir also in allen Bereichen.

Ich kann mich auch gut in neue Bereiche einarbeiten. Aber wenn cholerische Chefs mein Selbstwertgefühl angreifen, laufe ich weg. Denn ich machte schon Mobbing-Erfahrungen durch einen Projektleiter, der von seiner eigenen Unzulänglichkeit ablenken wollte. Er wurde später abgesetzt, weil mehrere Leute Probleme mit ihm hatten. Es war eine wichtige Erkenntnis, dass ich Vorgesetzte nicht unbedingt akzeptieren muss, wenn sie sich menschenunfreundlich oder gar geschäftsschädigend verhalten. Solche Erfahrungen verdankte ich verschiedenen Stellen. Ich merke, dass ich davon profitiert und mehr Selbstwertgefühl entwickelt habe.

Mein Traum ist, irgendwann einmal Geschäftsführerin einer Organisation zu sein, die Kindern hilft. Die Idee kam mir, als es mir einmal beruflich nicht so gut ging. In solchen Phasen entwickle ich oft gute Ideen. Ich sagte damals zu einem Kollegen: ›Wenn eines meiner Kinder krank würde, würde ich ganz viele Energien aufwenden, um ihm und auch anderen Kindern zu helfen.‹ Später fragte ich mich dann, warum erst meine eigenen Kinder krank sein müssen, um zu helfen. Kindern zu helfen, liegt mir am Herzen und es ist meine Zukunftsvision.

Studenten rate ich, das Studium zu nutzen, um persönlich zu reifen und Arbeitsmethoden kennen zu lernen. Es ist sehr sinnvoll, neben dem Studium schon fachlich zu arbeiten.«

Die neuen Selbstständigen: Neue Armut oder Chance?

Die wechselhaften Biografien vieler PatchworkerInnen verlaufen jenseits der klassischen Trennung von selbstständiger und abhängiger Beschäftigung. Selbstständige Tätigkeit gewinnt als Alternative zur abhängigen Beschäftigung immer mehr an Bedeutung. Für viele ist Selbstständigkeit der einzige Weg aus der Arbeitslosigkeit, für andere ist es ein Lebenskonzept und die beste Möglichkeit, eigene Ideen zu verwirklichen. Feste Arbeit wird zunehmend durch Projekte mit wechselnden PartnerInnen ersetzt.

Eine Folge dieser risikoreichen Arbeitsverläufe ist eine neue Selbstständigkeit, die sich in den letzten Jahren herausgebildet hat. Während Optimisten von Flexibilität und Chancen durch Veränderung und lebenslanges Lernen sprechen, sehen Pessimisten die damit einhergehende verdeckte Arbeitslosigkeit und den Zerfall der sozialen Sicherungssysteme. Auch die mit dieser Entwicklung thematisierte Scheinselbstständigkeit ist eine Folge der unklaren Grenze zwischen abhängiger und selbstständiger Tätigkeit. Selbstständigkeit bietet ohne Zweifel viele Vorteile und Chancen. Dennoch: Trotz aller Erfolgsgeschichten von UnternehmerInnen leben andere ständig am Existenzminimum. Für diejenigen, denen der Verdienst knapp zum Leben reicht, ist die Selbstständigkeit oft nur eine Notlösung. Auch Selbstausbeutung bei niedrigem Verdienst ist an der Tagesordnung. Die *taz* berichtete am 4.10.2000, dass laut Einkommensteuerstatistik jeder 14. Freiberufler monatlich unter 1250 DM verdient. Die in der gleichen Ausgabe vorgestellte Reisebuchautorin und freie Lektorin Brinkmann, die Germanistik und Italienisch studiert hat, ist das typische Beispiel für eine Risikoexistenz. Im Schnitt kommt sie trotz hoher Motivation und einer 60-Stunden-Woche nur auf einen Nettoverdienst von 1500 DM im Monat. Ein Bildband über Italien, an dem sie drei Monate lang arbeitete, brachte ihr nur 4500 DM Honorar.

Unter den neuen Selbstständigen finden sich viele DienstleisterInnen ohne Angestellte, die häufig in neuen Berufen tätig sind oder keinem festen Berufsbild zugeordnet werden können. Dazu zählen BeraterInnen, MultimediadesignerInnen genauso wie TaxifahrerInnen und Fahrradkuriere. Im Gegensatz zu den klassischen Selbstständigen wie HandwerkerInnen und Kaufleuten sind die neuen Selbstständigen immer weniger auf bestimmte Tätigkeiten festgelegt, sondern haben unterschiedliche, nicht standardisierte Qualifikationen und Profile. Die Qualifikationen haben sie zum Teil in Eigeninitiative, in Kursen oder Fortbildungen erworben. Für Sven, der Geografie studiert hat, ist seine Selbstständigkeit ideal: »Nach einer Weiterbildung in Kulturmarketing absolvierte ich ein Praktikum bei einer Agentur, die PR und Organisation für Reise- und Umweltmessen übernimmt. Für diese Firma arbeite ich nun als Selbstständiger weiter. Gleichzeitig habe ich auf den Messen und bei der Organisation von Veranstaltungen so viele Kontakte geknüpft, dass ich mittlerweile noch für zwei weitere Auftraggeber die Öffentlichkeitsarbeit und Veranstaltungsorganisation übernommen habe. Die Arbeit macht mir Spaß und ich muss inzwischen sogar Aufträge ablehnen. Deshalb denke ich mittlerweile über einen Mitarbeiter und einen Büroraum nach. Noch mache ich alles von zu Hause aus.«

Dadurch, dass immer mehr ArbeitnehmerInnen von abhängiger Arbeit in die Selbstständigkeit wechseln, nimmt die Zahl der Selbstständigen ständig zu. Dies bestätigt auch der Politologie-Professor Peter Grottian: »Mein Eindruck ist, dass der Kreis der Selbstständigen sich massiv vergrößert.« Eine Mitarbeiterin eines Berliner Hochschulteams beobachtet einen »Trend zum Mix von freiberuflicher Tätigkeit und halber fester Stelle«.

Die Grenzen zwischen abhängiger Beschäftigung, arbeitnehmerähnlicher Selbstständigkeit und Scheinselbstständigkeit sind fließend. Gemeinsam ist all diesen Formen der Arbeit die unzureichende soziale Absicherung. Mit dem Bild, das sich viele vom klassischen Selbstständigen machen, haben die meisten neuen Selbstständigen wenig zu tun. Sie sind zum großen Teil UnternehmerInnen in eigener Sache, deren Kleinstbetriebe häufig nur aus ein bis zwei Personen bestehen. Sie stellen ihre Fähigkeiten und ihr Wissen für eine begrenzte Dauer einer Aufgabe zur Verfügung. Die Entscheidung zur Selbstständigkeit wird in vielen Fällen nicht bewusst getroffen, sondern fällt aufgrund eines Auftrags oder einer guten Idee. Nicht selten wird der Schreibtisch in der Wohnung zum Arbeitsplatz umfunktioniert und die Projekte werden von zu Hause aus bearbeitet. Diese Form von Selbstständigkeit hat im Vergleich zu einer klassischen Unternehmensgründung den Vorteil, dass sie keine langjährigen finanziellen Verpflichtungen nach sich zieht. Die Gefahr von temporärer Armut durch fehlende Aufträge ist zwar gegeben, aber aufgrund der geringen finanziellen Verpflichtungen und ihrer Flexibilität kommen diese selbstständigen LebenskünstlerInnen meist irgendwie über die Runden.

Arbeitsplätze sind nur begrenzt und auch längst nicht für alle Berufsgruppen gleichermaßen vorhanden. Deshalb stellen viele Firmen und auch Universitäten AkademikerInnen nur befristet oder mit Werkverträgen für bestimmte Projekte ein. Bei schlechter Auftragslage einer Firma werden Angestellte immer häufiger zu projektgebundenen Selbstständigen, die über Honorar- oder Werkverträge weiterbeschäftigt werden. Das mit einer schwankenden Auftragslage einhergehende finanzielle Risiko tragen die selbstständigen MitarbeiterInnen. Auch sind viele KleinstunternehmerInnen nicht wirklich unabhängig: Konkurrenz anderer Selbstständiger, Abhängigkeit von ein bis zwei AuftraggeberInnen oder von deren inhaltlichen und zeitlichen Vorgaben schränken die Handlungsmöglichkeiten erheblich ein.

Das Überangebot an Arbeitskräften ist in fast allen Bereichen problematisch. Das hat in vielen Branchen zu Honorardumping geführt, Konkurrenz wird über den Preis geregelt. Es ist schwer, aus dieser Spirale auszusteigen. Wer nicht mitmachen will, wird schnell unterboten und die BilligbieterInnen freuen sich über die Aufträge.

Formen der Selbstständigkeit

Selbstständigkeit beinhaltet ein breites Spektrum von Möglichkeiten. Hinter verschiedenen Begriffen verbergen sich unterschiedliche Organisationsformen oder rechtliche Rahmenbedingungen.

Die Gruppe der Selbstständigen setzt sich zum einen aus FreiberuflerInnen, Honorarkräften, Scheinselbstständigen und KleinunternehmerInnen sowie klassischen UnternehmerInnen mit Angestellten zusammen. Die Übergänge zwischen den einzelnen

Bezeichnungen sind fließend und nicht klar voneinander abgrenzbar.

Einer klassischen Existenzgründung geht eine längere Beratungs- und Planungsphase voraus. So nehmen zahlreiche JungunternehmerInnen an Existenzgründerseminaren vom Arbeitsamt, der Universität oder anderen Institutionen teil. Neben Fachwissen und persönlicher Eignung spielen betriebswirtschaftliche Kenntnisse beim Schritt in die Selbstständigkeit eine wichtige Rolle. Insbesondere unternehmerisches Grundwissen kann in den Kursen und Beratungen für ExistenzgründerInnen erworben und somit Defizite in diesem Bereich ausgeglichen werden. Um einen Kredit zu bekommen, muss ein ausführliches Konzept zur Unternehmensgründung mit errechnetem Investitionsbedarf vorgelegt werden. Steht das Konzept, können rechtliche Fragen sowie weitere Details geklärt werden. Hierzu zählen die Wahl der Rechtsform für das Unternehmen, Möglichkeiten öffentlicher Fördermittel, steuerliche Rahmenbedingungen, soziale Absicherung, Positionierung und Marketing. Weitere Themen, die je nach Art des geplanten Unternehmens unterschiedlich wichtig sind, sind Strategien zur Mitarbeiterführung und zum Management. Die meisten neu gegründeten Firmen melden ein Gewerbe an. Das Interesse an Existenzgründungen von AbsolventInnen ist hoch. Dies bestätigt auch eine Mitarbeiterin eines der Hochschulteams in Berlin: »Die Existenzgründerseminare sind immer ausgebucht. Neben den Technikern machen sich auch viele Absolventen aus sozialwissenschaftlichen und Magister-Studiengängen selbstständig. Sie gründen häufig Agenturen in den Bereichen Journalismus, PR, Marketing oder Event-Management.« Viele GeisteswissenschaftlerInnen bauen sich allerdings auch eine Existenz in Bereichen auf, die mit ihrem Hochschul-Abschluß nichts zu tun haben. Dazu zählen Gründungen von Tagungshäusern, Hotels oder Reiseveranstaltern. Der Germanist Robert machte seine Leidenschaft, das Lesen, zum Beruf und eröffnete ein Antiquariat, das bereits seit neun Jahren existiert.

Die Lage auf dem Arbeitsmarkt für Maschinenbau-IngenieurInnen war vor einigen Jahren so schlecht, dass Tom nach Abschluss seines Maschinenbau-Studiums sofort an eine eigene Firma dachte. Er wollte sich die nervenaufreibende Stellensuche ersparen, in der viele KommilitonInnen bereits steckten. Als Entscheidungshilfe besuchte er ein Existenzgründerseminar an der Hochschule. Mit dieser kompetenten Beratung und der Hilfe eines Professors gründete er nach ausführlicher Planung eine Firma für Medizintechnik. Mit Erfolg. Mittlerweile beschäftigt er vier Ingenieure, einen Lehrling, zwei Techniker und eine Sekretärin. »Das Risiko war groß. Ich musste einen hohen Kredit aufnehmen, um technische Geräte anzuschaffen. Auch die Büromiete ist teuer. Aber es hat sich gelohnt. Die Produkte verkaufen sich weltweit und ich schreibe schwarze Zahlen. Außerdem brauche ich meine Freiheit, um kreativ sein zu können und meine Ideen entsprechend meinen Vorstellungen umsetzen zu können.«

Die klassischen FreiberuflerInnen zählen nicht zu den Gewerbetreibenden. Für die meisten von ihnen gelten spezielle Berufsordnungen.

Sie gliedern sich in vier Berufsgruppen:

1. Technische und naturwissenschaftliche Berufe (z. B. IngenieurInnen, Sachverständige, UmweltgutachterInnen)
2. Wirtschafts-, rechts- und steuerberatende Berufe (z. B. RechtsanwältInnen, SteuerberaterInnen)
3. Heilkundliche Berufe
4. Kulturberufe (z. B. JournalistInnen, MusikerInnen, ÜbersetzerInnen, DesignerInnen).

FreiberuflerInnen arbeiten in eigenen Büros oder Praxen, von zu Hause aus oder tageweise bei den AuftraggeberInnen oder KundInnen.

Inzwischen sind Arbeitsformen entstanden, die sich zwischen abhängiger Beschäftigung und Selbstständigkeit bewegen. Deswegen trat am 1.1.1999 das Gesetz zur Förderung der Selbstständigkeit in Kraft. Dieses Gesetz definiert die Selbstständigkeit und soll abhängig Beschäftigte, die nur zum Schein als Selbstständige auftreten, aussieben. Danach sagt die Bezeichnung »freier Mitarbeiter/freie Mitarbeiterin« nichts über die sozialversicherungsrechtliche Stellung aus und ist für sich genommen kein Kriterium für die Annahme einer selbstständigen Tätigkeit. Per Definition des Bundesministeriums für Arbeit und Sozialordnung ist Selbstständigkeit vornehmlich durch das eigene Unternehmerrisiko gekennzeichnet, das Vorhandensein einer eigenen Betriebsstätte, die Verfügungsmöglichkeiten über die eigene Arbeitskraft und die im Wesentlichen frei gestaltete Tätigkeit und Arbeitszeit.

Eine Sonderrolle haben DozentInnen und Lehrbeauftragte, auch wenn sie nur für eine Schule oder Hochschule tätig sind. Sie gelten nicht als abhängig Beschäftigte, solange sie eine von vornherein zeitlich und sachlich beschränkte Lehrverpflichtung eingehen und keine weiteren Verpflichtungen an der betreffenden Schulungseinrichtung übernehmen. Der Unterschied zu den festangestellten Lehrkräften muss klar erkennbar sein.

Das Gesetz trifft vor allem VertreterInnen der freien Berufe, die nur für einen Auftraggeber tätig sind und aufgrund dieser Tatsache als Scheinselbstständige gelten. In der Vergangenheit arbeiteten viele Büros zur Bewältigung von Auftragsüberschüssen mit freien MitarbeiterInnen. Während IngenieurInnen und andere FreiberuflerInnen noch vor Inkrafttreten dieses Gesetzes ohne Probleme für ein Büro mit Werkverträgen selbstständig arbeiten konnten, müssen sie heute noch mindestens einen weiteren Auftraggeber oder eigene Angestellte vorweisen. In Zahlen ausgedrückt: Wer mehr als fünf Sechstel seiner gesamten Einkünfte von einem Auftraggeber bezieht, gilt als scheinselbstständig. Katrin berichtet: »Drei Jahre war ich als Architektin angestellt. Dann kam die Flaute in der Baubranche und mein Chef bot mir an, mit projektbezogenen Werkverträgen weiterzuarbeiten, da er nicht mehr genug Aufträge für alle Angestellten hatte. Natürlich nahm ich an. Vorteile sind die völlig freie Einteilung der Arbeitszeit sowie längere Auszeiten zwischen zwei Projekten, in denen ich ausgiebig verreisen kann. Der entscheidende Nachteil neben der finanziellen Verschlechterung ist die Unsicherheit, nie zu wissen, wie lange ich noch Aufträge bekomme. Außerdem muss ich mir im Laufe des Jahres noch einen zweiten Auftraggeber suchen, damit ich nicht als scheinselbstständig gelte.«

Das Gesetz sollte einerseits die Kassen der Sozialversicherungen füllen und andererseits ArbeitgeberInnen dazu bewegen, arbeitnehmerähnliche freie MitarbeiterInnen fest anzustellen. Für BerufseinsteigerInnen, für die eine freie Mitarbeit oftmals die einzige Möglichkeit darstellt, um Berufserfahrung zu sammeln, ist es seit Einführung des Gesetzes schwieriger geworden.

Auch TeilnehmerInnen an Weiterbildungen, die vom Arbeitsamt gefördert werden, treten in Konkurrenz zu freien MitarbeiterInnen. Die mehrmonatigen Praktika, die Teil der meisten Weiterbildungen sind, stellen für viele Firmen die Chance dar, für einen befristeten Zeitraum hochqualifizierte und hochmotivierte MitarbeiterInnen zu bekommen, die sie keinen müden Euro kosten. Und so freie MitarbeiterInnen zu sparen.

Soziale Absicherung

Die soziale Absicherung ist nach wie vor an eine Festanstellung gebunden. Vor allem Arbeitsrecht und Politik orientieren sich am Leitbild des Vollzeitarbeitnehmers mit einem Lebensberuf. Dagegen haben viele PatchworkerInnen den Wandel dieser Realität bereits selbst erfahren. Wer längere Zeit als freier Mitarbeiter tätig oder nur kurzzeitig angestellt war, weiß, dass er im Falle einer Arbeitslosigkeit keine staatliche Unterstützung zu erwarten hat. Klassische Berufsbilder haben sich aufgelöst, neue Tätigkeitsfelder sind entstanden. Parallel dazu haben sich auch gängige Branchengrenzen aufgelöst und ein innovativer Dienstleistungssektor hat sich herausgebildet. Dies entspricht dem von vielen Experten proklamierten Übergang von der Industrie- zur Wissens- und Dienstleistungsgesellschaft. Daraus entstehen völlig neue Unternehmenstypen, deren wichtigste Produktionsgrundlagen Know-how und Flexibilität sind. Damit einhergehend sind mittlerweile viele so genannte atypische Arbeitsverhältnisse im Alltag zur Selbstverständlichkeit geworden und die auf Vollbeschäftigung ausgerichteten sozialen Sicherungssysteme greifen nicht mehr.

Auf der einen Seite wurde das Gesetz zur Bekämpfung der Scheinselbstständigkeit eingeführt, auf der anderen Seite fehlt es an politischen Entscheidungen und Hilfen, die die soziale Unsicherheit und Selbstausbeutung von Selbstständigen einschränken.

Immer mehr Angestellte werden formal selbstständig und verlassen damit die gesetzliche Sozialversicherung. Sie können dann nur mit einer privaten Rentenversicherung vorsorgen. Doch viele Selbstständige, die von wenigen oder schlecht bezahlten Aufträgen leben müssen, erwirtschaften nicht das nötige Geld dafür, ebenso wenig wie sie Geld für Urlaub, Krankheit oder Arbeitslosigkeit zurücklegen können. Peter Grottian bestätigt: »Die meisten Politologen sind schon zufrieden, wenn sie ihr Wissen wenigstens zum Teil einsetzen können und nicht an der Sozialhilfegrenze leben müssen, sondern zwischen 1 000 und 1 500 Euro im Monat verdienen.«

Meist bringt die Selbstständigkeit neben der unsicheren Existenz einen Einkommensverzicht gegenüber dem Status eines Angestellten mit sich. Für die Kommunikations-, Medien- und Kulturberufe in Deutschland gibt es die Künstlersozialkasse, die sich an den Kosten der sozialen Absicherung dieser FreiberuflerInnen beteiligt.

Die Möglichkeiten einer minimalen sozialen Absicherung gibt es längst nicht für alle FreiberuflerInnen. Von politischer Seite fehlt es an Überlegungen zur Sicherung von Mindeststandards für Selbstständige. Ein Ansatzpunkt könnte sein, das Modell der Künstlersozialkasse für KleinunternehmerInnen zu übernehmen und deren Bedürfnissen anzupassen.

Auch die Gewerkschaften, die dem klassischen Verständnis nach Vertreter der ArbeitnehmerInnen sind, können kaum etwas für die neuen Selbstständigen tun. Eine Ausnahme bilden die freien JournalistInnen, die einen Großteil der Mitglieder der IG Medien bzw. Ver.di stellen. Einen Berufsverband für die Gruppe der neuen KleinunternehmerInnen gibt es nicht.

An freiberufliche MitarbeiterInnen haben die Unternehmen meist keine vertragliche Bindung. Umso wichtiger ist es für Freie, selbst für ein soziales Netz zu sorgen. Soziale Netze können sehr unterschiedlich aussehen. So arbeiten viele FreiberuflerInnen mit anderen Selbstständigen zusammen und vermitteln sich gegenseitig Aufträge. Auch Kontakte zu anderen Firmen oder Stammtische für Angehörige einer bestimmten Branche fördern die Vermittlung von Aufträgen. Eine andere Form von Kooperation ist der Zusammenschluss von Selbstständigen in Gründerzentren. Beispiele für solche Zentren gibt es viele. Besonders bekannt ist das 1996 entstandene Gründerinnenzentrum »Weiberwirtschaft« in Berlin-Mitte. Dieser sozial und ökologisch gestaltete Wirtschaftsstandort vereint über 60 von Frauen geführte Unternehmen sowie zahlreiche Vereine und Verbände. Ansässig sind Unternehmen aus Dienstleistung, Handel, produzierendem Gewerbe, Handwerk, Gesundheit und Kunst. Die an den Interessen der Unternehmerinnen ausgerichtete Infrastruktur und die räumliche Nähe in einem Gebäudekomplex bieten vielfältige Möglichkeiten zur Kooperation und zum Austausch.

Ein weiteres Berliner Projekt ist das Existenzgründerzentrum »Technische Dienstleistungen«, in dem sich 35 Unternehmen aus Technischen Dienst- und Ingenieurleistungen, Informatik und Internetberatung zusammengefunden haben. Auch für KundInnen ist die Zusammenarbeit unterschiedlicher Unternehmen von Vorteil. Bei so viel Kompetenz und Know-how unter einem Dach ergeben sich automatisch Synergieeffekte. Vor allem bei komplexen Aufträgen ist dies ein großes Plus.

Ausblick

Die Ausweitung der Selbstständigkeit unter den Erwerbstätigen beinhaltet viele positive Impulse für den Arbeitsmarkt. Es entsteht ein neues Verständnis von Arbeit, in dem nicht Menschen mit einem Lebensberuf, sondern LebenskünstlerInnen, die sich mit all ihren Talenten an den Bedürfnissen des Arbeitsmarktes orientieren, im Mittelpunkt stehen.

So entstehen neue und weniger starre Arbeitsformen und der Einzelne ist ständig gefordert, kreativ zu sein.

Immer mehr Menschen schaffen sich ihren eigenen Beruf und können so ihr kreatives Potenzial viel besser ausnutzen als in einem Angestelltenverhältnis. Besonders in neuen Berufen bilden sich Netzwerke von Selbstständigen, was ein hohes Maß an Kreativität und Kommunikation beinhaltet.

Schwierig ist diese Form der Selbstständigkeit allerdings für die weniger kreativen und mutigen AbsolventInnen. Diese Einschätzung teilt auch Peter Grottian: »Ein gut ausgebildeter Kopf von der Uni muss sich keine Sorgen machen. Spitzenleute kommen immer durch, aber die Mittleren und Schwächeren sind das Problem.«

Vielleicht erklärt das auch, warum so wenig über den beruflichen Verbleib eines großen Teils von AkademikerInnen bekannt ist. Diese Grauzone umfasst nach Grottians Schätzung jährlich um die 240 000 AbsolventInnen von Unis und Fachhochschulen. Trotz verschiedener Untersuchungen ist es bisher kaum möglich, herauszufinden, wo diese Leute untergekommen sind.

Das Problem besteht vor allem darin, dass in Politik und Öffentlichkeit die Realität einer ständig steigenden Zahl dieser neuen Berufstätigen ignoriert wird. Auch ihre soziale Absicherung wird nicht thematisiert.

Die Bombe fällt nicht weit vom Baum

»Klein anfangen, dafür selbstbestimmt arbeiten«

Stefan, 37, absolvierte – nach einem Quereinstieg über zwei Semester Vermessungstechnik – von 1986 bis 1994 sein Studium der Architektur an der TU Berlin. Anschließend gelang es ihm, in verschiedenen Planungsbüros als freier Mitarbeiter einen Einstieg in seinen Beruf zu finden. Dazwischen gab es immer wieder Phasen der Arbeitslosigkeit mit intensiven Bewerbungsaktivitäten. Als Überbrückung bot Stefan gelegentlich Stadtführungen zu historischen Themen an, etwa zu Spuren jüdischer Geschichte in Kreuzberg. Nach Beendigung der letzten freien Mitarbeit machte er sich 1997 mit einem befreundeten Landschaftsplaner im Garten- und Landschaftsbau selbstständig. Diese Selbstständigkeit endete Anfang 2001. Seitdem arbeitet Stefan als Wirtschaftsingenieur in einer Firma, die DIN-Normen einführt und prüft.

»Die Gründung meiner kleinen Firma war das Resultat eines Berufswegs, der durch eine Kette von Einzelentscheidungen und Begebenheiten geprägt ist.

Nach dem Studium hatte ich noch keine Entscheidung getroffen, was ich im Anschluss an die Diplomarbeit tun wollte. In Frage kamen eine Verlängerung der Laufbahn an der Uni und damit eine Vertiefung der wissenschaftlichen Arbeit oder der Einstieg in ein Planungsbüro oder eine Behörde.

Nach einer Auszeit zum Überdenken der Situation wurde mir klar, dass ich auf jeden Fall den Fuß in ein Planungsbüro setzen wollte. Die Lage auf dem Arbeitsmarkt war 1994 schon ziemlich schwierig, da der im Zusammenhang mit dem Fall der Berliner Mauer stehende Auftragsboom in der Baubranche bereits seinen Höhepunkt überschritten hatte. Seitdem wurden die Aussichten für Berufsanfänger wieder stetig schlechter. Aufgrund dieser Situation habe ich neben der Beantwortung von Stellenanzeigen unzählige Initiativbewerbungen losgeschickt. Dabei machte ich die unterschiedlichsten Erfahrungen, von gestrichenen Planstellen und damit zusammenhängenden Enttäuschungen nach hoffnungsvollen Wartezeiten bis hin zu zahlreichen Absagen. Teilweise gab es Hunderte von Mitbewerbern.

Daraufhin wurde mir klar, dass es kein leichtes Unterfangen werden würde, angesichts der gespannten Arbeitsmarktlage eine ansprechende Stelle zu finden. Auch Gespräche mit ehemaligen Kommilitonen bestätigten den Ernst der Lage. Nur wenige Bewerbungen führten zu Vorstellungsgesprächen, von denen einige recht merkwürdig verliefen und eher an ein WG-Aufnahme- als an ein Bewerbungsgespräch erinnerten. Manchmal wurden auch ganz blöde Fragen gestellt, von denen abhängig gemacht wurde, ob jemand im Büro aufgenommen wurde oder nicht. Der Start mit einer ersten schlecht bezahlten freien Mitarbeit war dann meine pragmatische Lösung, um überhaupt Berufserfahrung zu sammeln. Es folgte eine Serie von Werkverträgen für verschiedene Büros. Aus dem kleinen Auftrag, Wohnungen aufzumessen, wurde eine freie Mitarbeit in einem Architekturbüro, wo ich durch den Entwurf und die Ausführungsplanung von Grünanlagen die entscheidenden Erfahrungen für meine spätere Selbstständigkeit im Garten- und Landschaftsbau sammelte. Besonders wichtig dabei war das Kennenlernen eines professionellen Bürobetriebs mit dem entsprechenden Know-how.

Es waren viele Schritte, die an den Punkt führten, mich im Garten- und Landschaftsbau selbstständig zu machen. Dazu kamen natürlich eine Menge Überlegungen und Erfahrungen, vor allem die Unsicherheit, als freier Mitarbeiter jederzeit kündbar zu sein und von den Kollegen nicht so anerkannt zu werden wie ein Angestellter. Häufig hatte ich den Eindruck, dass weniger Zeit, Interesse und Engagement in einen Mitarbeiter investiert wurde, der die Firma sowieso wieder verlässt. Natürlich gab es auch gute Erlebnisse, wie die sehr effektive und spannende Zusammenarbeit mit einem angestellten Architekten. Stark geprägt war diese Zeit allerdings von dem Gefühl, aufgrund der sehr unsicheren Situation bald eine neue Station anlaufen zu müssen. Das ist natürlich eine andere Lage als so etwas Endgültiges wie ein fester Vertrag, wo man weiß, es läuft wenigstens mal über zwei bis drei Jahre. Insgesamt ist das eine ambivalente Sache.

Es ist grotesk, dass ich schon einen Vertrag über zwei bis drei Jahre als etwas Endgültiges bezeichne. Aber weil ich alle paar Monate auf der Suche war, finde ich so einen Zeitraum mittlerweile schon extrem lang.

Ich nahm diese schlecht bezahlten Aufträge an, um Berufserfahrung zu sammeln, und es hätte sicherlich keinen Sinn gehabt, einfach stur auf eine feste Anstellung zu warten. Zwangsläufig reduzierte ich in dieser Zeit meine Bewerbungsaktivitäten, weil ich mich auf meine Arbeit konzentrieren wollte. Rückblickend gesehen hätte ich mich vielleicht trotzdem weiter bewerben sollen. Aber dem ›Hängematteneffekt‹ entsprechend habe ich mich darauf verlassen, dass es schon irgendwie weitergeht.

Mit Hängematteneffekt meine ich die im Rückblick nicht empfehlenswerte Phase, in der ich trotz schlechter Erfahrungen und zeitlicher Befristung der freien Mitarbeit meine Arbeitssuche unterbrochen hatte, immer in der Hoffnung auf einen Folgeauftrag.

Immerhin war ich durch diese unfreiwillige Scheinselbstständigkeit nie wirklich arbeitslos und hatte über drei Jahre die meiste Zeit Aufträge, allerdings ohne Sozialversicherung.

Positiv an der Vielzahl unterschiedlicher Tätigkeiten, die ich innerhalb eines relativ kurzen Zeitraums ausübte war die Möglichkeit, einfach alles auszuprobieren. Entscheidende Nachteile waren, dass ich meine fachlichen Kenntnisse nicht vertiefen konnte und keine Möglichkeit hatte, unter Anleitung erfahrener Kollegen in Ruhe zu lernen.

Finanziell war die Situation auf jeden Fall unbefriedigend: Die absolute Unsicherheit, keine Altersvorsorge, keine Ansprüche auf Arbeitslosenunterstützung. Aber erst nach drei Jahren wurde es so frustrierend, dass ich diesen Status nicht mehr aufrecht erhalten wollte. Ich hatte die Nase voll von den kleinteiligen Erfahrungen und dem beruflichen Gestückel, ich hatte genug von der unsicheren Situation, die hauptsächlich von außen bestimmt wurde. Die Fremdbestimmung, die sich in so einer Situation potenziert, war mir einfach zuviel.

Die Firmengründung war eine bewusste, wenn auch keine endgültige Entscheidung, zu Anfang mehr eine Art Provisorium. Ich wollte selbstbestimmt etwas aufbauen und die Verantwortung wirklich allein tragen. Ich sah die Flexibilität, die dahintersteckt, und wollte mir diese auf jeden Fall zunutze machen. Und der Spielraum für weitere Bewerbungen auf ausgeschriebene Stellen blieb trotzdem offen. Die Entscheidung war vor allem gefühlsmäßig gefallen.

In der Gründung der Firma mit einem Freund sah ich neben der freundschaftlichen und der praktischen Seite auch den Vorteil, dass ich nicht die ganze Last und das volle Risiko allein tragen musste. Wir arbeiteten als gleichberechtigte Partner, wenn nötig mit kurzfristig eingestellten Hilfskräften.

Neben Planung, Ausführung und Kundenberatung beinhaltete der Arbeitsalltag die Akquisition von Aufträgen sowie die Organisation des Bürobetriebs und der Baustellen. Im Laufe der Zeit beherrschten wir alles von der Baumfällung bis zur Buchhaltung und noch mehr. Ursprünglich mehr als Zwischenlösung geplant, existierte der Zweimannbetrieb trotz finanzieller Engpässe insgesamt über drei Jahre. Das klappte im Wesentlichen ganz gut, abgesehen von Überraschungen, wenn zum Beispiel Aufträge nicht zustande kamen oder wir technische Anforderungen nicht lösen konnten.

Ein Zwischenfall aus meinem Gärtneralltag ist mir besonders in Erinnerung geblieben. Der Anlass war festlich, ein runder Geburtstag des ehemaligen Präsidenten einer der Berliner Universitäten. Die Feier sollte durch die Pflanzung eines Japanischen Ahorns gekrönt werden. Während im Haus die Festlichkeiten im vollen Gange waren, mussten wir im Garten ein Loch ausheben, um dort später den Baum einzupflanzen. Den Platz dafür hatte die Ehefrau des Präsidenten ausgewählt. Hier und sonst nirgends sollte der Baum wachsen.

Beim Graben wurden wir durch einen merkwürdigen Fund unterbrochen. Wir entdeckten einen circa 40 Zentimeter langen angerosteten Gegenstand am Rande der Grube. Nach Beseitigung der Erdreste lag eine Art Patrone vor uns und uns dämmerte, dass es sich wohl um eine Granate aus dem Zweiten Weltkrieg handelte. Nun musste schnell eine Entscheidung getroffen werden. In etwa einer Viertelstunde sollte der Baum vor versammelter Runde eingepflanzt werden. Also, was tun? Sollten wir die Granate einfach wegtragen und uns dabei in Lebensgefahr bringen oder die Harmonie des Fests durch Bombenalarm empfindlich stören? In dieser Granate steckte wahrscheinlich das Potenzial, eine ganze Festgesellschaft hochgehen zu lassen. Das Dilemma lag somit auf der Hand und in kürzester Zeit auf einer unserer Schaufeln. Ich balancierte das rostige Ungetüm mit der ruhigsten Hand, die mir möglich war, in die hinterste Ecke des Gartens und fühlte mich wie bei einem Überlebenslauf. Wir hatten Glück und überstanden den

Einsatz ohne Schaden. Die Grube konnte rechtzeitig ausgehoben und kurz darauf unter dem Beifall der Gäste der Jubiläumsbaum gepflanzt werden. Als sei alles nach Plan verlaufen. Das Fest nahm weiter ungestört seinen Lauf und die Granate wurde dezent entschärft, allerdings erst am nächsten Tag. Auch Diskretion und Risikobereitschaft gehörten zu unserem Service. Und die Arbeit war nie langweilig.

Durch die Selbstständigkeit habe ich mir viele Fähigkeiten angeeignet. Besonders wertvoll ist die Souveränität, die ich mir nicht unbedingt erworben hätte, wenn ich weiterhin als freier Mitarbeiter als fünftes Rad am Wagen mitgefahren wäre. Dann wäre ich in der Situation, neben der ganzen Unsicherheit auch noch von anderen abhängig zu sein, steckengeblieben. Jetzt überwiegt das Gefühl, Erfahrungen gemacht zu haben und Souveränität dadurch erworben zu haben, dass ich ausgetestet habe, was ich wo kann. Wie ich Dinge steuern kann oder wie ich etwas aufbauen, mit bestimmten Anforderungen umgehen kann. Ich habe gelernt, mir Arbeit sinnvoll einzuteilen, mir selbst Sachen vorzunehmen und abzuarbeiten und einen gewissen Genuss aus dem Erfolg zu ziehen. Ich wurde immer wieder vor Anforderungen gestellt, von denen ich nicht unbedingt gleich wusste, ob ich sie meistern kann. Die Herausforderung bei einer Existenzgründung ist viel größer als bei einer unfreiwilligen Selbstständigkeit.

Allerdings muss ich zugeben, dass dieses Unternehmen materiell immer unsicher war und stets auf der Kippe stand. Von Konsolidierung konnte auch nach drei Jahren noch keine Rede sein. Folgeaufträge kamen häufig nicht zustande, trotz großer Hoffnungen.

Die finanzielle Unsicherheit hat uns immer begleitet, der Gewinn lag eindeutig in der Selbstbestimmung. Leider ist die Bereitschaft für Dienstleistungen, insbesondere für Gartenarbeiten, Geld auszugeben, relativ gering. Außerdem gibt es sehr viel Konkurrenz. Viele Arbeitslose machen sich selbstständig im Garten- und Landschaftsbau. Dafür werden keine fachspezifischen Nachweise über entsprechende Qualifikationen verlangt, so dass jeder Beliebige Zugang zu diesem Bereich hat. Wir hatten auch Konkurrenz aus dem Billiglohnsektor, denn viele Tätigkeiten können von Ungelernten ausgeführt werden und es gibt einen hohen Anteil an Schwarzarbeitern.

Als sich nach einer anstrengenden Saison im Garten- und Landschaftsbau mit vielen kleinen und mittleren Aufträgen wieder eine laue Wintersaison anbahnte, erschien uns dies der geeignete Zeitpunkt zu sein, die schon länger aufkommenden Gedanken an ein Auflösen der Firma umzusetzen. Vor allem die relativ ernüchternde Bilanz – extrem hoher Zeit- und Arbeitsaufwand und in keinem Verhältnis dazu der relativ geringe Gewinn mitsamt all der Unsicherheit – hatte zuvor den Anstoß zu dieser Entscheidung gegeben. Wir haben dann unsere restlichen Aufträge abgearbeitet, unser kleines Büro gekündigt und den Firmenwagen verkauft. So schnell war eine spannende Zeit abgeschlossen. Gleich danach habe ich mich intensiv beworben, quer durch die Branchen. Mit Erfolg. Die Erfahrungen und das Selbstbewusstsein aus der Selbstständigkeit haben mir den Weg bereitet. Jetzt arbeite ich in einem Unternehmen, das DIN-Normen testet und zertifiziert. Ich bin dort verantwortlich für das Marketing und die Kundenkontakte und viel auf Messen unterwegs. Die Arbeit macht mir sehr viel Spaß und ich kann von allen meinen Kenntnissen profitieren, die ich nach der Uni erworben habe. Ohne die dreijährige Selbstständigkeit in meiner eigenen Firma hätte ich diese Stelle bestimmt niemals bekommen.

Mit der Architektur ging ein Teil meines Berufstraums in Erfüllung. Mein ursprünglicher Wunsch war es, in einem Büro für Architektur zu arbeiten oder ein eigenes Planungsbüro mit Angestellten zu gründen. Dies hat sich leider nicht verwirklicht. Die Alltagstätigkeiten in unserem Kleinbetrieb entsprachen aber weitgehend meinen Vorstellungen von kreativer und selbstbestimmter Arbeit.

Grundsätzlich war für mich schon lange denkbar, im wirtschaftlichen Bereich zu arbeiten, da ich sowohl in den Büros als auch in unserem Betrieb viel damit zu tun hatte. Ich konnte mir immer vorstellen, noch etwas anderes in einem ganz anderen Bereich zu machen. Diese Flexibilität und Bereitschaft, verschiedene berufliche Tätigkeiten auszuüben, gab es bei mir immer. Ich war nie auf eine akademische Tätigkeit festgelegt und konnte mir gut vorstellen, etwas Handwerkliches zu machen, was im Garten- und Landschaftsbau natürlich ganz gut passte. Heute würde ich nichts mehr nur um der neuen Erfahrung willen machen, so wie ich das spontan vor fünf Jahren vielleicht noch gemacht hätte.

Auch Filmregisseur ist ein Traumberuf für mich. Ich hatte direkt nach dem Studium die Idee, ein Aufbaustudium in Babelsberg zu absolvieren, aber letztendlich war mir der Preis – gar nicht in meinen erlernten Beruf einzusteigen – doch zu hoch. So ist der Beruf Filmregisseur kein konkretes Ziel für mich, sondern eher ein Traum. Trotzdem würde ich eine Umsetzung nicht ganz ausschließen.

In meinem Leben hat der Beruf einen ganz entscheidenden Stellenwert als Lebenssinn und -inhalt und ist mindestens ein genauso wichtiger Pfeiler, wie es Beziehung, Lebensqualität oder Freizeit sind. Der Beruf könnte aber auch zurücktreten hinter andere Dinge. Ein gewisser Verzicht ist meiner Meinung nach immer mit der Arbeit verbunden. Ich will aber auf keinen Fall ausschließlich für meinen Beruf leben. Freiräume und Freizeit müssen vorhanden sein, meiner Meinung nach hängen sogar Erfolg und Leistungsfähigkeit davon ab.

Mein Interesse an Soziologie und Ökologie hat sich während des Studiums entwickelt. So bin ich dort mehr meinen theoretischen Interessen nachgegangen, aber nie ohne den Rückbezug auf das Praktische. Hier fällt mir ein Zitat von Karl Marx ein: ›Nichts ist praktischer als eine gute Theorie.‹ In diesem Sinne war mein theoretisches Interesse immer auf die Architektur bezogen, insbesondere auf die Frage, wie gesellschaftliche Prozesse funktionieren und welche Rolle die Architektur innerhalb solcher gesellschaftlichen Prozesse spielen kann. Mich haben meine konkreten Einflußmöglichkeiten als Architekt interessiert. Durch meine Vertiefungsrichtung ›Ökologisches Bauen und Lehmbau‹ wollte ich vor allem etwas am Umgang mit Natur und Ressourcen verändern. Auch meine praktische Ader war immer vorhanden und jetzt gehe ich reflektierend an praktische Dinge heran. Theorie und Praxis ins Gleichgewicht zu bringen, war mir immer ein Bedürfnis.

Meiner Meinung nach sollten sich Studenten so breit wie möglich orientieren und von Anfang an über Alternativen zum erlernten Beruf nachdenken. Nach meiner Erfahrung ist es hilfreich, schon frühzeitig andere Tätigkeitsbereiche sowie eine Existenzgründung in Betracht zu ziehen. Niemand sollte sich in eine passive Rolle drängen lassen oder das Gefühl haben, dass der Arbeitsmarkt nur aus Stellenanzeigen besteht. Ich schwöre auf jede Form von Aktivität wie Initiativbewerbungen oder persönliche Kontakte. Besonders wichtig ist der Mut, Leute anzurufen oder persönlich in Betriebe zu gehen.

Meine persönliche Erfahrung ist die, dass ich da viel zu respektvoll und zu ängstlich herangegangen bin und dass mich das nicht weitergebracht hat. Souverän und vollwertig sein und sich zeigen, wie man ist, das ist ein Schlüssel zum Erfolg. Misserfolg ist nicht unbedingt selbstverschuldet, sondern kann am Arbeitsmarkt liegen oder daran, dass nicht jeder in jede Struktur passt.

Auch das kontinuierliche Bemühen, die eigenen Kenntnisse ständig zu erweitern, ist unverzichtbar.«

Pelzmantel gegen Gitarre

»Die Selbstständigkeit ist die beste Arbeitsform für meine Pläne«

Paula, 42, studierte Informatik und bewegte sich mit unterschiedlichen Tätigkeiten mehr und mehr Richtung Selbstständigkeit. Heute macht sie Musik und Filme.

»Ich habe zwar Informatik studiert, baue mir aber gerade eine Existenz als Musiklehrerin und Filmemacherin auf. Vor einigen Monaten habe ich endgültig beschlossen, mich selbstständig zu machen. Und ich will wieder mit eigenen Liedern auftreten.

Ich habe mich jetzt ganz bewusst für die Selbstständigkeit entschieden und das auch so dem Arbeitsamt gemeldet. Vorher arbeitete ich schon zwischenzeitlich selbstständig, war aber immer wieder angestellt oder arbeitslos. Jetzt bin ich überzeugt, dass Selbstständigkeit die beste Arbeitsform für meine Pläne darstellt. Im Laufe der Jahre habe ich festgestellt, dass ich mir meine Arbeit und meine Zeit gern selbst einteile. Am meisten lehne ich unsinnige Arbeitsaufträge ab. Ich habe viele neue Ideen, zu denen kein Angestelltenverhältnis passt. Außerdem musste ich aufgrund von äußeren Umständen schon zu häufig Arbeitsplätze verlassen, obwohl ich gern geblieben wäre. Jetzt möchte ich mein Berufsleben selbst in die Hand nehmen.

Zurzeit bekomme ich Überbrückungsgeld vom Arbeitsamt. Theoretisch habe ich die Möglichkeit, mich innerhalb von drei Jahren wieder beim Arbeitsamt anzumelden. Dann wäre ich allerdings am gleichen Punkt wie bisher, dass die mich wieder als Informatikerin vermitteln wollen. Ich habe zwar argumentiert, dass ich schon lange nicht mehr auf dem neuesten Stand der Informatik und jetzt Filmemacherin und Musikerin bin. Aber beim Arbeitsamt zählt nur, was ich studiert habe. Und deshalb sollte ich im Bereich Informatik eine Fortbildung machen. Soweit kam es glücklicherweise nicht mehr. Jetzt geht mir nicht mehr so viel Energie verloren für die Formalitäten beim Arbeitsamt, andererseits begebe ich mich in eine Unsicherheit, die ich in dieser Weise noch nicht kennen gelernt habe. Aber wenn alles gut läuft, werde ich demnächst in die Künstlersozialkasse aufgenommen.

Seit zwei Monaten bin ich sehr davon in Anspruch genommen, meine neue Selbstständigkeit aufzubauen. Zurzeit suche ich Schülerinnen und Schüler, denen ich Einzelunterricht in Gesang erteile. Bisher läuft es ganz gut an.

Ich orientiere mich in verschiedene Richtungen, wobei mir meine zahlreichen Kontakte in der Musikszene helfen. Seit einiger Zeit leite ich einen Chor für geistig Behinderte. Das macht sehr viel Spaß. Demnächst werde ich noch einen weiteren Chor leiten. Und ich gebe bald einen Gesangs-Workshop. Das alles ist neu für mich und ich muss mich noch einarbeiten. Unter all den Aktivitäten leiden meine eigenen Auftritte. Mein letzter Auftritt ist schon länger her. Ich bin gar nicht mehr in Übung und habe auch viel zu wenig Zeit, neue Stücke zu machen. Jetzt ist es jedoch wichtiger, dass ich wirtschaftlich auf die Beine komme. Das Geld, das ich mit dem Unterricht verdiene, reicht noch nicht.

Ich würde gern öfter auftreten und teilweise davon leben können. Damit dieser Plan nicht zu kurz kommt und die Auftritte auch ein Standbein werden können, mache ich nebenbei meine Gesangsausbildung weiter. Ich will jetzt wirklich von der Musik und von den Filmen leben und nicht mit anderen Jobs etwas dazuverdienen. Endlich sehe ich einen Weg, wie ich mit meinen Fähigkeiten Geld verdienen kann.

Obwohl ich gar keinen hohen Lebensstandard habe, benötige ich ungefähr 2 500 DM im Monat. Um das zu verdienen, brauche ich genügend Schüler und muss mir überlegen, wie viel Geld ich für eine Stunde verlange und wie ich die Verträge mit den Schülern gestalte. Das ist ungewohnt, gehört aber zur Selbstständigkeit dazu. Vielleicht kann ich auch längerfristig einen Teil meiner Tätigkeit auf Honorarbasis in eine Musikschule verlagern. Leider vergeben die Musikschulen zurzeit keine Verträge mehr. Die Vorteile dabei wären der Kontakt mit Kollegen und die Möglichkeit zur Nutzung der Unterrichtsräume. Auch der ganze organisatorische Aufwand liefe dann über die Musikschule.

Ich hätte gar keinen anderen Weg gehen können. Durch die vielen Irrwege habe ich ständig meinen Kurs korrigiert. Besonders durch die schwierigen Phasen bin ich mehr und mehr auf meinen Weg gekommen. Über die Krisen und die Überlegungen, was ich denn gern tun würde. Zuerst habe ich rumgesponnen und dann geschaut, warum ich meine Ideen nicht umsetze. Ich stellte mir die Frage, was ich tun könnte, um den richtigen Beruf für mich zu finden. Jetzt bin ich in der richtigen Richtung.

Informatik war nicht das Richtige für mich: Ich war immer unzufrieden und hatte ein schlechtes Gefühl dabei, mich ständig negativ abzugrenzen. Ich wusste nur, was ich nicht wollte und was alles schlecht war. Seit einiger Zeit gehe ich meine Lebensplanung viel positiver an. Den Anfang machte ich mit einem Auftrag beim Radio. Vorher entschied ich eher nach dem Prinzip: entweder – oder. Vor lauter Angst sah ich bei möglichen Alternativen fast immer einen Haken. Jetzt habe ich gelernt, anders zu denken und nicht mehr vorschnell zu urteilen. Die Arbeit war mir immer sehr wichtig. Ich kann ganz schwer eine Arbeit machen, die ich für sinnlos halte. Deshalb bin ich so froh, selbstständig zu sein. Und die Musik werde ich auf keinen Fall mehr aufgeben.

Warum ich nicht den direkten Weg in meine Berufung gewählt habe, lässt sich nur aus meiner Geschichte erklären. Als ich mich nach der Schule für das Informatikstudium entschied, hatte ich noch gar nicht vor, als Musikerin oder Filmemacherin zu arbeiten. Diese Idee entwickelte sich erst im Laufe der Jahre. Am besten erzähle ich von meiner Vorgeschichte:

In meiner Familie waren die Männer sehr dominant. Alles, was mit Männern zu tun hatte, war hoch angesehen, typisch weibliche Tätigkeiten und Qualitäten dagegen nicht. Und mit meinem Informatikstudium war ich scheinbar auf der Gewinnerseite.

Im Nachhinein sehe ich, dass dieses Studium nicht mein echtes Bedürfnis war. Es fing mit einem Programmierkurs nach dem Abitur an. Die allesamt männlichen Teilnehmer waren viel älter als ich, trotzdem war ich fachlich viel besser. Ich war ausgeruht und noch im Training durch die Schule und die anderen Teilnehmer kamen alle erschöpft nach der Arbeit zum Kurs. Dadurch hatte ich ein leichtes Spiel. Das bestärkte mich in meinem Selbstbewusstsein und spielte eine ganz starke Rolle bei der Entscheidung für das Informatikstudium.

Mein Interesse wäre schon damals eher in Richtung Kunst oder Musik gegangen. Aber ich traute mir das nicht zu und bekam auch keine Unterstützung in diese Richtung. Für meine Eltern war klar, dass ich ›etwas Richtiges‹ lernen sollte.

Mein Kompromiss war dann, ›etwas Solides‹ zu lernen, in der

Hoffnung, darüber zu dem zu kommen, was ich eigentlich machen wollte. Mich gradlinig auf die Kunst einzulassen, hätte ich mir nie zugetraut. Und Informatik erschien mir als ein gangbarer Weg. In einem Buch über Computer und Kunst ging es um virtuelle Welten und Computersimulation. Dadurch kam ich auf die Idee, mit Computern auch künstlerisch arbeiten zu können. Das tröstete mich.

Für das Informatikstudium gab es einen Numerus clausus. Ich hatte Glück und bekam den 76. und letzten Platz. In meinem Semester gab es nur knapp fünf Prozent Frauen. Das gefiel mir. Eines meiner Studienmotive war ja, dass ich etwas Besonderes sein wollte. Ich fand das ziemlich klasse, den Männern zu zeigen, was ich konnte. Auch wenn das heute bescheuert klingt.

Zu Beginn des Studiums wurde direkt gestreikt, das ging so weiter über die ersten vier bis fünf Semester. Es ging um die Studienreform und politische Themen. Und es gab ständig uniweite Streiks gegen eine neue Studienordnung. Ich war jeden Tag an der Uni und wir organisierten alle möglichen Kurse. Eine zentrale Frage war, ob und wie man Computer einsetzen darf. Wir sahen die Gefahr der Zerstörung des Sozialgefüges durch die Computertechnik.

Ich studierte immer gern, aber mein Schwerpunkt war nicht wirklich Informatik. Ich besuchte zwar die ganzen Fächer, aber sie waren nicht wichtig für mich. Wichtig waren die sozialen und politischen Themen, die anderen hakte ich eher nebenbei ab. Im Informatikseminar, das sich mit den gesellschaftlichen Auswirkungen der Informatik beschäftigte, ein Überbleibsel vom Studium generale, arbeitete ich voller Begeisterung als Tutorin mit.

Nach dem Vordiplom unterbrach ich das Studium, weil ich nach all den Seminaren über die problematischen Seiten der Informatik erst einmal Abstand brauchte. Dafür zog ich in die Nähe von Kassel aufs Land, in eine Kommune. Dort bauten wir zwei Jahre lang Gemüse an. Jeden Freitag Nachmittag ernteten wir einen ganzen Bus voll, fuhren dann die ganze Nacht durch und verkauften das Gemüse samstags früh auf dem Berliner Winterfeldmarkt. Die Reste verteilten wir in besetzten Häusern. Dabei verdienten wir gar nichts, das war mehr eine Schnapsidee. Deshalb funktionierte das auch nicht und irgendwann fiel das Projekt auseinander. Danach fasste ich den Entschluss, zu Ende zu studieren. Ich wollte einen Abschluss haben. Als ich nach zwei Jahren an die Uni zurückkam, hatte sich alles verändert. Es gab überhaupt keine politischen Inhalte mehr. Ich war eher so eine Art Fossil und zog den Rest des Studiums in kurzer Zeit durch.

Ich hätte, wenn ich es gewollt hätte, bestimmt eine Stelle als Informatikerin gefunden. Damals waren Informatiker sehr gesucht, zum Teil wurden Leute von der Uni weggeworben. Einmal arbeitete ich zwei Monate als Informatikerin in einem kleinen Software-Unternehmen. Das war ein ziemlicher Reinfall. Die Firma bearbeitete lauter Aufträge, hinter denen ich politisch nicht stehen konnte. Bei einem Auftrag wurden Systeme an Krankenhäusern vorbei entwickelt und die Krankenhäuser damit übers Ohr gehauen. Das war ganz übel. Das Geld kam aus einem mit öffentlichen Geldern finanzierten Etat. Die Krankenhäuser entschieden sich gar nicht selbst für das System, sondern der Auftrag ging an den Krankenhäusern vorbei direkt an diese Firma. Und ich stand mittendrin und fühlte mich ziemlich zerrissen. Zum Glück war der Job sowieso begrenzt. Mir war klar, dass ich so etwas nicht auf Dauer machen wollte.

Schon während des Studiums unterrichtete ich an der Volkshochschule. Das war meine erste Honorartätigkeit. In einer Studienarbeit hatte ich ein Konzept für Computerkurse entwickelt und so eine Art Bausteinsystem zusammengestellt. Meine Zielgruppe waren Leute, die neu mit Computern arbeiteten und dem Ganzen ahnungslos gegenüberstanden. Mein System war so angelegt, jemandem, der keine Ahnung von Technik hat, die Funktionsweise eines Computers in ein paar Stunden zu erklären. Ich bin überzeugt davon, dass mir das gelungen ist. Bis heute erscheint mir die ganze Informatik ziemlich aufgeblasen. Manche machen das Ganze so kompliziert, um andere zu beeindrucken. Anstatt es so schlicht zu erklären, wie es ist. Meine Idee war, jeder Sekretärin nahezubringen, wie ein Computer funktioniert. Ich wollte einen Kurs ohne praktische Anwendungen anbieten, in dem ich zum einen die Funktion eines Computers erklären und zum anderen auch über gesundheitliche Auswirkungen und gesetzliche Rahmenbedingungen aufklären wollte. Das interessierte aber kaum jemanden und es gab nur wenige Anmeldungen. Den gleichen Kurs bot ich später noch einmal an, mit einem Bild im Programmheft, das eine Frau am Computer zeigte. Und dann war der Kurs plötzlich rappelvoll. Alle dachten, sie lernen da Computer-Anwendungen. Ich beugte mich diesem Anspruch und integrierte entsprechend der Nachfrage auch die praktische Arbeit. Vier Jahre habe ich Frauen in der Lebensmitte oder in der Nach-Kinder-Phase unterrichtet. Jeden Tag, mehrere Kurse pro Woche. Davon konnte ich leben. Dann hatte ich keine Lust mehr. Ich gab immer wieder Word-Kurse. Das war mir irgendwann zu viel. Und natürlich musste ich mich jedes Semester auf neue Frauen einstellen.

Durch Zufall kam ich dann auf eine ganz neue Idee. Die Redakteurin eines Radiosenders machte ein Interview mit mir. Darüber kam ich in Kontakt mit dem Radio. Das Medium begeisterte mich sofort, denn es bildet Wirklichkeit ganz anders und viel direkter ab als der Computer. Ich wollte unbedingt eine eigene Sendung machen. Ideen hatte ich genug. Mit Hilfe der Redakteurin, die mir diese Chance gab, gelang mir das auch.

Meine erste Sendung hieß ›Frauenpfade-Technikdschungel‹. Darin ging es um Lebensläufe von Frauen, die sich durch die Informatik-Welt geschlängelt haben. Das Spektrum reichte von Karrierefrauen bis zu Frauen, die ganz ausgestiegen waren. Und alle Möglichkeiten dazwischen. Als Gegenmodell zur gängigen Informatik-Weltsicht. In der Logik schaut man immer auf das, was man über einen Kamm scheren kann, und nimmt das als Parameter. Gerade das wollte ich eben nicht. Und beim Radio konnte ich das Besondere zeigen. Zeigen, dass gerade ›das Andere‹ interessant ist. So konnte ich mich der Welt viel besser mitteilen als in der Informatik. Ich konnte das Studio nutzen und die Redakteurin, mit der ich mich sehr gut verstand, schnitt meine Beiträge und stand mir auch sonst beratend zur Seite.

Von diesem Zeitpunkt an nahm mein Berufsleben eine ganz neue Richtung. Mit Hilfe einer engagierten Arbeitsvermittlerin bekam ich einen ABM-Job in einem Stadtteilzentrum, in dem ich in der Videowerkstatt arbeiten sollte. Ich hatte bereits früher ein Video über Mädchen, die sehr früh Mutter geworden waren und sich in einem Selbsthilfeprojekt zusammengefunden hatten, gedreht. Damit wollte ich erreichen, dass die Mädchen sich selbst und ihr eigenes Leben mehr schätzten. Das machte mir großen Spaß.

Die Maßnahme fing mit einer dreimonatigen Ausbildung im Projekt an. Wir erlernten in konzentrierter Form Kameraführung, Licht, Schnitt, Interviewtechnik und Erstellung eines Drehbuchs. Meine anschließende Aufgabe bestand darin, mit Interessenten verschiedener Altersgruppen Filme zu machen. So begleitete ich die Teilnehmer durch alle Prozesse der Erstellung eines Videos und lernte dabei selbst noch eine Menge. Die Filme wurden nachher auch vorgeführt. Nach zwei Jahren war dieses Projekt leider zu Ende. Ich hätte gern weitergemacht, aber aufgrund von internen Querelen klappte das nicht.

Im Anschluss ging ich an die Volkshochschule zurück. Die war immer wieder mein Anker. Und plötzlich wurde mir von einem Nachbarschaftsheim angeboten, eine Jugendmedienwerkstatt aufzubauen. Das machte ich dann anderthalb Jahre. Danach wieder Volkshochschule. So ging es immer weiter. Aber nachdem ich so oft aufgehört hatte, wollte die Volkshochschule mich irgendwann nicht mehr. Im Nachhinein denke ich, das war ganz gut. Auch der Ausstieg aus der Medienwerkstatt. Sonst wäre ich heute ganz woanders gelandet. Und dadurch, dass einige Dinge nicht so richtig klappten, kam ich letztendlich immer einen Schritt weiter.

Danach hatte ich eine komplizierte Phase, in der ich abwechselnd arbeitslos war oder selbstständig Projekte bearbeitete. In den Zeiten der Arbeitslosigkeit versuchte mein Arbeitsberater immer wieder, mir Jobs zu vermitteln, die überhaupt nicht zu mir passten.

Bei den Projekten handelte es sich um zwei Dokumentarfilme. Seit der Videowerkstatt ließ mich meine Begeisterung für das Filmen nicht mehr los. Ich wollte unbedingt einen Film über Frauen in der Musik machen. Zur Finanzierung bewarb ich mich mit meiner Idee auf ein Stipendium. Und ich bekam das Stipendium! Ich war überglücklich und konnte endlich loslegen. Die Dreharbeiten machten mir sehr viel Spaß. Ich beneidete die Frauen immer ein bisschen darum, dass sie Musik zu ihrem Beruf gemacht hatten. Mit dem Film wollte ich sehen, wie diese Frauen es schafften, Musik in den Mittelpunkt ihres Lebens zu stellen. So näherte ich mich über die anderen meinem eigenen Thema an. Der Film war ein echter Erfolg und lief in mehreren Off-Kinos, meist in Kombination mit einem Konzert einer der Künstlerinnen.

Später drehte ich noch einen Film über eine Künstlerin auf Hiddensee. Das war ein richtig professioneller Film. Für einen Fernsehsender, mit gutem Honorar. Der Start der Dreharbeiten war mit viel Angstschweiß verbunden. Kaum hatte ich den Vertrag in der Tasche, überkam mich die Panik, ich könnte das alles nicht schaffen. Aber ich schaffte es und es war eine wunderbare Zeit. Inzwischen ist der Film sogar zweimal im Fernsehen gelaufen.

Seit meinem ersten Film war ich mir sicher, mich unbedingt in der Musik verwirklichen zu wollen. Und ich fing an, intensiver Musik zu machen und Lieder zu schreiben. Hin und wieder trat ich sogar auf. Nach Vollendung des zweiten Films stürzte ich mich dann voll in die Musik. Eigentlich fing alles damit an, dass ich wie ein Tagebuch meine eigenen Lieder machte, nachdem mein Traum vom Landleben gescheitert war. Ich hatte damals so einen alten Pelzmantel, den ich gegen eine Gitarre tauschen konnte. Auf der Gitarre brachte ich mir ein paar Griffe bei und spielte dann irgendetwas. Ich habe sogar Kassetten aus dieser Zeit, die gar nicht so schlecht sind. Später fing ich an zu trommeln und als mein Trommelkurs einmal ausfiel, gab es stattdessen einen Gesangskurs. Das waren alles Zufälligkeiten. Mit dem Klavierspielen, das ich in der Kindheit gelernt hatte, fing ich auch in dieser Zeit wieder an. Und machte immer mehr eigene Stücke. Heute sind meine Lieder eine Mischung aus Jazz und Chanson.

Es war immer eine Herausforderung für mich, wenn ich in meinem Leben etwas Neues anfing. Diese Neuanfänge ziehen sich durch mein ganzes Berufsleben. Gleichzeitig habe ich mich meinem Plan, selbst zu singen und Musik zum Hauptberuf zu machen, beständig angenähert.

Mein Studium erscheint mir sehr weit weg, aber es gehört zu meinem Weg und ich entwickelte dort viele Fähigkeiten, die mir bis heute nützlich sind. Ich kann gut organisieren und tue das auch gern, was für viele Musikerinnen und Musiker sonst nicht gilt. Das kommt mir zugute. Ebenso wie mein strukturiertes und systematisches Handeln.

Ich würde jedem Studienanfänger raten, nur das zu machen, was er machen will. Wirklich nach dem Gefühl zu gehen, egal wie illusorisch das erst einmal erscheint. Man sollte nicht nur das Machbare, sondern die eigenen Interessen im Auge haben.«

Sackgasse oder Sprungbrett? Überqualifizierung und Zeitarbeit

Der Berufseinstieg über Zeitarbeit oder befristete Arbeitsverträge steht immer häufiger am Anfang einer akademischen Berufslaufbahn. Einige nutzen nicht-akademische Jobs als Zwischenlösung auf dem Weg in eine feste Arbeitsstelle oder in die Selbstständigkeit. Das Risiko, in eine Sackgasse zu geraten, minimiert sich durch Planung und optimistischen Umgang mit dieser Situation.

Viele HochschulabsolventInnen nehmen unsichere Beschäftigungen auf. Hierzu zählen neben befristeten Arbeitsverträgen ABM-Maßnahmen, Zeitarbeit, Arbeit auf Abruf und 325-Euro-Jobs. Auch wenn das Studium schon eine Weile zurückliegt, kann der Wiedereinstieg in den Beruf oder der Quereinstieg in neue Bereiche auf diesem Wege gelingen. QuereinsteigerInnen kommen vor allem aus Studiengängen, die am Arbeitsmarkt wenig nachgefragt sind oder denen kein eindeutiges Berufsbild zugeordnet werden kann.

Immer mehr AbsolventInnen aller Fachrichtungen und insbesondere BerufseinsteigerInnen werden mit befristeten Verträgen konfrontiert. Ein befristeter Arbeitsvertrag ist nicht die optimale Lösung, bietet aber neben dem Nachteil der Befristung auch Chancen: BerufsanfängerInnen und QuereinsteigerInnen erlangen die notwendige Erfahrung für einen erfolgreichen Start ins Erwerbsleben und genießen alle Vorteile eines Angestellten. Bewährt sich ein Arbeitnehmer und entwickelt sich die Auftragslage günstig, besteht auch die Chance einer Weiterbeschäftigung. Die Berufserfahrung ist in jedem Fall von großem Wert für den weiteren Verlauf des Arbeitslebens.

Einige AkademikerInnen, die Leistungen vom Arbeitsamt beziehen, kommen für die Dauer von ein bis zwei Jahren in Arbeitsbeschaffungsmaßnahmen unter. Nach einer Studie der Zentralstelle für Arbeitsvermittlung (ZAV) entfielen im Jahr 2000 rund neun Prozent des Stellenangebotes und 21 Prozent aller Vermittlungen des Arbeitsamtes auf ABM-Stellen. Davon profitierten unter den AkademikerInnen vor allem Geistes- und SozialwissenschaftlerInnen, LehrerInnen und DiplompädagogInnen sowie ältere ArbeitnehmerInnen aus unterschiedlichen Disziplinen. Wie bei allen befristeten Tätigkeiten liegt auch hier die Chance im Erwerb und Ausbau von Kompetenzen und Kontakten. Ein Teil findet aufgrund der Erfahrungen eine nicht subventionierte Beschäftigung im Anschluss.

Unsicherheit und Unterforderung

In vielen Fällen führen nur Geduld und beharrliches Bewerben zum Erfolg. Doch die Geduld für eine Arbeitssuche über mehrere Monate kann sich nicht jeder leisten. Kommen die AbsolventInnen direkt von der Uni oder aus einer freien Mitarbeit, steht ihnen kein Arbeitslosengeld zu. Haben sie sich eine Zeitlang erfolglos beworben, geraten sie schnell in einen finanziellen Engpass.

Einige lösen diese Situation durch die Aufnahme einer Beschäftigung, die ursprünglich für Personen ohne akademischen Abschluss vorgesehen war. Die Tätigkeiten, mit denen AkademikerInnen zeitweilig ihren Lebensunterhalt verdienen, sind vielfältig. Sie reichen vom Taxi-Job über Hauskrankenpflege bis zu Büro- und Kneipenjobs. Die Bezahlung steht meist in sehr schlechtem Verhältnis zur akademischen Ausbildung und unterscheidet sich in vielen Fällen nicht von dem Lohn einer ungelernten Arbeitskraft. Die fehlenden Kenntnisse für diese auch als inadäquate Beschäftigung bezeichnete Arbeit eignen sich die AkademikerInnen zum großen Teil am Arbeitsplatz an.

Die Entscheidung für einen solchen Kompromiss birgt die Gefahr von Unterforderung und mangelnder Anerkennung. Viele vermissen das Gefühl einer Herausforderung. Die mitgebrachten fachlichen Kompetenzen spielen in einer solchen Beschäftigung oft eine untergeordnete Rolle. Stattdessen sind ganz andere Qualitäten gefragt, wie zum Beispiel Schnelligkeit, Geschicklichkeit oder Anpassung.

Hier kommt es vor allem auf die persönliche Bewertung einer solchen Phase sowie die Integration in den Lebenslauf an. So weiß Frau Arbeitlang vom Hochschulteam des Arbeitsamts Berlin-Mitte: »Leute, die nur jobben, um zu überleben, tendieren dazu, diese

Erfahrung nicht für sich zu verwerten. Eine umfassendere Sicht auch auf eine einfache Tätigkeit führt bei anderen in der gleichen Situation zu neuen Ideen und zum Teil auch zur Eröffnung neuer Perspektiven. Ich rate allen, sich bereits parallel zum Studium Arbeitswelten zu erschließen und nicht nur zu arbeiten, um das Studium zu finanzieren.«

Eine Gefahr von unterqualifizierten Jobs liegt darin, dass der Absprung in eine qualifizierte Tätigkeit verpasst wird. So berichtet ein Historiker, der noch Jahre nach Uniabschluss als Taxifahrer arbeitet: »Ich kann mir nicht mehr vorstellen, intellektuell zu arbeiten. Auch Lernen fällt mir viel schwerer als früher.« Wer nach jahrelanger Jobberei wieder eine anspruchsvollere Tätigkeit aufnehmen will, hat eine fachliche Lücke im Lebenslauf, die sich vor potenziellen ArbeitgeberInnen schwer erklären lässt. Eine Tatsache ist, dass bei der rasanten Weiterentwicklung des Fachwissens in nahezu allen Berufen der Einstieg in den Arbeitsmarkt umso schwerer fällt, je länger man nicht mehr in diesem Bereich tätig war und sich nicht weitergebildet hat. Auch für eine Selbstständigkeit fehlen dann meistens das aktuelle Know-how und die Kontakte. Besser ist es, die Zeit in einem Job zu nutzen, um sich parallel zu bewerben oder sich neu zu orientieren. Fachleute aus Arbeitsamt und Wirtschaft raten zum rechtzeitigen Absprung nach ein bis zwei Jahren, es sei denn, der Job wird zur Berufung.

Anne beschreibt ihre Lage folgendermaßen: »Nachdem ich von meinen freien Aufträgen als Biologin nicht mehr leben konnte, musste ich mir etwas einfallen lassen. So ließ ich mich für ein Jahr auf eine Anstellung bei einer Pflegestation für psychosoziale Betreuung ein. Damit war mein Lebensunterhalt gesichert und nach einer Weile hatte ich auch wieder Energie für weitere Bewerbungen. Diesmal war die Suche wesentlich entspannter als nach der Uni. Der finanzielle Druck war weg. Und jetzt werde ich Vertriebsassistentin bei einer großen Firma. In drei Wochen geht es los. Ausschlaggebend für diese Anstellung waren neben meinen Computerkenntnissen meine soziale Kompetenz und eine dreimonatige Fortbildung im Bereich Marketing und Vertrieb. Neben Glück und einer breit gefächerten Suche haben mir meine Erfahrungen im sozialen Bereich zu diesem Quereinstieg verholfen. Damit hätte ich nie gerechnet.«

Am einfachsten ist es für Personen, die einer nicht ihrer Qualifikation entsprechenden Arbeit etwas Positives abgewinnen können. Haben sie zusätzlich noch das Glück, in einer Firma mit fairen Bedingungen und netten KollegInnen angestellt zu werden, kann auch eine solche Tätigkeit zu innerer Zufriedenheit führen. Manche Routinearbeit entwickelt sich mit Glück und Kreativität zu einem neuen Tätigkeitsfeld, das es vorher in dieser Form gar nicht gab.

Katrin ist sehr zufrieden mit ihren Aufgaben als Chefsekretärin bei einem Versicherungsverband: »Die Auftragslage für Architekten ist so schlecht, dass ich in diesem Beruf keine Perspektive mehr für mich sehe. Meine Sekretariatserfahrungen aus der Studienzeit verhalfen mir vor einem Jahr zu einer Anstellung als Chefsekretärin. Mein Chef hat von Anfang an auf meine Kompetenzen zurückgegriffen und ich koordiniere mittlerweile Veranstaltungen, bearbeite inhaltliche Aufgaben und strukturiere Besprechungen vor, an denen ich häufig selbst teilnehme. Dabei verdiene ich mehr als die meisten Architekten und habe viel Spaß an der Arbeit.« Auch Kai-Uwe hat einen kreativen Weg gefunden: »Aus einer Meisterstelle im Gartenbauamt, in der ich zwei Jahre mit einem eher geringen Gehalt tätig war, habe ich mir die Stelle des Gartenbauamtsleiters gebastelt. Der neue Bürgermeister hat die Stelle dann offiziell eingerichtet. Als der Leiter des Tiefbauamts kündigte, konnte ich seinen Posten noch dazu übernehmen. Mein ursprünglicher Arbeitsplatz, für den ich als Diplomingenieur überqualifiziert war, hat mir die Tür zum Amt geöffnet und ich konnte neue Möglichkeiten sehen und nutzen. Jetzt bin ich in einer Position, die meinem Abschluss und meinen Fähigkeiten voll entspricht.«

Zeitarbeit

Für HochschulabsolventInnen stellt sich die Frage, ob und wie sich Zeitarbeit für einen Berufseinstieg oder die Suche nach einer neuen Arbeit nutzen lässt. Auch für qualifizierte Tätigkeiten werden immer wieder Aushilfen gesucht, unter anderen Schwangerschafts-, Urlaubs- oder Krankheitsvertretungen. Diese werden häufig von Zeitarbeitsfirmen geliehen. Die meisten Einsatzmöglichkeiten liegen im betriebswirtschaftlichen oder im technischen Bereich. In Frage kommen sowohl Bürotätigkeiten, die keinen akademischen Abschluss voraussetzen, als auch spezielle Positionen für AkademikerInnen.

Zeit- oder LeiharbeiterInnen beziehen von ihrem Zeitarbeitsunternehmen ein festes Gehalt und werden für bestimmte Tätigkeiten und Zeiträume an andere Unternehmen verliehen. Die Zeitarbeitsfirmen fungieren in der Regel als Arbeitgeber und nicht als Vermittler. Im Durchschnitt verdienen LeiharbeiterInnen nur 63 Prozent eines vergleichbaren Monatseinkommens. Ihr Anteil am Arbeitsmarkt beträgt in Deutschland weniger als ein Prozent aller sozialversicherten ArbeitnehmerInnen. Im Sommer 2001 waren 340 000 Leiharbeiter bei 5 800 Zeitarbeitsfirmen beschäftigt (*Süddeutsche Zeitung*, 23.6.2001).

Die Zeitarbeitsfirma kümmert sich um Arbeit für die BewerberInnen. Die lästige Suche nach offenen Stellen bleibt ihnen dadurch erspart. Die Historikerin Carola beurteilt dies sehr positiv: »Ich habe noch nie so schnell und reibungslos Arbeit gefunden wie bei der Zeitarbeit. Wenige Tage nach meiner Bewerbung konnte ich mich bereits bei der ersten Firma vorstellen. Drei Tage später ging es los, als Assistentin in einer PR-Agentur. Hier bleibe ich ein Jahr und dann sehe ich weiter.« Ist ein Einsatz beendet, bezieht der Leiharbeiter weiterhin sein Gehalt. So lange bis der nächste Einsatzort bereitsteht. Es sei denn, es folgt eine Anstellung beim Entleiher.

Auch die Job-Vermittlung des Arbeitsamtes fungiert als Vermittlerin von Zeitarbeitsstellen. Der Unterschied zu privaten Zeitarbeitsfirmen besteht darin, dass die ArbeitnehmerInnen für die Dauer des Arbeitsverhältnisses direkt von der Firma, in der sie eingesetzt werden, zu deren Bedingungen angestellt werden.

Die Chancen für AkademikerInnen, über eine Zeitarbeitsstelle den Einstieg in den Wunschberuf zu schaffen, sind sehr unterschiedlich. Am schwierigsten ist es für ArbeitnehmerInnen ohne festes Berufsbild sowie für SpezialistInnen, die von einer Konjunkturflaute betroffen sind oder nur in Marktnischen ein Betätigungsfeld finden. Ein Geologe oder Botaniker wird kaum eine Anstellung, die seinem Studienfach entspricht, über die Zeitarbeit finden. Flexibilität und die Bereitschaft zur Neuorientierung in Kombination mit Zusatzqualifikationen wie Fremdsprachen- oder EDV-Kenntnissen sind hier der Schlüssel zu neuen beruflichen Perspektiven.

Mittlerweile gibt es in fast jeder deutschen Stadt Filialen unterschiedlicher Zeitarbeitsfirmen. Die meisten bieten Stellen im Bereich Verwaltung, Büro und Dienstleistungen an. Auch hochqualifizierte AkademikerInnen finden Angebote über Zeitarbeitsfirmen.

Die Firmen, die auch LeiharbeiterInnen einsetzen, haben den Vorteil, schnell und unbürokratisch an gut ausgebildete MitarbeiterInnen zu kommen. Sie umgehen zeitintensive Stellenausschreibungen und lernen MitarbeiterInnen ohne Probezeit und Verpflichtungen kennen. Die ZeitarbeiterInnen sammeln Berufserfahrung und können ihre Kompetenzen unter Beweis stellen. BerufseinsteigerInnen bekommen die Möglichkeit, verschiedene Bereiche wie Vertrieb, Marketing, Personalwesen oder Entwicklung kennen zu lernen und dadurch wertvolle Ideen für den weiteren Lebensweg zu sammeln.

Ein Nebeneffekt, besonders bei großen Firmen, ist der Zugang zu internen Stellenausschreibungen. Offene Stellen werden häufig zuerst am Schwarzen Brett ausgehängt oder auch als erste Information im Gespräch am Kopierer oder in der Küche bekannt.

Nach Auskunft eines führenden Zeitarbeitsunternehmens sind nur wenige Firmen in einigen Großstädten auf AkademikerInnen spezialisiert. In Filialen für IT-Personal, die sich auf die Vermittlung von Computerfachleuten spezialisiert haben, ist der Anteil an AkademikerInnen ebenso wie im Bereich »Engineering« deutlich höher als in der klassischen Zeitarbeit. Hinter dem Schlagwort »Engineering« verbergen sich Angebote für spezialisierte AkademikerInnen wie Nachrichten- und ElektrotechnikerInnen, MaschinenbauerInnen oder KonstrukteurInnen. Auch Biochemie- und Pharmaindustrieunternehmen suchen immer wieder kurzfristig nach Personal. Meist sind es große Firmen, die sich auf diesem Weg einen Teil ihres Personals rekrutieren lassen.

Nach Auskunft eines Mitarbeiters eines der führenden Unternehmen auf dem Markt dominiert die Arbeitnehmerüberlassung, bei der die MitarbeiterInnen bei der Zeitarbeitsfirma angestellt werden. Die Direktvermittlung von Arbeitskräften gegen eine Gebühr an Firmen beträgt nur circa zehn Prozent. Dass die Chancen nicht für alle Bewerber gleich gut sind, zeigt die Zahl von etwa 50 Arbeitnehmern, die unter Vertrag stehen, im Vergleich zu 300 Bewerbern im Pool der Firma. Mit durchschnittlich 35 Prozent sind die Chancen der Übernahme eines Leiharbeiters nach Ablauf eines Einsatzes bei der entsprechenden Firma als gut einzuschätzen. Diese Aussagen werden auch aus der Hauptverwaltung von Adecco, einer der größten Zeitarbeitsfirmen in Deutschland, bestätigt. Die Nachfrage nach AkademikerInnen bezieht sich hier überwiegend auf WirtschaftsingenieurInnen, TechnikerInnen und InformatikerInnen sowie BetriebswirtschaftlerInnen. QuereinsteigerInnen aus anderen akademischen Fachrichtungen haben gute Chancen im Personalwesen sowie in Dienstleistungs- und Büroberufen. Der Anteil von AkademikerInnen bei den 15 300 Mitarbeitern, die bei Adecco unter Vertrag stehen, beträgt acht bis neun Prozent. »Ein besonderer Vorteil ist«, so Manfred Brücks aus der Hauptverwaltung von Adecco, »dass bei der Leiharbeit nicht das Alter, sondern hauptsächlich die Qualifikation eine Rolle spielt. Auch viele ältere Arbeitnehmer werden von Kunden abgeworben. Für eine erfolgreiche Vermittlung müssen das Profil und das Können eines Arbeitnehmers einfach stimmen.«

Neben ihrer klassischen Funktion als überbetriebliche Arbeitgeber beschäftigen Zeitarbeitsfirmen auch viele AkademikerInnen im internen Bereich. So berichtet Manfred Brücks: »Die Akademikerquote bei unseren internen Stellen liegt zwischen 20 und 25 Prozent. Hier haben insbesondere Quereinsteiger wie Psychologen oder Soziologen gute Chancen. Sie werden häufig im Personalwesen eingesetzt.« Neben kaufmännischen Kenntnissen sind vor allem soziale Kompetenzen gefragt. Die Suche nach geeigneten BewerberInnen erfolgt jedoch über klassische Stellenanzeigen.

Zeitarbeit im Bereich Sekretariat bietet eine kleine Firma in Berlin an. »Akademiker vermitteln wir so gut wie gar nicht. Die Arbeitgeber wollen keine überqualifizierten Sekretärinnen. Studentinnen sind jedoch sehr gefragt. Sie sind oft über mehrere Jahre in den Sommermonaten bei uns beschäftigt. Da gibt es bei den Firmen die meisten Engpässe«, sagt die Personaldisponentin.

Einige Interviewpartnerinnen haben sich jedoch entgegen dieser Aussage – wie Tanja – nach der Uni ihre Existenz mit Zeitarbeitsjobs als Sekretärin gesichert.

Unzählige Zeitarbeitsfirmen mit unterschiedlich ausgerichteten Filialen, von denen einige nur in bestimmten Branchen tätig sind, agieren auf dem Markt. Um in den Bewerberpool einer Zeitarbeitsfirma aufgenommen zu werden, führt der Arbeitssuchende meist ein kurzes Gespräch mit einer MitarbeiterIn, in dem abgeklärt wird, ob die Zeitarbeitsfirma über Kontakte zu Unternehmen verfügt, in die der Bewerber vermittelt werden kann. Um mögliche Einsatzbereiche zu klären, werden neben der fachlichen Qualifikation auch weitere Fähigkeiten abgefragt. Können sich

Arbeitssuchende und PersonaldisponentIn eine Zusammenarbeit vorstellen, wird ein Personalbogen ausgefüllt und ein Lebenslauf mit Foto hinterlegt. Wie schnell der Bewerber ein Angebot bekommt, hängt von der konjunkturellen Lage sowie von seinen Fähigkeiten ab. Ein Mitarbeiter des Arbeitsamtes Berlin-West rät: »Nicht jedes Unternehmen ist für Akademiker geeignet. Es lohnt sich in jedem Fall, mehrere Firmen anzurufen und nach Einsatzmöglichkeiten zu fragen. Mit einem geeigneten Partner steigt die Chance, einen interessanten Betrieb zu finden. Wahllose Bewerbungen an mehrere Zeitarbeitsfirmen lohnen sich nicht.«

Bedeutung für den Lebenslauf

Wichtig ist die Einordnung der beruflichen Situation in den eigenen Lebensentwurf. Der Beruf sollte immer im Gesamtzusammenhang der Biografie gesehen werden. Selbst eine für Außenstehende unattraktive Lösung kann für den Suchenden genau der richtige Weg sein. Ein Risiko ist der Verlust des Gefühls für den eigenen Weg. Häufige Stellenwechsel können ein Gefühl von Beliebigkeit und Austauschbarkeit zur Folge haben. Ständig wechselnde Einsatzorte verhindern den Aufbau von beruflichen Kontakten und sozialen Bindungen am Arbeitsplatz. Geht der rote Faden im Lebenslauf verloren, ist eine klare Orientierung bei der Stellensuche irgendwann nicht mehr möglich.

Besonders wichtig ist es, auch bei befristeter Arbeit das Ziel im Blick zu behalten und allzu häufige Wechsel des Arbeitsplatzes zu vermeiden. Die meisten sehen unsichere Beschäftigungen als Übergang und streben eine längerfristige Lösung an. Die neuen Erfahrungen und Kontakte führen in einigen Fällen auch zu Existenzgründungen.

Selbst bei überzeugten JobhopperInnen sollte sich die eingeschlagene Strategie wie ein roter Faden durchs Berufsleben ziehen.

Über Zeitarbeit zurück zur Uni

»Für Frauen mit Kindern gibt es zu wenig Teilzeitstellen«

Helen, 38, studierte Agrarwissenschaften, konnte in dieser Fachrichtung aber keine Arbeit finden. So arbeitete sie nach einer Fortbildung zur Umwelttechnikerin als Gutachterin. Nach der Geburt ihrer beiden Kinder gab sie den Plan auf, als Entwicklungshelferin tätig zu werden. Über unterschiedliche Jobs qualifizierte sie sich für ihre neue Tätigkeit: Jetzt arbeitet sie als Sachbearbeiterin an einer Fachhochschule für Technik.

»Ich wollte ein Fach studieren, das mit Umwelt zu tun haben sollte. Und weil ich nicht die Möglichkeit hatte, einen Studienplatz in meinem Wunschfach Umwelttechnik zu bekommen, wich ich auf Agrarwissenschaften aus. Das hat auch mit Umwelt und Natur zu tun und ich hatte Lust, damit in die Entwicklungshilfe zu gehen. Ich spezialisierte mich auf Internationale Agrarentwicklung. Meine Diplomarbeit schrieb ich über Chinaschilf, das auch als Elefantengras bekannt ist. Die Idee meines Professors war, das Gras in Deutschland anzubauen, um daraus Energie zu gewinnen. Es kann als Energielieferant für Brennstoff und zur Papierherstellung verwendet werden. Aber leider entwickelte sich das Gras, das sehr viel Feuchtigkeit braucht, hier nicht.

Das Grundstudium absolvierte ich in Göttingen und das Hauptstudium in Berlin. Nach dem Vordiplom ging ich ein Jahr nach Lateinamerika und machte ein Praktikum in Bolivien. Dort arbeitete ich vier Monate in einem Projekt des Deutschen Entwicklungsdienstes (DED) und im Anschluss reiste ich durch mehrere andere Länder. Das Praktikum war so spannend, dass ich noch mehr Lust bekam, mein Studium in diese Richtung zu vertiefen. Zurück an der Uni wählte ich Internationale Agrarentwicklung als Schwerpunkt. Im Hauptstudium war ein Praktikum im Ausland Pflicht und ich entschied mich für Nicaragua. Bei der staatlichen Umweltbehörde beschäftigte ich mich mit Erosionsschutz. Ich evaluierte und bewertete die Schutzmaßnahmen und untersuchte, welche für bestimmte Standorte am besten geeignet waren.

Als ich mich nach dem Studium als Entwicklungshelferin beim DED bewarb, bekam ich eine Absage, weil ich noch nicht genügend Berufspraxis hatte. So beschloss ich, erst einmal in Deutschland Erfahrungen zu sammeln. Mein Plan war, mich danach erneut in der Entwicklungshilfe zu bewerben.

Als erstes gab ich ein Jahr lang EDV-Kurse für ostdeutsche Landfrauen. Die Kenntnisse, die ich für die Kurse benötigte, eignete ich mir selbst an. Als ich anfing, war ich noch gar nicht so fit. Ich organisierte auch berufliche Orientierungskurse für Arbeitslose. Das war direkt nach der Wende und viele Landfrauen in Ostdeutschland hatten überhaupt keine Ahnung von Formalitäten und Behörden. Im Grunde war das praktische Lebenshilfe, eine Art Einführung, wie man im kapitalistischen System überleben kann. Wie man Sozialhilfe beantragt oder wie man mit dem Arbeitsamt umgeht. Diesen Kurs gab ich einmal pro Woche, die EDV-Kurse an den anderen Tagen. Dabei verdiente ich als Honorarkraft nicht sehr viel, aber es reichte gut zum Leben.

Gleich nach dem Studium hatte ich mich arbeitslos gemeldet und bekam mit viel Glück eine Weiterbildung bezahlt, obwohl ich bislang nur auf Honorarbasis gearbeitet hatte. Ich entschied mich für eine einjährige Fortbildung zur Umwelttechnikerin. So qualifizierte ich mich doch noch für diesen Bereich, mit dem ich immer sympathisiert hatte. Dabei erlernte ich vor allem verschiedene Untersuchungsmethoden im Labor sowie Messtechniken. Wir arbeiteten viel an Geräten. Im Anschluss bekam ich eine ABM-Stelle, bei der ich als Umwelttechnikerin wissenschaftliche Untersuchungen durchführte. Im Team untersuchten wir Bodenproben aus einer Teerfabrik. Das Wissen hatte ich aus der Fortbildung. Dass diese Arbeit nach einem Jahr zu Ende sein würde, war von vornherein klar, denn es gab keine festen Stellen.

Direkt im Anschluss an die ABM-Stelle fing ich in einem Umweltingenieurbüro an zu arbeiten. Die Stelle hatte ich über einen Aushang gefunden. Dort erstellte ich hauptsächlich Gutachten zu Altlasten und Bodenschutz. Zudem bearbeitete ich Forschungs- und Entwicklungsvorhaben. Für das Umweltministerium Brandenburg stellte ich alle Kriterien zusammen, die in einem Gutachten enthalten sein mussten. Dieses Projekt dauerte ein Jahr und war sehr komplex. Weitere Projekte waren eine Lehrerfortbildung zum Thema Altlasten an Brandenburger Grundschulen, ein Altlastenkataster für den Kreis Uckermark sowie zwei Bodenschutzprojekte. Dort ging es um die Beschreibung der natürlichen Bodenfunktionen und wie man diese und ihre Gefährdung durch unterschiedliche Nutzungen in einer Karte darstellen kann.

Diese Tätigkeit endete nach vier Jahren mit der Geburt meines Sohnes, dem zwei Jahre später meine Tochter folgte. Dadurch war ich drei Jahre im Erziehungsurlaub. Als ich meine Arbeit wieder aufnehmen wollte, wurde meine Stelle aufgrund der schlechten Auftragslage betriebsbedingt gekündigt. Nach längerer Suche bekam ich einen Job in einem Reisebüro, in dem Busreisen quer durch Europa verkauft wurden. Für diese Stelle war ich total überqualifiziert, aber ich konnte direkt anfangen und halbtags arbeiten. Die Bezahlung war sehr schlecht, dafür machte die Arbeit richtig Spaß. Ich konnte mit meinen Kolleginnen, die alle aus Frankreich stammten, den ganzen Tag Französisch sprechen und meine Sprachkenntnisse enorm verbessern. Mit den Kunden telefonierte ich abwechselnd auf Deutsch, Englisch, Französisch und Spanisch. In Frankreich gab es keine Filiale und alle Kunden aus Frankreich mussten bei uns anrufen. Dadurch wurde ich immer sicherer in der Sprache und verstand nach einiger Zeit sogar afrikanisches Französisch am Telefon. Die variablen Arbeitszeiten, die wir unter uns Kolleginnen abstimmten, ließen sich wunderbar mit den Kindern vereinbaren. Diese Arbeit machte ich sechs Monate, bis ich mich mit dem Chef zerstritt. Ich wollte eine Gehaltserhöhung und nicht länger für einen Stundenlohn unter jedem Tarif arbeiten. Als ich ihn auf die unfairen Arbeitsbedingungen hinwies, musste ich gehen.

Meine nächste Stelle fand ich gleich im Anschluss über die Zeitarbeitsvermittlung vom Arbeitsamt. Dort ging ich nach der Kündigung hin, noch am selben Tag. Denn kurz zuvor hatte eine Freundin über dieses Büro eine sehr interessante Stelle für ein Jahr bekommen. Auch ich bekam sofort eine Vertretungsstelle als Redaktionsassistentin bei einer Wirtschaftszeitung. Wahrscheinlich gab es keine anderen, die dafür in Frage kamen. Denn die Filiale des Arbeitsamtes, ein winziges Büro, lag in der hintersten Ecke einer Einkaufspassage und war nur mit Mühe zu finden. Der Karteikasten mit Bewerberanfragen war nur halb gefüllt. Außer mir hielten sich im Büro die beiden Vermittlerinnen auf. Ich war gerade dabei, eine Karteikarte mit meinen Daten und Fähigkeiten auszufüllen, als das Angebot telefonisch reinkam. Eine halbe Stunde später konnte ich mich vorstellen und bekam eine Zusage. Es ging gleich in der folgenden Woche los.

Diese Arbeit machte ich insgesamt ein Jahr. Eigentlich war es nur eine Teilzeitstelle, aber aufgrund von Krankheiten und Urlaub der Kolleginnen arbeitete ich häufig auch Vollzeit. Es gab eine Vollzeit- und zwei Teilzeitkräfte, eine kam vormittags, die andere nachmittags. Ich vertrat abwechselnd alle drei, teilweise war ich sogar allein in der Redaktion. Ich hatte das Pech, dass in dem Jahr die Vollzeitkraft dauernd krank oder im Urlaub war. Denn eigentlich konnte ich nur halbtags arbeiten, weil ich zugleich meine beiden Kinder versorgen musste. Teilweise arbeitete ich acht Wochen am Stück, dazwischen gab es immer wieder Pausen. Eine Zeitlang war mein Mann arbeitslos. So konnte er auf die Kinder aufpassen. Als er dann eine Arbeit fand, musste meine Mutter mehrmals aus Bremen anreisen. Zu Beginn ging meine Tochter noch nicht in den Kindergarten. Das war ziemlich schwierig. Ich blieb so lange am Ball, weil mir die Schwangerschaftsvertretung für eine der Teilzeitkräfte in Aussicht gestellt wurde. Wenn es geklappt hätte, hätte ich die Vertretung für zwei Jahre übernehmen können. Aber aufgrund der wirtschaftlichen Lage ging die Anzeigenkundschaft wie bei allen Zeitungen drastisch zurück. Daher wurden im Verlag 200 Leute entlassen und zwar überwiegend im kaufmännischen Bereich. Die Schwangerschaftsvertretung wurde ganz gestrichen.

In der Redaktion lernte ich Büroorganisation und alle Tätigkeiten, die im Büro anfallen. Danach konnte ich guten Gewissens sagen, dass ich Erfahrung im Büro gesammelt hatte und zwar bei einer der führenden Wirtschaftszeitungen. Und ich arbeitete ganz eigenständig und organisierte zeitweise das ganze Büro. Ich bekam ein sehr gutes Zeugnis und über diese Erfahrung meine neue Stelle. Jetzt bin ich an einer Fachhochschule für Technik und leite das Studienbüro. Dort arbeite ich hauptsächlich in der Studienverwaltung und bin Ansprechpartnerin für die Studenten. Ohne meine Vertretungsstelle bei der Zeitung hätte ich bestimmt keine Chance gehabt, diese Stelle zu bekommen. Denn vorher hatte ich keine Erfahrung als Sekretärin oder Verwaltungskraft. In der Stellenausschreibung wurde eine Hochschulabsolventin mit Verwaltungs- und Büroerfahrung gesucht.

Meine Studienerfahrung hilft mir bei meiner jetzigen Stelle. Denn ich kenne den Unibetrieb und die Prüfungsordnung. Ich weiß, wie und wo man sich immatrikulieren muss und ähnliche Fragen. Ich kann mich in die Studenten hineinversetzen. Meine fachlichen Kenntnisse kann ich allerdings überhaupt nicht mehr anwenden. Weder die aus dem Studium noch die aus der Weiterbildung. Ich habe jedoch gelernt, eigenständig an Themen heranzugehen.

Im Studienbüro, das ganz neu gegründet wurde, bin ich allein tätig und kann die Arbeit in vielerlei Hinsicht selbst gestalten. Vorher wurden alle Aufgaben im Prüfungsamt oder über das Immatrikulationsbüro erledigt.

In meinen Praktika lernte ich nicht nur andere Länder und Mentalitäten kennen, sondern außerdem fließend Spanisch. Auch meine Englischkenntnisse, die im Vorstellungsgespräch überprüft wurden, konnte ich auf den Reisen vertiefen.

Es ist nicht leicht, mit zwei kleinen Kindern eine Arbeit zu finden, die sich mit der Betreuung vereinbaren lässt. Es gibt zu wenig Tagesmütter und die guten sind noch seltener. Zum Glück gehen beide Kinder jetzt in die Kindertagesstätte, gleich um die Ecke. Und meine Halbtagsstelle lässt sich ideal mit den Öffnungszeiten vereinbaren. Ich fange erst um zehn Uhr an und kann nach vier oder fünf Stunden gehen, je nachdem ob ich lieber eine Vier- oder Fünftagewoche haben will. Auf diese Stelle gab es fast 150 Bewerber, darunter etliche Mütter mit Kindern. Bei der Arbeitssuche habe ich festgestellt, dass es viel zu wenig Teilzeitstellen gibt. Viele Arbeitgeber haben Angst, Mütter einzustellen, weil die Kinder oft krank sind und es schwieriger ist, flexibel zu arbeiten und Überstunden zu machen.

Letzte Woche wurde die Kita einfach für drei Tage geschlossen, weil ein Hausseminar stattfand. Da musste schon wieder meine Mutter aus Bremen anreisen, damit ich zur Arbeit gehen konnte. Ich wünsche mir bessere Betreuungsmöglichkeiten für Kinder und mehr Verständnis für Leute, die trotz Familie arbeiten wollen.

Ich habe schon lange den Traum, mich selbstständig zu machen mit einem Café und einer Pension. Vielleicht mache ich das eines Tages.«

Die Unplanbarkeit des Lebens

Von nomadischen und akrobatischen Arbeitsweisen

»Patchworker«, »Jobhopper«, »High-Tech-Nomaden« oder »Jobnomaden« – das sind die Bezeichnungen der westlichen Arbeitswelt für Menschen, in deren Erwerbsbiografien Flexibilität und Mobilität wichtige Faktoren sind. Mit Mobilität ist sowohl räumliche als auch geistige und soziale Beweglichkeit gemeint.

Gundula Englisch beschreibt in ihrem Buch »Jobnomaden« die so bezeichneten Menschen unter anderem als »Wissensarbeiter der Internetökonomie«, die auf der Suche nach Erfahrungen und Herausforderungen von Projekt zu Projekt wandern und mit viel Einfallsreichtum ihre persönlichen Erfolgsgeschichten gestalten. Sie sind sehr mobile Menschen, die sich in interkulturellen Zusammenhängen bewegen und deren einziger Heimatort oft eine E-Mail-Adresse im Internet ist.

»High-Tech-Nomaden« arbeiten in virtuellen Zusammenhängen. Sie können aufgrund der neuen Informationstechnologien an mehreren Orten gleichzeitig arbeiten, ohne einen wirklichen Ortswechsel vollziehen zu müssen. Die Schwerkraft des Raumes hat sich für sie aufgelöst. »Jobhopper« können sich aufgrund ihrer gefragten beruflichen Qualifikation die Arbeitgeber aussuchen und ihre Jobs so häufig wechseln, wie sich ihnen bessere Chancen auftun und sie beruflich aufsteigen können. »Sie spielen mit einer gewissen Lust mit dem Wert ihrer Arbeitskraft«, beschreibt A. Pallenberg diese Menschen in *Arbeitsmarkt Bildung, Kultur, Sozialwesen* (6/2001).

Patchwork-Biografien werden immer normaler. Sie können freiwillig gewählt und hauptsächlich von beruflichen Erfolgen und Aufstieg gekennzeichnet sein. Überwiegend sind damit jedoch diskontinuierliche Berufswege gemeint, die sich wie ein Flickenteppich zusammensetzen und bei denen weder ein regelmäßiges noch ein steigendes Einkommen garantiert ist. Wechselnde Erwerbsformen und Berufsfelder kennzeichnen diese Lebenswege.

PatchworkerInnen erleben wechselweise Zeiten als Angestellte, als Selbstständige, als Arbeitslose oder in Weiterbildung. Die von uns auch als ArbeitsakrobatInnen bezeichneten PatchworkerInnen mit Hochschulabschluss haben dieses Patchwork meist nicht geplant, es ist als die Folge von Existenznot, sich auftuender Chancen und aus der Lust auf Neues entstanden. Berufliche Umorientierung und Ortswechsel werden aber häufig infolge der Arbeitsmarktsituation notwendig. So sind diese Werdegänge sowohl von eigenen Entscheidungen als auch von äußeren Zwängen gekennzeichnet. Sie sind immer unverwechselbar individuell.

Chancen und Risiken gesellschaftlichen Wandels

Die neuen Arbeitsformen sind Ausdruck einer veränderten Welt. Neu ist der Zwang, sich ständig beruflich umorientieren und permanent fortbilden zu müssen. Groß wie nie ist die Chance, vielfältige Erfahrungen in verschiedenen Bereichen zu sammeln und den eigenen Horizont ständig zu erweitern. Angst vor dem Risiko des möglichen Absturzes und lustvolles Erleben neuer Sphären stehen sich gegenüber. Das Industriezeitalter ist abgelöst von einer Dienstleistungs- und Wissensgesellschaft, die zunehmend von Globalisierung, Technisierung und Digitalisierung geprägt ist. In diesem Wandel liegen sowohl Chancen als auch Risiken. Gundula Englisch betont die Vorteile, denn ihrer Meinung nach hat die industrielle Ära »die Existenz der Menschen eng an die Erwerbsarbeit gekoppelt und extrem starre Systeme errichtet, die die Beweglichkeit des Einzelnen und der Gesellschaft empfindlich gelähmt haben. Die brüchigen Reste des Industriezeitalters bilden kein tragfähiges Fundament mehr für die mobile, beschleunigte und grenzenlose Welt von morgen.« Begeistert blickt sie der Zukunft entgegen: »Die Welt von morgen ist ständig in Bewegung, grenzüberschreitend und nicht territorial. Sie ist dezentral und vernetzt. Sie bewegt sich weg von den Machtzentralen und hin zum einzelnen Menschen. Sie verwandelt sesshafte, abhängig beschäftigte Lohnempfänger in mobile Jobnomaden, die frei über ihre Arbeitskraft verfügen. Sie fordert den Verzicht auf überflüssigen Ballast, in materieller und in mentaler Hinsicht. Sie bricht fest gefügte Regeln und Beziehungen auf. Sie bietet Sicherheit nicht hinter Mauern und Zäunen, sondern in der Vielfalt geistiger Fähigkeiten und Talente.«

Der Soziologe und Kulturkritiker Richard Sennett schärft dagegen mit seinem Buch »Der flexible Mensch« den Blick für die Gefahren des globalen Kapitalismus: Sich immer schneller wandelnde Märkte mit immer perfekterer Technik fordern immer schnellere Anpassungsreaktionen. Routineverlust als Folge des »flexiblen Kapitalismus« macht Sennett zufolge langfristige soziale Bindungen unmöglich. Wenn Beruf, Wohnort, soziale Stellung und Familie dem kurzfristigen Wirtschaftsleben unterworfen sind, wird das eigene Leben ziellos. Identitätsverlust ist die Folge. Eine Gesellschaft, die nur aus Fragmenten und Episoden besteht, führt nach Sennett nicht zu Freiheit, sondern verursacht ein Gefühl von Ohnmacht, Isolation und Sinnlosigkeit.

In seinem Buch »Schöne neue Arbeitswelt« beleuchtet der Soziologe Ulrich Beck unter anderem die diffusen Machtverhältnisse unserer Zeit, in der individuelle Freiheit groß geschrieben wird: »Die Möglichkeit, Arbeit zu zerstückeln und zu verknüpfen im Hinblick auf besondere Aufgaben und Ziele, und zwar an jedem Ort zu jeder Zeit, hat einen Machtraum virtueller Unternehmen geschaffen.« Weiter beschreibt er, wie hilflos die Einzelnen diesen Verhältnissen ausgeliefert sind: »Aber niemals waren die Arbeitenden – unabhängig von ihren Fähigkeiten und Bildungsabschlüssen – verletzlicher als heute, wo sie individualisiert, ohne kollektive Gegenmacht und abhängiger denn je in flexiblen Netzen arbeiten, deren Sinn und Regeln für die meisten von ihnen unentzifferbar geworden sind.«

Ausgleich zwischen Beruf und Privatleben

Wie der Wandel der Arbeitswelt auch bewertet wird: Fest steht, dass durch die erhöhten Anforderungen an Flexibilität und Mobilität die »Work-Life-Balance«, das heißt der Ausgleich zwischen Beruf und Privatleben, nicht nur für die »Kaste der Entscheidungsträger« immer schwieriger wird. Im *Handelsblatt* vom 15.12.2000 beschreibt Regine Hauch, wie schwierig dieser Ausgleich für Führungskräfte zu erwirken ist: Arbeit bis spät in den Abend, häufige Dienstreisen, Meetings und berufsbedingte gesellschaftliche

Verpflichtungen machen ein geregeltes Familienleben unmöglich. Die Autorin verweist auf den Doppelstress für Männer in solchen Positionen: »Der Druck auf die Männer, sich am Familienleben zu beteiligen, wächst. Insofern haben die heutigen Manager oft noch mehr Stress als frühere Generationen.«

Auf den Ausgleich zwischen Beruf und Privatleben müssen gerade BerufsanfängerInnen oft verzichten. Sie finden zunehmend nur durch Flexibilität und Mobilität eine Arbeit. Trotz der Bereitschaft zu Ortswechseln folgt oft nur eine befristete Beschäftigung der nächsten. Das macht eine längerfristige Lebensplanung unmöglich. Besonders viele Frauen, die einen Berufseinstieg wünschen, sind gezwungen auf Familie zu verzichten: »Ich wollte eigentlich immer Kinder haben, aber das ließ sich nicht vereinbaren mit meiner Jobsuche. Ich war immer auf dem Sprung. Ich dachte, wenn ich in so einer unsicheren Situation Kinder bekommen würde, käme ich gar nicht in den Beruf rein. Das zog sich dann länger hin, als ich es erwartet hatte. Bis zu meiner jetzigen Arbeit, die nicht befristet ist, habe ich sieben Jahre gebraucht«, sagt Katrin im nachfolgenden Interview.

Selbst mit einer finanziellen Absicherung kann Familienleben an einem festen Ort nicht geplant werden: »Wir haben zwei Kinder und würden von meinem Erbe gern ein Häuschen mit Garten kaufen«, sagt Mira aus Berlin. »Das ist nicht möglich, da wir uns ständig bundesweit bewerben und für einen Job jederzeit woanders hingehen würden. Ich kann als Biologin von meiner freiberuflichen Projektarbeit nicht leben und mein Mann hatte bisher ebenfalls nur befristete Stellen in der Forschung.«

Eine andere Schwierigkeit besteht darin, Berufseinstieg und Partnerschaft vereinbaren zu können. Laut *Handelsblatt Junge Karriere* (5/1999) lebten ein Fünftel der akademisch gebildeten JobeinsteigerInnen vom Partner oder der Partnerin getrennt. In der Hoffnung über mehr Berufserfahrungen bessere Chancen zu haben und später am ursprünglichen Wohnort eine Stelle zu finden, nehmen viele zwei bis drei Jahre Pendelbeziehungen in Kauf. Diese Fernbeziehungen erfordern zahlreiche Fähigkeiten: »Flexible Partnerschaften« basieren laut Gundula Englisch »auf Ehrlichkeit und Vertrauen, Dialog und Kommunikation, Kontaktfähigkeit und Toleranz«. Die Partner bleiben so lange miteinander verbunden, wie der Lebensweg es erlaubt. Auch aus diesem Grund ist Familienplanung immer schwieriger geworden.

Drei Millionen Menschen sind in Deutschland allein erziehend, jede dritte Ehe wird geschieden. Immer weniger Frauen sind bereit, ihrem Mann ohne eigene berufliche Perspektive einfach nur hinterherzuziehen, wenn er aus beruflichen Gründen zu Ortswechseln gezwungen ist. Männer können berufliche Mobilität – zum Beispiel als Wochenendpendler – mit der Familie vereinbaren, da Frauen dies tolerieren. Mobile Frauen bleiben dagegen fast immer kinderlos. »Bei berufsmobilen Männern verzichtet die Partnerin oftmals auf eine eigene Berufskarriere, widmet sich Haushalt und Kindern und schlüpft vor allem in den Zeiten der Abwesenheit des Mannes in die Rolle einer allein erziehenden Mutter«, heißt es in einer Pressemitteilung vom 28.8.2001 zu einer Studie über Berufsmobilität und Lebensform des Bundesministeriums für Familie, Senioren, Frauen und Jugend.

Wie viele akademisch gebildete Frauen sich auf ein solches Familienleben einlassen, geht daraus jedoch nicht hervor. In der Mitteilung heißt es weiter: »42 Prozent der befragten Männer und 69 Prozent der Frauen geben an, dass die berufliche Situation ihre Familienplanung hemmt. Beruflich mobile Menschen bleiben signifikant häufiger kinderlos als nicht mobile. Wenn sie Eltern werden, dann deutlich später.« Mobilität lässt sich kaum mit Kindern vereinbaren, denn Schule und Ausbildung sind immer noch an verbindliche Orte und Zeiten gebunden. Ein großes Hemmnis sind die fehlenden Einrichtungen zur Kinderbetreuung: Nur für sieben Prozent der Kinder unter drei Jahren gibt es in Deutschland ein staatliches Betreuungsangebot. Daher ist es nicht verwunderlich, dass mit »Jobnomaden« und »Jobhoppern« vor allem junge und männliche Mobile gemeint sind, für die mobil sein unkompliziert und eher eine positive Herausforderung ist. Die Mitteilung zur Mobilitätsstudie stellt denn auch fest: »Je jünger die Befragten, je höher der Bildungsabschluss und je kleiner der Haushalt, desto mobiler sind die Menschen. Männer sind mobiler als Frauen.«

Genauso wenig, wie sich Familie vollkommen planen lässt, lässt sich der eigene berufliche Werdegang wirklich vorhersehen: Viele Berufe sind stark konjunkturabhängig und gerade die neuen Berufe sind oft nur kurzlebig. Wachsamkeit und volles Engagement sind gerade bei denjenigen, die sich in prekären Arbeitsverhältnissen befinden, gefragt. Wer nur in befristeten Stellen oder freiberuflich und zeitlich befristet in Projekten arbeitet, befindet sich quasi ständig in der Probezeit. Solche Menschen müssen ihre Kompetenzen,

Team- und Anpassungsfähigkeit ständig mehr beweisen als Festangestellte, um neue Aufträge zu erhalten oder eine Verlängerung des Arbeitsvertrages zu bewirken.

Hinzu kommt, dass berufliche »Auszeiten«, also Arbeitslosigkeit, selten für Entspannung sorgen oder sinnvoll für Fortbildungen oder Auslandserfahrungen genutzt werden können. Denn diese Zeiten sind ebenso wenig planbar: Die wenigsten wissen, wann sie wieder eine Arbeit finden. Viele warten permanent auf Antworten auf ihre Bewerbungen und trauen sich nicht einmal, ein paar Tage wegzufahren. Sie sind daher in ständiger Unruhe und von Zukunftsängsten geplagt. Der Umgang mit diesen beruflichen Diskontinuitäten erfordert vermehrt unternehmerische Eigenschaften: mehr Eigenverantwortung, Fähigkeit zum Selbstmanagement, zur Selbstorganisation und zur eigenverantwortlichen Strukturierung der Arbeit sowie der Auszeit.

Das Alter lässt sich bei diesen Werdegängen schon gar nicht vorherplanen. Staatliche Förderungen zur privaten Altersvorsorge wie die Riester-Rente gelten nur für Angestellte und damit ohnehin Sozialversicherte. Freiberufliche AkademikerInnen auf Niedriglohnniveau werden vom Staat schlichtweg vergessen.

Die meisten ArbeitsakrobatInnen schaffen trotzdem den Spagat zwischen Anforderungen des Arbeitsmarktes, persönlichen Berufswünschen und privaten Lebenszielen. Sie wagen den Seiltanz der Selbstständigkeit ohne ein soziales Netz der Absicherung. Wenn ihre Ausbildung in eine Sackgasse geführt hat, machen sie einen Kopfstand, um neue Perspektiven zu finden. Sie sind zielorientiert, planen aber nicht zu langfristig, denn sie wissen: Die Arbeitswelt verändert sich ständig.

Vom Gärtner zum Professor?

»Ein Happy End – zumindest für die nächsten drei Jahre«

Tim, 38, hat es erst einmal geschafft: Vom Gärtner über ein Biologiestudium mit Doktorarbeit bis hin zur Habilitation. Doch ganz so glatt, wie sich seine Geschichte zunächst anhört, ist sie in Wahrheit nicht. Die Unplanbarkeit bleibt.

»Im Botanischen Garten in Berlin Dahlem absolvierte ich eine Lehre als Staudengärtner. Meine Motivation, Biologie zu studieren, kam neben dem Interesse an dem Fach nicht zuletzt daher, dass ich eine ganze Menge Freunde hatte, die studierten. Der Botanische Garten war sehr schön, aber ich fühlte mich hinter dem großen Zaun eingesperrt. Ich ging früh morgens in diesen Garten und ab zehn Uhr habe ich durch den Zaun gesehen, wie die ersten müden Studenten zum Unicafé liefen. Ich sah, wie viel Semesterferien sie hatten, und dachte mir: ›Studieren ist eine gute Zeit und eine Chance, einen Teil der Zeit für mich zu haben und außerdem das zu machen, was mich interessiert.‹ Im Gärtnerberuf wiederholen sich nach einer Weile viele Dinge, es wird langweilig. Als Gärtner im Botanischen Garten hat man zwar wesentlich mehr Abwechslung und kennt mehr Pflanzen als die 0815-Gärtner, die zwischen Weihnachtssternen und Stiefmütterchen stecken, aber ich wollte trotzdem etwas anderes machen. Außerdem gab es keine Möglichkeit, nach dem Ende der Lehre im Botanischen Garten weiterzuarbeiten.

Nach dem Job im Botanischen Garten arbeitete ich selbstständig als Gärtner mit einem Freund zusammen. Das war sehr schwierig, wir schlugen uns eher durch. Daher kam ich auf die Idee zurück, zu studieren.

Dazu musste ich erst einmal mein Abitur nachholen, denn ich hatte nur den Realschulabschluss. Dies machte ich zusammen mit einer Freundin. In Berlin gab es die Möglichkeit, zur Abiturprüfung zugelassen zu werden, wenn man nachweisen konnte, dass man sich entsprechend vorbereitet hatte. Es erwies sich als Vorteil, dass wir noch guten Kontakt zu unseren Lehrern hatten. Wir mussten damals das Gymnasium verlassen und als wir nun nach Jahren wiederkamen, freuten sich einige Lehrer und waren bereit, uns zu unterstützen. Erstaunlicherweise schafften wir es auf diesem Wege in einem Dreivierteljahr, das Abitur nachzuholen. Ich begann anschließend mit dem Biologiestudium in Göttingen und wechselte nach einem Semester an die Freie Universität nach Berlin.

Während des Studiums hatte ich überwiegend Pflichtpraktika gemacht. Diese zeigten aber nur sehr bedingt Möglichkeiten für spätere Berufsfelder auf. Ich sehe darin einen großen Nachteil der Uni, dass sie einem kaum Wege weist, was man beruflich außerhalb der Uni mit dem fachlichen Wissen anfangen kann. Ich hatte jedoch Glück und konnte viel Praxiserfahrung sammeln, weil gegen Ende meines Studiums – kurz nach dem Mauerfall – viele Gutachten an Biologen vergeben wurden. Meine Diplomarbeit schrieb ich zu einem vegetationskundlichen Thema in einem brandenburgischen Biosphärenreservat. Danach bekam ich schnell Kontakt zu einem kleinen Planungsbüro und erhielt dann fast fünf Jahre lang sehr viele Aufträge, hauptsächlich von diesem Büro.

Zunächst erstellte ich vorwiegend botanische Gutachten. Darauf aufbauend leitete ich auch Projekte im Bereich der Landschaftsplanung. Bei manchen Projekten machte ich nur den fachlichen Teil, bei anderen die komplette Planung und Koordination, inklusive der Behördengänge und der Abstimmungen mit den Ingenieuren. Obwohl ich freiberuflich arbeitete, hatte ich einen Arbeitsplatz im Büro. Ich bekam einen Projektordner auf den Tisch und dann hieß es: ›Mach mal!‹ Man musste sich schnell selbst in jedes Projekt einarbeiten, das ist üblich in diesem Bereich. Das war anfangs recht ungewohnt für mich. Nach etwa fünf Jahren nahmen die Aufträge ab und es war absehbar, dass sich die Auftragslage nicht bessern würde. Es gab eine starke Konkurrenz zwischen den Planungsbüros und sie versuchten sich gegenseitig zu unterbieten. Ab 1996 war eine Anstellung nahezu ausgeschlossen, immer mehr Büros entließen ihre Mitarbeiter, die Freien mussten meist zuerst gehen.

Zu dieser Zeit entschloss ich mich, zu promovieren. 1994 habe ich eine Familie gegründet. Die Promotion konnte ich gut mit der Familie verbinden, da sie mir eine weitgehend freie Zeiteinteilung ermöglichte. Das erwies sich gerade in der Anfangsphase als großer

Vorteil, nicht zuletzt wegen unserer drei Kinder. Andererseits erforderte gerade diese Freiheit ein hohes Maß an Selbstdisziplin. Wegen der stetig wachsenden Familie hatte ich auf mein erstes Promotionsthema verzichtet, denn es war auf ein Gebiet bezogen, das räumlich zu weit entfernt gewesen wäre. So wählte ich als Untersuchungsgebiet die Potsdamer Parks, weil ich diese von zu Hause aus relativ schnell mit der S-Bahn erreichen konnte. Auch das Institut, an dem ich die Doktorarbeit schrieb, lag nur fünf Fahrrad-Minuten von unserer Wohnung entfernt. Das Thema behandelte sowohl botanische als auch gartendenkmalpflegerische Aspekte der Potsdamer Parks.

Historische Parkanlagen haben in den letzten Jahrzehnten mehr und mehr das Interesse von Ökologen und Gartendenkmalpflegern geweckt. Für die einen, weil sie ein oftmals reichhaltiges Repertoire an seltenen Arten und Lebensgemeinschaften aufweisen. Für die anderen, weil sich die Erkenntnis durchsetzte, dass es nicht nur bauliche, sondern auch pflanzliche Kulturdenkmäler gibt.

Um die Doktorarbeit zu finanzieren, hatte ich zwar kiloweise Anträge geschrieben, aber kein Stipendium erhalten. Die Ergebnisse der Arbeit sind für die Stiftung Preußische Schlösser und Gärten zwar von Interesse. Auch sind die Gärten von der UNESCO als Weltkulturerbe ausgeschrieben. Finanzielle Unterstützung gab es von dieser Seite trotzdem nicht. Schließlich habe ich einen Verein für sportplatzbauliche Forschung durch viele Telefonate über drei Ecken aufgespürt. Der Verein zahlte mir ein Jahr lang eine ganz ansehnliche Summe, vielleicht weniger wegen des Themas als wegen des Namens des betreuenden Professors. Sie luden mich zur Jahrestagung in schönster Umgebung in der Schweiz ein. Dort hielt ich einen Vortrag über mein Thema. Ich nahm dann an mehreren Exkursionen zu Golf- und Sportplätzen teil. Leider reichte die Summe nicht allzu lange und ich musste noch die übrige Zeit finanzieren. Ein Jahr lang hatte ich einen Lehrauftrag an der Uni, das war zwar eine gute Erfahrung und machte sich gut im Lebenslauf, aber finanziell lohnte sich das nicht. Zum Teil habe ich deshalb auch noch gegärtnert und einige Gutachten erstellt. Außerdem jobbte ich als Zapfer bei einer Berliner Brauerei. Damit hatte ich mir zum Teil schon mein Studium finanziert. Das war ein schöner Job, wenn auch anstrengend. Mit einer mobilen Theke mit Zapfanlage wurde ich zu Presseböllen, Festen, politischen Veranstaltungen und Straßenfesten geschickt. Diese Arbeit machte ich mit kleineren Unterbrechungen fast acht Jahre, denn der Lohn war zusammen mit dem Trinkgeld recht lukrativ.

Als ich nach der Promotion keine Anstellung fand, versuchte ich mich auch mal als Kamera-Assistent, das war ein spannender Job. Es ging immer um aktuelle Themen. Einmal war ich sogar bei einem Interview mit Helmut Kohl im Hotel Adlon dabei. Meine Aufgabe war es hierbei, eine Viertelstunde vor dem Interview für Herrn Kohl einen passenden Stuhl zu besorgen. Ich war eher eine Aushilfe, half beim Aufbau der Lampen und besorgte die Dekoration. Das hat mir richtig Spaß gemacht und ich verdiente gutes Geld dabei. Ich habe das ein paar Mal gemacht.

Meine Frau war mit den Kindern zu Hause. Das war eine schwere Zeit. Die Nächte waren oft kurz und unruhig, wenn die Kinder krank waren. Hinzu kam die Ungewissheit, wie es sich beruflich weiterentwickeln würde. Die Kinder waren alle gewünscht, kamen aber nicht geplant. Nach dem dritten Kind haben wir aber aufgrund unserer schwierigen beruflichen Situation gesagt: ›Schluss, mehr können wir uns nicht leisten.‹

Wir kommen beide aus intakten Familien, das war in unserer Situation ein großer Vorteil. So wussten wir, dass wir im Falle eines Falles zum Beispiel nicht aus der Wohnung geworfen würden. Denn wir bekämen notfalls Unterstützung, vor allem auch moralischer Art. Die hatte ich besonders nach der Promotion nötig, als ich monatelang Bewerbungen schrieb. Das war eine harte Zeit, in der meine Frau eine Weiterbildung machte. Sie ist Innenarchitektin und lernte verschiedene Architektur-Zeichenprogramme. Da war es natürlich sehr gut, dass ich zu Hause war. Arbeit hat sie dadurch trotzdem nicht gefunden. Berlin ist ein schwieriges Pflaster für Architekten. An Halbtagsjobs oder wenigstens geregelte Arbeitszeiten ist da gar nicht zu denken.

Die berufliche Situation hat sich nicht besonders gut auf die Beziehung ausgewirkt. Es gab Stress mit den Kindern, es war finanziell sehr schwierig und von der Perspektive her sehr unangenehm, weil nicht planbar. Es war eine Zeit, in der ich mich ständig bemühte und hochgradig aktiv war, aber nicht mit Erfolg belohnt wurde. Von Monat zu Monat wurde es eher schwieriger. Man hat in so einer Situation das Gefühl, nicht vom Fleck zu kommen. Mit Kindern ist man auch nicht so flexibel, man braucht eine Wohnung, die groß genug ist, ein einigermaßen geregeltes Leben und vor allem ein geregeltes Einkommen.

In unserem Bekanntenkreis ging es den meisten Leuten in dieser Hinsicht besser als uns, das war zusätzlich schwierig. Zuerst dachten wir, das wird bei uns auch noch so werden, wir müssen uns nur weiter bemühen. Doch dann hatte ich das Gefühl wie vor einer Wand zu stehen. Das war die Zeit nach der Promotion.

Vom Arbeitsamt bekam ich schließlich als Weiterbildung einen Webmasterkurs angeboten. Den begann ich auch. Die Zeit der Arbeitslosigkeit nach der Doktorarbeit und während dieser Webmasterausbildung war sehr deprimierend, denn unausgesprochen hatten meine Frau und ich gehofft, dass nach der Promotion alles besser werden würde. Stattdessen kam ich zunächst vom Regen in die Traufe und alles wurde zäher. Es hatten sich zudem Schulden gehäuft, denn ich hatte in der letzten Phase noch ein studentisches Darlehen aufgenommen. Die Erwartung war nun, dass diese unsichere Situation endlich aufhörte: Das hieß, ein Job mit festem Einkommen!

Ich hatte mich nach der Promotion europaweit beworben. Die einzig wirklich adäquate Stelle, wo ich zu einem Vorstellungsgespräch eingeladen wurde, war eine Habilitationsstelle an der Uni Cottbus.

Ich bewarb mich auch auf Stellen unterhalb meiner Qualifikation, wurde aber mit dem Hinweis, dass ich überqualifiziert sei, abgelehnt.

Zuerst bewirbt man sich und wenn das nicht gleich klappt, denkt man: ›Noch etwas Geduld, das kann nicht gleich so gut laufen!‹ Aber allmählich wird es von Monat zu Monat schwieriger. Dann kommen dir solche Gedanken, wie: ›Je länger du arbeitslos bist, desto schwieriger wird es und umso hoffnungsloser.‹ Man liest das ja immer. Ich habe mich auch sehr viel initiativ beworben, schriftlich auf etwa 50 Stellen und telefonisch um das Vierfache. Sicher sind Initiativbewerbungen sehr sinnvoll, besonders wenn man persönlich oder telefonisch Kontakt aufnimmt. Wenn man dann ein Anschreiben schickt, erinnern sich die Ansprechpartner an das Gespräch und haben ein besseres Gesamtbild vom Bewerber.

Den Webmasterkurs machte ich schon vier Monate, als überraschend aus Cottbus die Zusage kam. Da hatte ich mich schon vor einer Weile beworben, aber es war lange gar nicht geklärt, ob die Habilitationsstelle überhaupt besetzt werden würde. Die Stelle ist am Fachbereich Ökologie. Die Habilitation ist mit einer

Forschungsarbeit und Lehrtätigkeit verbunden, außerdem ist es wichtig, viele Forschungsergebnisse möglichst in angesehenen Fachzeitschriften zu veröffentlichen.

Die Stelle ist auf drei Jahre befristet, mit der Option auf Verlängerung um weitere drei Jahre. Im Moment ist es jedoch sehr unsicher, ob eine Habilitation noch Sinn macht, weil neuerdings Juniorprofessorenstellen eingeführt wurden. Juniorprofessoren können ohne die Habilitation schon sehr früh eigenständig Forschungsprojekte bearbeiten und in der Lehre tätig sein. Wenn sie sich bewähren, haben sie die Chance, weiterzumachen und fest berufen zu werden. Das ist noch ganz neu.

Wenn ich nun habilitiert bin, ist mir eine Professur nicht sicher. Ich muss mich bewerben oder werde berufen. Es ist mein Risiko. Es kann passieren, dass ich danach keinen Ruf bekomme. Wahrscheinlich sind dann meine Chancen in der freien Wirtschaft nicht besonders gut, weil ich zu alt bin. Letztlich bin ich aber im Moment glücklich mit dem eingeschlagenen Weg. Schließlich kann ich hier machen, was ich immer machen wollte.

Viele Leute aus der Webmasterweiterbildung fluchen nun, weil sie meistens keinen Job gefunden haben. Man lernte von allem ein bisschen, spezialisieren sollte man sich dann selbst. In dem Kurs saßen Leute aller Fachrichtungen: eine Historikerin, Soziologen, jemand aus dem Hotelgewerbe, Politologen, eine Dolmetscherin und sogar ein Umweltingenieur aus Cottbus.

Ich bin froh, die Stelle in Cottbus gefunden zu haben, auch wenn Cottbus nicht gerade die attraktivste Stadt ist und meine Familie in Berlin wohnt. Zwei meiner Kinder gehen schon zur Schule. Ich habe vorläufig ein Zimmer in einer Wohngemeinschaft. Meine Familie kommt mich hin und wieder am Wochenende besuchen, sehr begeistert sind sie von Cottbus allerdings nicht. Meine Frau ist sich noch unsicher, ob sie nach Cottbus ziehen will. Das ist eine ziemliche Belastung, allerdings für mich mehr als für die Familie, stelle ich nun fest. Denn am Anfang haben sie sich nach mir gesehnt, aber nach zwei, drei Monaten hatte sich die Sehnsucht schon gelegt und es stand nicht mehr die ganze Familie am Telefon Schlange, wenn Papi anrief. Sie haben sich daran gewöhnt, dass ich nur am Wochenende komme, und leben in der Woche ihr Leben weiter. Das macht mir bisweilen ernsthaft Sorgen. Die Wochenenden sind dann immer sehr vollgepackt. Ich möchte Zeit mit meiner Frau verbringen, aber auch mit den Kindern. Dann sind noch Freunde zu Besuch und wir wollen etwas unternehmen. Das ist oft eine geballte Ladung. Daher hätte ich nichts dagegen, wenn die Familie nach Cottbus kommen würde. Ein Problem hierbei ist allerdings, dass die Kinder dann die Schule wechseln müssen und es unsicher ist, wie lange ich in Cottbus bleibe. Wenn wir dann darüber nachdenken, was wir in Berlin zurücklassen, ist das keine einfache Entscheidung. Es ist alles offen, keine Planung ist möglich.

Die ehemaligen Kommilitonen haben zum allergrößten Teil keine Uni-Laufbahn eingeschlagen, die meisten haben sich umorientiert und andere Dinge gemacht. Einige bearbeiteten auch Gutachten und arbeiteten an der Uni, aber nur sehr wenige brachten es bis zum Assistenten. Im Nachhinein bin ich nun relativ erfolgreich. Es ist sozusagen ein kleines Happy End – zumindest für die nächsten drei Jahre.

Mein Handeln war früher sehr spontan, nicht besonders zielgerichtet. Was ich mit dem Studium machen wollte und worauf das hinauslief, überlegte ich mir zu Beginn gar nicht. Ich habe mich durch die Erfahrungen in den letzten Jahren geändert. Ich gehe heute viel zielorientierter, planvoller und strukturierter vor. Ich habe viel aus den Erfahrungen gelernt, vor allem die Zuversicht, dass sich doch alles wieder einrenken wird, also Durchhaltevermögen in schlechten Zeiten und ein gewisses Zutrauen in die Zukunft entwickelt. Am meisten habe ich im Hinblick auf meine Kinder gelernt. Ich hoffe, dass ich von all diesen Erfahrungen meinen Kindern viel mitgeben kann. Ich habe einen Glauben an menschliche Stärken gewonnen. Die Leute, die ähnlich schwierige berufliche Situationen erlebten wie ich, sind menschlich oftmals recht angenehm. Sie können mit Problemen umgehen und haben gelernt auch Umwege zu gehen und mit wenig Geld auszukommen, ohne anderen etwas zu neiden. Ich habe gelernt, dass neben einer beruflichen Karriere auch andere Dinge sehr wichtig sind.

Im Nachhinein sehe ich meine breit gestreuten Erfahrungen als großen Gewinn. Vielleicht versuche ich damit, dieser zähen Zeit etwas Gutes abzugewinnen. Ich habe zumindest Einblicke in verschiedene Bereiche und dadurch eine Menge Menschenkenntnis gewonnen. Letztlich hatte ich mehr Zeit für meine Familie, als wenn ich eine steile Karriere gemacht hätte.

In meiner jetzigen beruflich erfolgreichen Situation bin ich für meine Kinder kaum mehr präsent. Wenn ein Kind krank war, konnte ich mich in der Zeit meiner Promotion gut darum kümmern, ich konnte die Kinder morgens noch zu Kindergarten und Schule bringen und mir die Zeit selbst einteilen. Das ist jetzt nicht mehr möglich.

Die momentane Aufteilung, dass meine Frau für die Kinder da ist und ich arbeite, hat sich so ergeben. Es ist immer noch geplant, dass sie als Architektin wieder einsteigt. In Cottbus würde sich anbieten, dass sie im Architekturbereich an der Uni arbeitet. An einen beruflichen Einstieg ist in Berlin als quasi allein erziehende Mutter mit drei Kindern nicht zu denken.

Einige Tipps möchte ich Studenten geben: Studiert das, was euch Spaß macht! Denn eine Garantie, dass ein Studienfach nach dem Uni-Abschluss auf dem Arbeitsmarkt immer noch gefragt ist, kann niemand geben. Aber während des Studiums sollte man sich Gedanken machen, was man später beruflich anfangen will. Am besten sind Praktika. Zudem sollte man viel mit Leuten sprechen, die das machen, was man sich für später vorstellt.

Ansonsten rate ich: Nicht aufgeben, nicht verzweifeln! Sich von vermeintlichen Vorbildern nicht irre machen lassen. Es gibt ja immer diese Standardlebensläufe, wo es heißt: ›Wenn du mit 25 Jahren nicht viersprachig bist, deine Promotion abgeschlossen hast und Praktika in mindestens drei Kontinenten absolviert hast, ist alles zu spät.‹ Das halte ich für völligen Blödsinn.«

Immer auf dem Sprung

»Ich bin vom hohen Ross gestiegen und realistischer geworden«

Katrin, 37, musste nach dem Psychologiestudium ihre Erwartungen und Ansprüche zurückschrauben. Sie nahm befristete Stellen in verschiedenen Städten an und musste auch Niederlagen einstecken. Nun arbeitet sie selbstständig. Bei so viel Unsicherheit blieb ihr Kinderwunsch bisher auf der Strecke.

»Ursprünglich wollte ich Medizin studieren. Psychologie war die Alternative, weil ich keinen Medizinstudienplatz bekommen hatte. Das war aber nicht mein eigener Wunsch. Ich hatte das Studium geschenkt bekommen. Man konnte damals Postkarten als Lose an Unis verschicken. Nachdem die Zentrale Vergabestelle für Studienplätze/ZVS die Studienplätze verteilt hatte, vergab sie Lose für die Plätze, die wieder frei wurden, wenn Leute absprangen. Ich hatte einen Kumpel, der meinte, dass ich eine ideale Psychologin abgeben würde. Er schenkte mir auf einer Party sechs Lose für Psychologie-Studienplätze an sechs verschiedenen Unis, denen er die Postkarten geschickt hatte. Ich fand das lustig. Aus Berlin erhielt ich tatsächlich einen Brief mit der Nachricht, dass ich mich innerhalb von zwei Tagen einschreiben könne. Ich hatte überhaupt keine Ahnung von Psychologie. Daher konnte ich mich weder dafür noch dagegen entscheiden. So dachte ich: ›Ich kann mich einfach mal für die 65 Mark einschreiben und mir das dann in Ruhe überlegen.‹ Ich bekam diesen Studienplatz sechs Wochen vor Semesterende. Es war klar, dass ich in dem Semester nicht mehr hingehen würde. Ich besorgte mir ein paar Bücher und stellte fest, dass Psychologie eine schöne Alternative zu Medizin war. Selbst wäre ich nie auf die Idee gekommen, Psychologie zu studieren. Ich hätte als Alternative zu Medizin eher an Biologie oder Chemie gedacht.

Einen Medizinstudienplatz konnte man damals nicht über Wartezeit erhalten. Man wurde ausgelost, an einem Test teilzunehmen. Ich hatte aber kein Glück und bekam nie den Testzugang. Ich bewarb mich weiterhin noch drei oder vier Semester für Medizin. Aber irgendwann hatte ich mein Psychologie-Vordiplom und studierte dann weiter.

Ich wollte Therapeutin werden und den klinischen Zweig einschlagen. Zufällig bekam ich an der Uni einen Job im arbeitspsychologischen Bereich. Das war spannend und gut bezahlt. Deshalb wählte ich neben der klinischen auch Arbeitspsychologie als Studienschwerpunkt. Für den Job war ich immer eine Woche in einer Firma und analysierte Arbeitsplätze nach verschiedenen Verfahren. Die Beobachtungen und Interviews wurden hinterher ausgewertet. Das machte mir riesigen Spaß. Ich hatte den Job zweieinhalb Jahre.

Meine Abschlussarbeit schrieb ich über Assessment-Center: ›Inwieweit ist das Assessment-Center-Verfahren sozial valide?‹ Da ging es um Transparenz und Information, also ob die Leute, die so etwas mitmachen, überhaupt mitbekommen, welchen Sinn das Verfahren hat, und ob sie damit zufrieden sind.

Nach dem Studium wollte ich gern in der Arbeitspsychologie arbeiten, weil es in dem Bereich angeblich Jobs gab. Vom Arbeitsamt hieß es ohnehin, Klinische Psychologie könne man vergessen. Da gäbe es keine Jobs, man solle sich lieber zum arbeitspsychologischen Bereich hin orientieren. Vielleicht traf das für den freien Arbeitsmarkt zu. Aber über die Arbeit an der Uni bekamen nur die Männer gute Jobs und die Frauen eher nicht. Frauen wurden in den mittelständischen Betrieben einfach nicht so ernst genommen, weil diese Arbeitgeber noch konservativer sind.

Einen Berufseinstieg nach dem Studium zu bekommen, war erst mal schwierig, weil ich zu hohe Ansprüche hatte. Ich hätte es toll gefunden, in der Arbeitspsychologie zu arbeiten. Aber in diesem Bereich waren überdurchschnittliches Engagement, Überstunden und vieles mehr gefordert. Ich hatte ein paar Bewerbungsgespräche, aber mir war wohl keine Begeisterung anzumerken, als mir die Überstunden fast schon angedroht wurden. Ich reagierte anscheinend nicht so positiv, wie erwartet wurde. Ich wollte diese Arbeit auch nicht unbedingt machen und denke, das merkte man mir an.

Der Einstieg war nicht so leicht und ich musste mir überlegen: ›Willst du das denn wirklich?‹ Das war mir nicht klar. Ich war eine ganze Weile unentschieden und machte andere Jobs.

Ich bewarb mich auch im klinischen Bereich. Ich wusste nicht richtig, was ich wollte, außer dass ich eine Arbeit mit angemessener Bezahlung wollte. Aber schließlich bewarb ich mich auch auf schlecht bezahlte Jobs, zum Beispiel in einer Kurklinik in einer Kleinstadt in Ostdeutschland. Freunde sagten zu mir: ›Das kannst du für so wenig Geld doch nicht machen!‹ Ich kannte damals Leute, die dachten, ich wäre verrückt, wenn ich das täte. Diese Leute hatten den gleichen Anspruch wie ich.

Nach meinem Vorstellungsgespräch wurde mir gesagt, dass ich den Job bekäme. Das Verrückte war, dass erst danach über das Gehalt gesprochen wurde, denn der Verwaltungsmensch fehlte bei meinem Bewerbungsgespräch wegen Krankheit. Als mir das Gehalt genannt wurde, fragte ich nach, wie ich damit zwei Wohnungen und Fahrtkosten bezahlen solle. Denn in so einem Provinznest mit 2000 Einwohnern konnte ich mir nicht vorstellen zu leben. Es war klar, dass ich meine Wohnung in Berlin behalten würde, um am Wochenende heim zu fahren. Ich sagte die Stelle deshalb wieder ab.

Anfangs hatte ich sehr hohe Ansprüche, war wählerisch und schlug Stellenangebote aus. Als ich aber auf die Art nichts fand, war ich schließlich bereit, die nächstbeste Stelle zu nehmen. Obwohl ich eigentlich in den arbeitspsychologischen Bereich wollte, bewarb ich mich schließlich auch auf Stellen in anderen Bereichen, um überhaupt einen Einstieg in den Beruf zu bekommen. Bis ich den ersten festen Job hatte, vergingen anderthalb Jahre. Davor betreute ich ein Dreivierteljahr Drogenabhängige. Das war ein Job auf Honorarbasis. Drogenabhängige waren bisher die einzige Gruppe, die mir überhaupt nicht lag.

Die erste Stelle war dann bei einem Wohlfahrtsverband bei Bonn, halb arbeitspsychologisch und halb klinisch. Ich erfuhr über persönliche Kontakte von dieser Stelle. Sie war als Drittmittelstelle von der Universität und vom Wohlfahrtsverband finanziert.

Ich betreute psychisch Kranke. Die andere Aufgabe war die Mitarbeit in einem Kooperationsprojekt mit der Universität. In diesem Projekt wurde eine Weiterbildung für Meister, die bisher noch nie mit Behinderten gearbeitet hatten, entworfen. Die Meister sollten lernen, die Behinderten an computergesteuerten Maschinen einzuarbeiten. Das Projekt hatte einen wissenschaftlichen Anspruch. Ergebnis sollte ein Leitfaden für diesen Bereich sein.

Ich machte die Koordination zwischen meinem Arbeitgeber und dem Team an der Uni. Die Stelle war auf ein Jahr befristet. Sie war so beschrieben, dass der Hauptteil der Arbeit die Zusammenarbeit mit der Uni sein sollte. Die Betreuung der psychisch Behinderten machte mir jedoch so viel Spaß, dass ich mich darum bemühte, die Planung einer Zweigwerkstatt zu übernehmen, weil ich das spannend fand und darin eine Zukunftsperspektive sah. Ich sollte sogar schon ein Grundstück suchen und ein Konzept schreiben.

Anfangs war ich ganz froh, dass die Stelle nur auf ein Jahr befristet war, weil ich eigentlich gar nicht aus Berlin weg wollte. Ich hatte auch meine Wohnung behalten. Gegen Ende rechnete ich jedoch damit, dass der Vertrag verlängert würde. Erst sehr spät wurde klar, dass es keine Verlängerung gab.

Ich hatte in der Behindertenwerkstatt auch Arbeitsanalysen durchgeführt. Das hätte ich weitermachen können. Ich fand das aber völlig sinnlos: Eigentlich sollte ich etwas verändern, aber alle Mitarbeiter entwickelten Widerstände dagegen. Allein hätte ich jedoch gar nichts bewegen können – und ich wollte keine Arbeit machen, bei der ich nur scheitern konnte.

In Bonn hatte ich nur eine Wohnung auf Zeit. Obwohl ich mir nach dem einen Jahr gut vorstellen konnte, in Bonn zu leben, sah ich keinen Sinn darin, dort zu bleiben – ohne Arbeit. So ging ich wieder zurück nach Berlin, obwohl völlig unklar war, wie es weitergehen würde. In Berlin erhielt ich Arbeitslosengeld. Ich war ein Dreivierteljahr arbeitslos.

Schließlich bekam ich einen Job in der Nähe von Dresden. Das war eine therapeutische Stelle in einer Strafvollzugsanstalt. Nach Dresden zu gehen, fand ich spannend. Mir gefiel die Stadt. Natürlich behielt ich wieder meine Wohnung in Berlin. Es war diesmal eine unbefristete Stelle. Ich hatte allerdings schon gehört, dass im Osten viele in ihrer Probezeit gekündigt wurden, und so war ich sehr vorsichtig. Ich suchte mir erst mal ein Zimmer in einer Wohngemeinschaft. Der Nachteil war, dass die Stelle außerhalb von Dresden war. Sie war nur 60 km entfernt, aber dummerweise wurde die Autobahn gerade neu gebaut, so gab es viele Staus und der Weg zur Arbeit dauerte lang. Es schien, als würden alle Straßen gleichzeitig aufgerissen und erneuert. Das bedeutete sehr viel Fahrerei. An den Arbeitsort zu ziehen, konnte ich mir nicht vorstellen. Das Städtchen hatte zwar immerhin 10 000 Einwohner, aber da war gar nichts los. In meinem Alter sind die Leute dort alle schon seit zehn Jahren verheiratet und haben große Kinder. Die Arbeit machte mir dagegen viel Spaß: Ich führte in der sozialtherapeutischen Abteilung Einzelsitzungen mit Wiederholungstätern, die eine Therapie machen wollten, durch. Das war therapeutisch, denn sonst verwaltet man ja nur die Leute im Knast. Der andere Teil der Arbeit war in der Jugendabteilung. Dort leitete ich Gesprächsgruppen. Anfangs waren die Einzelsitzungen mit den Gefangenen manchmal mit Ängsten verbunden. Ich fühlte mich im schallisolierten Zimmer teilweise unwohl. Bis auf eine Ausnahme fühlte ich mich jedoch nicht gefährdet. Ich fand insgesamt einen guten Draht zu den Gefangenen und konnte sie zum Denken und Reden bringen. Ich merkte, dass mir diese Arbeit lag.

Pech war, dass ich von einem Chef eingestellt wurde, der bald kündigte, nachdem ich anfing. Dann kam ein anderer, mit dem ich mich überhaupt nicht verstand. Der hätte mich wohl auch nie eingestellt und ich hätte bei ihm nie angefangen. Er wollte mich von Anfang an loswerden.

Gegen Ende der Probezeit wurde mir dann gekündigt. Die Kündigung war sehr ärgerlich. Der Chef hatte mich überhaupt nicht vorgewarnt. Er musste mich bewerten und behauptete mir gegenüber sogar, dass meine Leistung befriedigend wäre. Ich dachte, dass das zwar nicht toll, aber auch nicht beunruhigend war. Von heute auf morgen kam dann die Kündigung. Ich war völlig geschockt. Ich hatte nicht das Gefühl, dass ich wirklich etwas falsch gemacht hatte. Es stimmte zwischen uns einfach die Chemie nicht.

So kam ich nach Berlin zurück und begann mit Einzelfallhilfe, das heißt, ich habe auf Honorarbasis Leute in ihren Wohnungen betreut.

Der Wechsel von Berlin nach Bonn und dann nach Dresden machte mir anfangs Spaß. Ich fand es spannend, mich in einer neuen Stadt zurechtfinden und neue Leute kennen lernen zu müssen. In Bonn bei den Rheinländern ist das relativ leicht. Man kann dort wirklich allein in eine Kneipe gehen und lernt Leute kennen. Über Anzeigen fand ich auch Leute für gemeinsame Aktivitäten. Nach Dresden reichte mir aber diese Erfahrung des Neuanfangs. In Bonn hatte ich mit einigen Leuten noch ein Jahr später Kontakt, aber der ist dann abgebröckelt. Meine Mitbewohnerin in Dresden würde mir wohl heute noch schreiben. Ich habe sie einmal besucht, aber ich bin keine Kartenschreiberin, so ist der Kontakt eingeschlafen.

Viele Leute, die ich kennen lernte, lebten auch nur kurze Zeit in diesen Städten. Viele hatten befristete Stellen und sind dann wieder woanders hingezogen.

Nach einem Jahr fand ich einen Halbtagsjob in einer Frauenberatungsstelle in Berlin. Diese Halbtagsstelle war auf ein Jahr befristet. Zuvor hatte ich immer nur nach vollen Stellen gesucht, ich hatte einfach zu hohe Ansprüche, die ich zurückschrauben musste.

Nach der Zeit in Dresden hatte ich bereits eine Therapieausbildung angefangen, weil ich als Psychologin kaum Chancen ohne Therapieausbildung hatte. Heute werden von den Krankenkassen nur noch Verhaltenstherapie und Psychoanalyse anerkannt. Als ich die Ausbildung begann, wurden von Privatkassen und der Techniker Krankenkasse noch andere Therapien abgerechnet. Ich lernte an einem anerkannten Institut Gestalttherapie. Die Ausbildung dauerte vier Jahre und fand berufsbegleitend an Wochenenden statt. An diesen Wochenenden erhält man eine Supervision, dazu brachten wir ab dem dritten Jahr Tonbänder aus Therapiesitzungen mit. Das hat sich heute verändert, jetzt muss man ein so genanntes klinisches Jahr machen.

Nach meiner Arbeit in der Beratungsstelle wollte ich auf keinen Fall wieder arbeitslos sein. Ich hatte mir schon vorzeitig einen Job in Norddeutschland gesichert. Den hätte ich direkt im Anschluss haben können. Das war in der Forensischen Psychiatrie. Es ging um Leute, die straffällig geworden, aber nicht im Knast gelandet waren, da sie aus psychischen Gründen nur eingeschränkt schuldfähig waren. Das hätte mich sehr interessiert. Der Nachteil war, dass es wieder mal weit weg war.

Parallel fand ich über Beziehungen eine andere Möglichkeit in Berlin. Ich kannte jemanden, der einen Partner für seine Praxis suchte. So konnte ich in die Gemeinschaftspraxis, in der ich jetzt noch tätig bin, einsteigen. Es gab nur wenig andere Interessenten und ich konnte gleich anfangen. Ich hatte mittlerweile die Approbation, da ich genügend Stunden als Therapeutin nachweisen konnte. So sagte ich die andere Stelle wieder ab.

In dieser Praxis arbeite ich nun therapeutisch mit Kindern. Ich kann mir zwar nicht vorstellen, diese Arbeit, die auch körperlich sehr anstrengend ist, noch mit 50 zu machen. Aber im Moment ist sie sehr interessant und macht Spaß. Ich arbeite mit Kindern und mit deren Eltern. Das ist sehr vielfältig: Mit den Kindern mache ich Kindertherapie und mit den Eltern Paartherapie, Einzeltherapie und Erziehungsberatung. Wenn ich selbst kein Kind bekomme, könnte ich mir längerfristig jedoch nicht vorstellen, weiter mit Kindern zu arbeiten. Ich würde gern ein Kind bekommen.

Es ist sehr angenehm zu wissen, dass ich jetzt in Berlin bleiben kann. Ich kann inzwischen anspruchsvoller und wählerischer sein, denn es ist keine befristete Stelle. Ich arbeite als Selbstständige in dieser Gemeinschaftspraxis. Zwar wollte ich nie selbstständig sein, aber im Moment ist das eine gute Lösung und nur auf diesem Weg konnte ich in die Praxis einsteigen.

Ich habe mir nun endlich eine größere, schönere Wohnung geleistet. Daran war vorher gar nicht zu denken. Es sollte immer möglichst billig sein, da ich meist zwei Wohnungen hatte. Deshalb blieb ich immer in der alten Wohnung mit Kohlenofen und Duschkabine in der Küche, obwohl ich mir schon lange etwas Schöneres gewünscht hatte.

Ich hatte zwar die Wohnung behalten, aber meine Freunde dachten in diesen Jahren, ich wäre weggezogen, selbst wenn ich wieder in Berlin war. Sie konnten sich bei dem vielen Hin und Her nicht mehr intensiv auf mich einlassen. Sie rechneten alle damit, dass ich andernorts hängen bleiben würde. Wenn ich in Berlin war, habe ich mich nirgendwo richtig zugehörig gefühlt und die anderen dachten immer, dass ich wieder weggehen würde. Das war ja lange nicht geklärt.

Ich konnte mich auch jahrelang nicht mehr auf eine ernsthafte Beziehung einlassen. Ich hatte in Bonn jemanden gefunden. Das war ganz dramatisch, weil wir beide total ineinander verliebt waren und plötzlich unsere beiden Arbeitsverträge nicht mehr verlängert wurden. Wir hatten gedacht, unsere Stellen würden verlängert. Aber dann kam es anders. Ich kannte ihn vom Squash-Spielen. Innerhalb von vier Wochen war die Perspektive völlig verändert. Ron ist Brite und er wusste auch überhaupt nicht, wie es weitergehen würde. Er ging erst mal zurück nach England. Es war aber klar, dass er da nicht bleiben wollte, weil es ein ganz schlecht bezahlter Job war. Er hätte nicht mit mir nach Berlin gehen können, weil er sich als Geologe auf Erdöl spezialisiert hatte. Damit hätte er in Berlin gar nichts machen können. Für mich hätte es sich nicht gelohnt, mit ihm nach England zu gehen, weil das für ihn nur eine Zwischenlösung war. Danach hätte Saudi-Arabien, Norwegen oder irgendein Ort folgen können. Ich wollte nicht nur hinter einem Mann herziehen. Er besuchte mich einmal in Berlin und wir fanden es beide ganz schrecklich, weil wir keine gemeinsame Zukunft sahen. Es war dann zu Ende. Eigentlich hatten wir gesagt, wir wollten uns schreiben und mitteilen, wo wir landen, aber das ist dann nicht geschehen.

Danach konnte ich mich auf niemanden mehr gefühlsmäßig tiefer einlassen. Ich konnte mich nicht mehr fallen lassen, bevor ich nicht wusste, wo ich leben würde. Das hat sich so entwickelt. Ich lernte eher Leute kennen, die in einer ähnlichen Phase waren wie ich. Es war dann immer von vornherein klar, dass die Freundschaft befristet war.

Ich wollte eigentlich immer Kinder haben, aber das ließ sich nicht vereinbaren mit meiner Jobsuche. Ich war immer auf dem Sprung. Ich dachte, wenn ich in so einer unsicheren Situation Kinder bekommen würde, käme ich gar nicht in den Beruf hinein. Das zog sich dann länger hin, als ich es erwartet hatte. Bis zu meiner Arbeit heute, die nicht befristet ist, habe ich sieben Jahre gebraucht.

Für meine jetzige Therapiearbeit lernte ich das praktische Handwerk in der Therapieausbildung. Der Stoff an der Uni ist sehr wissenschaftlich und theoretisch. Ich könnte mir ein sinnvolleres Studium vorstellen.

Studenten würde ich raten, pragmatisch zu sein und nicht nur eine Richtung zu verfolgen. Flexibilität ist sehr gefragt.

In meinem Praktikum führte ich Gesprächsgruppen und probierte wild aus. Das war nicht gerade professionell, obwohl das Praktikum angeleitet war. Bei einem anderen Praktikum war alles viel professioneller, aber da konnte ich nichts selbst machen, ich durfte nur zugucken.

Als ich arbeitslos war, kam ich nie auf die Idee, in einen anderen Bereich zu wechseln, eine Weiterbildung zu machen. Ich war in dieser Hinsicht sehr stur und dickköpfig: Ich wollte unbedingt Psychologin werden. Ich lebte von einer Bewerbung zur nächsten. Die Zeit der Arbeitslosigkeit konnte ich deswegen gar nicht genießen. Ich konnte nicht in Ruhe wegfahren, weil ich dachte, es käme eine Einladung zu einem Bewerbungsgespräch. Das passierte tatsächlich auch ein paar Mal. Ich hatte mich immer bundesweit beworben und natürlich bei jeder Bewerbung im Geiste einen Umzug vorbereitet.

Durch meine Erfahrungen bin ich vom hohen Ross heruntergestiegen und realistischer geworden. Ich habe viel aus den Bewerbungssituationen gelernt und bin nun relativ gewandt im Präsentieren. Ich kann mich besser verkaufen. Selbstbewusst war ich eigentlich schon immer. Sehr nützlich war für mich das Kennenlernen von vielen verschiedenen Bereichen in der Psychologie. Besonders während der Therapieausbildung merkte ich, dass mir diese Erfahrungen nutzten. Ich habe heute ein breites Fachwissen.

Der Beruf ist sehr wichtig für mich. Ich könnte mir höchstens vorstellen, für ein Kind Kompromisse zu machen. Und mittlerweile würde ich auch an einen anderen Ort ziehen, wenn mein Freund in einer anderen Stadt eine Stelle fände. Mir waren Familie und Beruf immer gleich wichtig. Um in den Beruf reinzukommen, musste mir die Arbeit aber erst einmal wichtiger als die Familie sein.«

Träume wahr werden lassen

Ein Großteil der Lebenszeit dreht sich bei den meisten Menschen um den Beruf. Je unsicherer die Arbeitsverhältnisse und je mehr man sich um sie bemühen muss, desto wichtiger werden Arbeit und Beruf. Die wenigsten arbeiten jedoch in ihrem Traumberuf oder haben einen Traumjob. Eine europaweit durchgeführte Online-Umfrage der Internetstellenbörse »Monster« im Januar 2002 ergab, dass in Deutschland nur sieben Prozent aller Beschäftigten ihre aktuelle Tätigkeit als Traumjob bezeichnen. Europaweit waren es sogar nur fünf Prozent. 23 Prozent der deutschen und 26 Prozent der europäischen Befragten gaben an, keine Karriereplanung verfolgt zu haben. Vielleicht ist dies ein Grund, dass so wenige ihren Traumjob erreicht haben, denn die Planung der eigenen Karriere nach dem Motto: »Jeder ist seines Glückes Schmied« scheint nicht unerheblich. Auch bei bester Planung gibt es zwar keine Garantie auf Erfolg, aber eine größere Wahrscheinlichkeit.

Zufriedenheit und Selbstverwirklichung im Beruf scheinen heute wichtiger denn je. Den befragten AkademikerInnen dieses Buches ist es neben dem Ziel, einen Berufseinstieg zu finden, sehr wichtig eine Arbeit zu haben, die zu ihnen passt, die ihnen sinnvoll erscheint und bei der sie ihre Fähigkeiten entwickeln können.

»Ich wollte die Welt retten«, benennt Tanja ihre Motivation für ein Studium im Umweltbereich und drückt damit ihren Willen aus, sich gesellschaftlich zu engagieren. »Wenn ich nicht Schauspielerin wäre, wäre ich tot«, bringt Ida ihren Sprung von einem gut bezahlten Job an der Uni in die materielle Unsicherheit ihres Traumberufes Schauspielerin auf den Punkt.

Bei den wenigsten der Interviewten geht es bei der Wahl des Berufs um ein möglichst hohes Einkommen, sondern vielmehr um Selbstverwirklichung. Diese ArbeitsakrobatInnen lassen sich dem von Soziologe Gerhard Schulze beschriebenen Selbstverwirklichungsmilieu zuordnen. In seinem Buch »Die Erlebnisgesellschaft« beschreibt Schulze verschiedene soziale Milieus, die die sozialen Klassen der Industriegesellschaft abgelöst haben. Die Menschen, die dem Selbstverwirklichungsmilieu zugeordnet werden, haben einen hohen Bildungsgrad, sind überdurchschnittlich mobil und finden sich in der neuen Kulturszene mit Kleinkunst und Alternativkultur wieder. »Ihr Interesse gilt primär der inneren Wirklichkeit«, sagt Schulze und beschreibt weiter, dass in diesem Milieu der »innere Kern«, die Psyche, als ebenso existenzentscheidend angesehen wird wie der Körper. Die Vorstellung vom Inneren Kern sei der von einem Samenkorn, das sich zur jungen Pflanze und weiter zu einem Stadium voll ausgereifter Individualität weiterentwickele. Es gelte, diesen inneren Kern zu entdecken, vor Schäden zu schützen und zur vollen Entfaltung zu bringen. Selbsterfahrungsgruppen und Selbstdeutungsliteratur bieten seit Beginn der 70er Jahre Hilfestellungen für diese Aufgabe.

Nach dieser Logik bedeutet Karriere die Suche nach dem »richtigen« Beruf, der innere Zufriedenheit und nicht in erster Linie gesellschaftlichen Status und finanziellen Wohlstand bringt.

In dem Artikel »Warum es so schwer ist, zufrieden zu sein« (*Psychologie heute*, 5/2002) beruft sich Ursula Nuber auf Studien amerikanischer Psychologen und legt die Kriterien für das Erlangen von Berufs- und Lebens-Zufriedenheit dar: erstens Sinnerleben, das heißt mit Begeisterung und Engagement Sinnvolles tun; zweitens Autonomie, also Kontrolle über sein Leben haben sowie drittens Einfluss haben auf den Lauf der Welt, sich gesellschaftlich engagieren und einmischen.

Zugleich wird von den Menschen ohnehin erwartet, immer mehr Kontrolle über ihr eigenes Leben auszuüben: »Die Einzelnen werden zu Akteuren, Konstrukteuren, Jongleuren, Inszenatoren ihrer Biografie, ihrer Identität, aber auch ihrer sozialen Bindungen und Netzwerke.« So beschreibt Ulrich Beck in seinem Buch »Eigenes Leben« die Anforderungen an die Menschen in unserer Gesellschaft im Gegensatz zu traditionalen Gesellschaften, in die man hineingeboren wurde und weder Stand noch Religion frei wählen konnte oder musste. Beck meint: »Mit nur leichter Übertreibung kann man sagen: Das alltägliche Ringen um das eigene Leben ist zur Kollektiverfahrung der westlichen Welt geworden.« Der Soziologe spricht sogar von einem »Zwang zur Selbstverwirklichung«, denn »die Vielzahl sozialer Kreise, in denen die Einzelnen zu denken, handeln und leben gezwungen werden, eröffnen in ihrer Kombination überhaupt erst so etwas wie die Unverwechselbarkeit des Individuums«.

Da die Arbeit in unserer Gesellschaft einen enorm hohen Stellenwert hat, leistet der Beruf einen der wichtigsten Beiträge zur Prägung der individuellen Biografie und zur Gestaltung des Lebensstils, kurzum zur Selbstverwirklichung. Den Traumberuf zu finden und auszuüben, ist für viele Menschen daher ein wichtiges Lebensziel. Berufliche Träume sind jedoch oft verschüttet, werden nicht gelebt. Sie müssen neu entdeckt oder nach und nach realisiert werden – sonst bleiben sie für immer Utopie.

Träume finden und entwickeln

Häufig führen Krisen, Rückschläge und Wendepunkte im Leben dazu, dass sich Betroffene intensiv mit ihren Fähigkeiten und Träumen auseinandersetzen. In solchen Zeiten der Neuorientierung erinnern sie sich an vielleicht längst verschüttete Wünsche oder entwickeln neue Ideen. Um Träume zu entdecken, braucht man etwas Zeit für sich und einen Zugang zu sich selbst.

Als Kind wollte Sonja einfach »ein guter Mensch« werden. Ihr Wunsch ist heute wesentlich konkreter: »Mein Traum ist, irgendwann einmal Geschäftsführerin einer Organisation zu sein, die Kindern hilft. Die Idee kam mir, als es mir einmal beruflich nicht so gut ging. In solchen Phasen entwickle ich oft gute Ideen«, sagte Sonja im Interview. Bisher hat sie ihren Traum noch nicht verwirklicht, aber wenn ein Ziel einmal konkret benannt ist, hat es eine gewisse Realität und bei Bedarf kann darauf zurückgegriffen werden.

Andere müssen sich erst von äußeren Zuschreibungen befreien, um zu ihren Träumen und eigentlichen Bedürfnissen zu stehen: »Ich erzählte niemandem von meinem Traumberuf, weil die Leute, mit denen ich zu tun hatte, ein festes Bild von mir hatten und vermeintlich immer genau wussten, wie ich war und was zu mir passte«, beschreibt Ida den Grund, warum sie erst sehr spät ihrem eigentlichen Berufswunsch nachkam. Carola hatte als Kind den Wunsch, Stewardess zu werden, studierte ohne konkrete Berufsvorstellung Ethnologie und ist heute Angestellte in einem Reisebüro. Sie ist ganz zufrieden, hat aber weitere Träume: eine

Arbeit im Ausland. Ihr roter Faden im Leben ist das Reisen, die vielfältige berufliche Entwicklung ergibt sich durch ihre Offenheit und Risikobereitschaft: »Ich habe nur ein Leben. Und ich will es nicht damit verbringen, mir Vorwürfe zu machen, dass ich dieses oder jenes nicht probiert hätte.«

Manch einer lebt dagegen seinen Alltag besser, wenn er noch einen Traum in Reserve hat, die konkrete Umsetzung ist gar nicht so wichtig: Stefan wollte schon als Kind Architekt werden, studierte später auch Architektur, musste sich dann jedoch beruflich umorientieren und arbeitet seither als Wirtschaftsingenieur. Als Traumberuf nennt er heute Filmregisseur. Er hatte direkt nach dem Studium die Idee, ein Aufbaustudium in Babelsberg zu absolvieren, aber letztendlich war ihm der Preis, gar nicht in seinem erlernten Beruf zu arbeiten, doch zu hoch.

Wer jedoch unzufrieden im Beruf oder arbeitslos ist, sich weder an einen Kindheitstraum erinnern kann, noch ein konkretes Ziel hat, muss sich die Vorstellung von seinem Traumberuf erst erarbeiten. Hierzu gibt es vielfältige Hilfestellungen wie Berufsfindungsseminare, Beratungsstellen und Ratgeberliteratur. Manch einer mag sich von einem Karriereratgeber angesprochen fühlen, andere brauchen eher Tipps, wie sie ihr kreatives Potenzial auf spirituellen Wegen entdecken können. Solch eine Anleitung bietet zum Beispiel das Buch von Julia Cameron: »Der Weg des Künstlers – Ein spiritueller Pfad zur Aktivierung unserer Kreativität«. Grundsätzlich geht es jedoch zunächst darum, Antworten auf die Fragen: »Wer bin ich?«, »Was kann ich?« und »Was will ich?« zu finden. Einen Weg zu seinen Potenzialen entdeckt man zum Beispiel, wenn man sich überlegt, was einem Spaß macht, wofür man sich begeistern kann und worin man schon einmal erfolgreich war. Wer sich seiner Fähigkeiten bewusst wird, sich von äußeren Zuschreibungen sowie von negativen Glaubenssätzen wie: »Das geht nicht, das kann ich nicht« befreit, wird seine wirklichen Bedürfnisse und Träume entdecken. Dann gilt es, sie in die Realität umzusetzen.

Durststrecke oder Durchbruch: Träume über Zwischenschritte erreichen

Um die Verwirklichung von Träumen in Angriff nehmen zu können, müssen sie als klare Ziele formuliert sein: »In der klaren Formulierung des Ziels liegt die Kraft, dieses auch zu erreichen«, schreibt Uta Glaubitz in ihrem Buch »Der Job, der zu mir passt. Das eigene Berufsziel entdecken und erreichen«. Mit einem Beispiel unterstreicht sie diese Aussage: »Schauen Sie sich einmal die unterschiedliche Wirkung an zwischen dem Stichwort ›Museum‹ und dem präzise und selbstbewusst formulierten: ›Ich will Ausstellungen organisieren, die moderne Kunst aus wenig industrialisierten, so genannten Dritte-Welt-Ländern, zeigen.‹«

Susanne beschreibt im nachstehenden Interview ebenfalls, dass sie sich ihrem Traumberuf »Journalistin« erst über ganz konkrete Projekte annäherte: »In dieser Zeit (der Orientierung) schrieb ich zwei große Artikel in einer Fachzeitschrift. Darauf bin ich sehr stolz. Der eine Artikel hatte Mobbing-Beratungsstellen in Deutschland und der andere betriebliche Suchtberatung zum Thema. Die Themen habe ich mir ausgedacht und angeboten. Ich dachte: Wenn ich kein Volontariat kriege, dann muss ich selbst etwas machen! Ich wollte wissen, ob ich das kann.« Susanne hatte schon als Kind den Berufswunsch Journalistin. Trotzdem näherte sie sich nur auf Umwegen dem Beruf an. Mangelnde Mobilität und vielleicht auch mangelnde Konsequenz und fehlendes Selbstbewusstsein mögen der Grund dafür gewesen sein. Heute finanziert sie sich ihren Traumberuf über einen Job, der mehr Geld, aber nicht so viel Erfüllung bringt. Ein solcher Kompromiss ist nicht unbedingt die schlechteste Lösung, besonders wenn man erst in späteren Jahren seinen eigentlichen Berufswunsch entdeckt oder in Angriff nimmt: Berufswechsel bedeutet keineswegs, von einem Tag auf den anderen alles hinzuschmeißen. Sich neben seinem Job weiterzuqualifizieren und diesen erst einmal in eine Halbtagsstelle zu verwandeln, um Schritt für Schritt dem eigentlichen Berufsziel nachgehen zu können – damit ist man auf der sicheren Seite. Vielleicht ist schon diese Jobkombination traumhaft – wenn sie zum Beispiel dem Bedürfnis nach Sicherheit entspricht. Denn wichtig bei der Verwirklichung des Traumberufs ist auch das Anerkennen von nichtberuflichen Bedürfnissen und eigenen Grenzen. So ist zum Beispiel zu überlegen, wie der Beruf mit der Familienplanung, dem Wohnort und anderen Kriterien für ein erfülltes Leben zusammenpasst. Traumberuf muss ja nicht immer gleich 80-Stunden-Woche und Aufgabe aller anderen Lebensziele heißen.

Ida gibt dagegen viel auf, um ihren Traumberuf Schauspielerin zu realisieren. Sie verzichtet auf existenzielle Sicherheit, obwohl sie wesentlich mehr arbeitet als zuvor. Sie verzichtet auf Urlaub, auf freie Wochenenden und auf kontinuierliche Kontakte zu ArbeitskollegInnen.

Sie verwirklicht zunächst eigene, ganz konkrete Projekte wie ihre Solostücke. Ob sie damit aber jemals eigenständig existieren kann, ist ungewiss. Auf den großen Durchbruch wartet sie noch, jedoch nicht passiv. Durch Weiterbildung und die Inangriffnahme vieler konkreter Projekte qualifiziert und entwickelt sie sich ständig weiter. Flexibilität, Lernbereitschaft und Ausdauer helfen, Träume wahr werden zu lassen.

Träume erweitern

Ob es wirklich heute für jeden den einen Traumberuf gibt oder zu realisieren gilt, mag bezweifelt werden. Berufsbilder wandeln sich ständig. Kaum einer spricht noch von Berufung. Die Bezeichnung Traumjob wird weit häufiger benutzt. Wer einen Traumjob hat, ist mit seiner derzeitigen Beschäftigung zufrieden. Sie ist gut bezahlt und sinnvoll, vielleicht auch kreativ und abwechslungsreich und trägt zur Selbstverwirklichung bei. Sie mag jedoch durchaus zeitlich begrenzt sein. Im Laufe des Berufslebens wechseln viele Menschen heute ihre Berufsfelder, erweitern ihre Fähigkeiten, setzen sich neue berufliche Ziele. Die Möglichkeit, in einem Leben mehrere Träume zu verwirklichen oder seine Traumziele zu verändern und zu erweitern, ist groß. Zur Erreichung des Traumjobs sind jedoch großes Engagement, Zielstrebigkeit, lebenslanges Lernen, ein Gespür für neue Trends und neue Berufsfelder, gute Kontakte, eine realistische Einschätzung der eigenen Fähigkeiten sowie gute Selbstvermarktung wichtig.

Von der Geografie ins Rampenlicht

»Wenn ich nicht Schauspielerin wäre, wäre ich tot«

Ida, 36, hatte schon eine Karriere als Küstenforscherin begonnen. Sie entschied sich jedoch, ihrer Berufung zu folgen und wurde Schauspielerin. Sie bereut es nicht, auch wenn mit diesem Schritt materielle Unsicherheiten verbunden sind und der große Durchbruch auf sich warten lässt.

»In der Schule in Göttingen arbeitete ich in einem Dritte-Welt-Arbeitskreis mit. Es lag dann nahe, Geografie, Romanistik und Politik zu studieren. Im Hauptfach hatte ich Geografie, als Nebenfächer Politik und Romanistik. Romanistik ersetzte ich später durch Städtebau. Die Wahl der Studienfächer war zufällig: Es hätten auch andere sein können.

Ich verband mit dem Studium keinen konkreten Berufswunsch. Anfangs interessierte ich mich für Entwicklungspolitik, aber im Laufe des Studiums wechselte ich zu anderen Schwerpunkten. Die Magisterarbeit schrieb ich über ein küstenmorphologisches Thema. Diese Arbeit machte ich bei einem Professor, der eine absolute Koryphäe war. Er galt als der anspruchsvollste, unnachgiebigste und beste Professor. Bei ihm machte ich mein Examen, obwohl ich bei ihm in der Zwischenprüfung durchgefallen war. Er hatte mir empfohlen das Studium abzubrechen. Im Examen hatte ich dann eine Eins, das war mir sehr wichtig. Ich wollte seine Anerkennung und dass er seine Meinung ändert.

Am Ende des Studiums hatte ich bei diesem Professor eine Anstellung als studentische Hilfskraft. Nach dem Examen wurde ich dann wissenschaftliche Hilfskraft. Von dort aus bewarb ich mich auf eine Stelle in einem Küstenforschungsprojekt an der Uni Kiel. Ich bekam die Stelle und zog nach Kiel. Ich wollte gern wieder in den Norden, denn ich bin in Lübeck geboren.

An der Uni Kiel hatte ich eine dieser typischen Promotionsstellen. Ich wurde für eine halbe Stelle bezahlt, aber erwartet wurde, dass ich voll arbeitete. Mir wurde bald klar, dass ich nicht promovieren wollte. Denn parallel hatte ich schon eine Schauspielerausbildung in Hamburg angefangen. Daher arbeitete ich nur halbtags. Bei dem zweiten Forschungsprojekt löste ich schließlich den Vertrag vorzeitig auf.

Die Küstenforschung machte mir anfangs viel Spaß. Ich hatte zahlreiche Veröffentlichungen in Fachzeitschriften und war auf sehr vielen Kongressen. Für mein Projekt zur Sturmflutenforschung an der Nordseeküste stand zwar nur wenig Geld zur Verfügung. Mit einer einfachen Methode erzielte ich dennoch interessante Ergebnisse.

Ich fuhr einmal im Monat nach Sylt und machte Messungen, dann in der Sturmflutzeit häufiger. Ich musste mir eigene Arbeitsmethoden für bestimmte Fragen überlegen. Dieses selbstständige Arbeiten gefiel mir gut. Anfangs hatte ich erst einen, dann drei Mitarbeiter, die mir die Routinearbeiten bei Untersuchungen abnahmen. Ich wertete die Karten, Labor-, Wasser- und Sturmflutdaten aus. Meine Abschlussarbeit widmete ich meinem alten Professor. Ich hatte eine Methode von ihm abgeändert und benutzt. Darüber freute er sich sehr.

Sicherlich hätte ich weitere Jobs bekommen. Ich war auf internationalen Konferenzen in Portugal und in Italien und bei zahlreichen Tagungen zur deutschen Küstenmorphologie. Meine Vorträge kamen sehr gut an. Ich hätte eine erfolgreiche Forschungslaufbahn machen können. Ich war selbst überrascht, dass mir so viel gelang, denn ich sah diese Arbeit nicht als das Wichtigste der Welt an. Beim zuständigen Professor stieß ich mit dieser Haltung auf Missgunst und ich fühlte mich oft allein.

Schauspielerin zu werden war schon während meines Studiums in Göttingen mein heimlicher Wunsch gewesen. Ich hatte mir in dieser Zeit bereits die Unterlagen der staatlichen Schauspielschulen bestellt. Ich wollte jedoch so kurz vor dem Ende das Studiums nicht abbrechen. Zudem ist es für Frauen, die älter als 21 Jahre sind, schwierig an einer staatlichen Schauspielschule angenommen zu werden. Für Männer gibt es keine Altersbeschränkung. Ich hatte nach anderen Möglichkeiten, wie einer freien Theatergruppe, gesucht. Aber so etwas gab es nicht in Göttingen.

Ich erzählte niemandem von meinem Traumberuf, weil die Leute, mit denen ich zu tun hatte, ein festes Bild von mir hatten und vermeintlich immer genau wussten, wie ich war und was zu mir passte. Meine Wünsche hätte niemand hören wollen. Schon als ich aus Göttingen wegging und mir die Haare lang wachsen ließ, sagten alle, dass mir so etwas nicht stehe und nicht zu mir passe. Ich fühlte mich in meiner Person festgelegt. Meine Familie hat mich jedoch immer in allem, was ich machte, unterstützt.

In Kiel versuchte ich Kontakte zur Kulturszene aufzubauen. Ich hatte mir vorgestellt, in Kiel mehr Möglichkeiten zu haben. Um Steptanz zu machen, musste ich stets nach Hamburg fahren, weil das in Kiel auf meinem Niveau nicht angeboten wurde. Ich hatte schon in Göttingen mit Steptanz angefangen. In Hamburg lernte ich eine Frau kennen, die an einer privaten Schauspielschule war. Sie gab mir ein paar Tipps. So begann ich an verschiedenen privaten Schulen Unterricht zu nehmen. Ich habe eine sehr gestückelte Ausbildung. Ich ließ mich in Tanz, Rollenstudium, Stimme und Sprache sowie Gesang ausbilden. Für die einzelnen Bereiche suchte ich mir sehr gute Lehrer und Lehrerinnen. Ich finanzierte die Ausbildungen anfangs mit meiner Forschungsstelle, Ersparnissen und einem Job in einem Obstladen. Im vierten Jahr spielte ich schon als Schauspielerin bei einem Musical in Hamburg mit. Als ich noch die Forschungsstelle an der Uni Kiel hatte, versuchte ich die Dienstreisen möglichst oft mit den Fahrten zum Schauspielunterricht zu kombinieren. Denn die Zugfahrten waren teuer.

Im Schauspiel gibt es heute keinen offiziellen Berufsabschluss mehr. Früher gab es eine Bühnenreifeprüfung. Die wurde gerade in der Zeit, als ich mit der Ausbildung anfing, abgeschafft. Wenn ich ein Jahr vorher begonnen hätte, hätte ich mich dafür noch anmelden können. Der einzige offizielle Abschluss beim Schauspiel ist der an staatlichen Hochschulen. Andererseits braucht man für die Praxis kaum einen Nachweis über einen Berufsabschluss. Gebraucht wird so etwas eher im Falle einer Berufsunfähigkeit für die Versicherung oder als Nachweis für die Rente. Eine Ausbildung an einer staatlichen Hochschule kam für mich aufgrund meines Alters nicht mehr in Betracht.

Nach dem Musical-Engagement in Hamburg nahm ich weiter Rollenunterricht und Ensembletraining in Hamburg. Das Ensembletraining war ein Angebot für Schauspieler zwischen den Engagements. Das war gut, um einfach weiter warm zu bleiben, mit anderen Schauspielerinnen und Schauspielern zusammenzuarbeiten und sich auszutauschen. Und da hörte ich von einer Produktion in Hamburg. So konnte ich bei einer Antigone-Inszenierung mitspielen. Danach nahm ich wieder an Weiterbildungen teil. Auch heute nutze ich hin und wieder Weiterbildungen, um andere Schauspieltechniken zu lernen und neue Kontakte zu knüpfen.

Anfangs jobbte ich neben der Schauspielerei als Kellnerin. Als Schauspielerin trainierte ich Stimme und Atmung. Ich hatte früher eine andere Stimme und sprach eintöniger. Als ich kellnerte, wurde ich häufiger auf meine Stimme angesprochen, das heißt auf meine Art zu sprechen. Die Leute waren hin und weg, weil ich nicht so inhaltsleer redete. ›Hier ist Ihr Kartoffelgratin und das hier sind ihre blablabla...!‹ Ich hatte sogar ein paar Fans: ›Hat Ihnen schon mal jemand gesagt, dass Sie eine sehr gute Stimme haben? Andere Leute machen dafür eine Ausbildung!‹ Die wussten ja nicht, dass ich eine Ausbildung gemacht hatte. Sogar eine große Firma aus dem Bereich Telekommunikation wollte mich wegen meiner Stimme abwerben.

Ich verdiente mir meinen Unterhalt auch mit vielen kurzfristigen Jobs als Sekretärin. Seit einiger Zeit finanziere ich mir mein Leben nicht mehr mit berufsfremden Arbeiten. Wenn ich zwischen zwei Engagements arbeitslos bin, erhalte ich Arbeitslosenhilfe. Das ist nicht sehr viel.

Ich spielte zwei Monate in einem Weihnachtsmärchen an einem Hamburger Theater und später war ich in einem Sommertheater in Süddeutschland für drei Monate angestellt. Andere Engagements wie Antigone waren freiberuflich. Zwischendurch war ich arbeitslos oder spielte freiberuflich meine Solostücke. Es ist immer diese Mischung. Mit der Arbeitslosenhilfe lebe ich auf Sozialhilfeniveau. Dazu erhalte ich ein paar Mark Wohngeld. Die Arbeitslosenhilfe wird jedesmal neu errechnet. Gerade dieser Wechsel von angestelltem, freiberuflichem und arbeitslosem Status ist sehr kompliziert. Ich kann alle Leute verstehen, die schwarz arbeiten. Ich mache das aber nicht, das heißt, ich melde mich ständig beim Arbeitsamt an und ab.

Zurzeit nehme ich an einer zweimonatigen Weiterbildung Camera-Acting teil. Das ist eine Weiterbildung im Bereich Film-Schauspiel. Sie ist vom Arbeitsamt bezahlt, weil sie berufsqualifizierend ist.

Meine drei Solostücke laufen mittlerweile sehr gut. Ich verdiene damit zwischen den Engagements etwas Geld und darüber kann sich wieder etwas Neues ergeben. Es schauen hin und wieder

Leute aus einem Besetzungsbüro oder von einem Theater oder eine Regisseurin zu. Sie bekommen so einen intensiveren Eindruck von mir. Gerade deshalb sind Auftritte in Berlin sehr gut, obwohl die Bedingungen schlechter sind als in anderen Städten. In Berlin verdient man an vielen Orten nur das Mindeste dessen, was in der freien Szene überhaupt gezahlt wird. Aber man kann entdeckt werden: Es waren schon Besetzungschefinnen verschiedener Produktionen in meinen Stücken.

Diese Mischform aus Solostücken und Engagements ist sehr schön. Und allmählich läuft auch die Akquise besser. Das hat jedoch einige Jahre gedauert. Demnächst spiele ich vier Abende in Berlin und im Herbst trete ich mit verschiedenen Solostücken in Flensburg, Eckernförde, Jena, Bonn und Eschwege auf. Zurzeit werde ich erstmalig von Theatern und anderen Veranstaltungsorten angefragt. Vorher musste ich immer selbst anrufen und hinterher sein, nachdem ich mein Infomaterial hingeschickt hatte, sonst lief gar nichts.

Die Stücke spiele ich schon mehrere Jahre, teilweise habe ich sie verändert und ergänzt. Es handelt sich um zwei Theaterstücke und eine szenische Lesung. Inzwischen habe ich sehr schöne gedruckte Faltzettel und Plakate und nun auch eine Internetseite. Den ganzen Bereich Akquise und Marketing erledige ich allein. Ich kümmere mich um Texte, Fotos, Layout und Druck. Dann muss ich die ganzen Materialien verschicken und anschließend telefonisch nachhaken. Anfangs musste ich recherchieren, wohin ich die Sachen überhaupt schicken kann. Die Veranstaltungsorte muss ich nun regelmäßig mit aktuellen Informationen wie Einladungen zu meinen Solo-Auftritten versorgen. Es wäre schön, wenn das irgendwann weniger aufwändig würde. Ich will ja keinen Bürojob machen. Außerdem ist diese ganze Vermarktung sehr teuer.

Inzwischen sind meine Unterlagen als Film- und Fernsehschauspielerin bei 70 Casting-Agenturen und Besetzungsbüros. Bei den Agenturen hake ich telefonisch wegen der Casting-Termine nach.

Bei dieser Arbeit kommen mir meine früheren beruflichen Erfahrungen zugute. Es ist von Vorteil, dass ich schon mal ein Projekt geleitet habe und gut kommunizieren kann. Es gibt Schauspielerinnen und Schauspieler, die weder Schreibmaschine schreiben noch telefonieren können. Ich hatte eine Kollegin, die vor jedem Telefonat Tarot-Karten legte. Es kostete sie große Überwindung, irgendwo anzurufen. Und dann vergaß sie die Hälfte dessen, was sie sagen wollte, und hinterher wusste sie nicht mehr, was ihr mitgeteilt wurde.

Mein Problem durch Studium und Forschungsstelle war, dass ich als Anfängerin im Stadttheater zu alt war. Für meine Altersgruppe fehlten mir fünf bis sechs Jahre Theatererfahrung. Da saß ich sozusagen zwischen den Stühlen. Ich arbeitete dafür bei vielen freien Produktionen mit.

Wenn man jedoch das Glück hat, nach der Schauspielschule ein Engagement zu bekommen, hat man eine 60-Stunden-Woche und spielt nur Theater. Man lebt im Theater und erlebt nichts anderes mehr. Mir ist die normale Lebenserfahrung aber sehr wichtig. Ich merke, dass mir daher manche Dinge leichter fallen als anderen. Ich kann zum Beispiel sehr gut organisieren. Die Lebenserfahrung taugt auch als Hintergrund fürs Schauspiel. Ich sehe das etwa bei Kolleginnen und Kollegen aus der DDR. Sie arbeiteten in einem Beruf und studierten anschließend Schauspiel. Sie haben einfach schon mehr vom Leben mitbekommen und können sich schnell in Rollen und Charaktere hineinversetzen. Denn wie soll man in einer Fernsehserie Büroarbeit spielen, wenn man noch nie im Büro gesessen hat?

Während meiner letzten Weiterbildung machten wir morgens anderthalb Stunden Körpertraining und danach Filmarbeit. Ich wurde wegen meiner hohen Konzentrationsfähigkeit gelobt. Außerdem wurde mir gesagt, dass ich eindeutige Führungsqualitäten hätte. Das ist etwas, was man im Theater nie hört. Es war sehr positiv gemeint. So etwas lernt man jedoch in keiner Schauspielausbildung. Dort lernt man eher Gruppenarbeit, die für das Ensemblespielen wichtig ist.

Ich liebe das Ensemblespielen, aber für die selbstständige Arbeit in diesem Bereich ist es schon gut, dass ich Solostücke habe. Dennoch habe ich immer davon geträumt, Schauspieler zu finden, mit denen ich selbstständig zusammenarbeiten kann. Solche Leute habe ich in Kiel leider nicht gefunden. Es wäre schön, mit anderen Schauspielern eine Fabriketage zu mieten und einen gemeinsamen Trainingsraum zu haben.

Ein anderer Wunsch ist, in den Filmbereich zu kommen. Ende letzten Jahres wurde ich für die Hauptrolle in einer neuen Serie vorgeschlagen, aber das hat nicht geklappt. Wenn ich mehr Dreherfahrung gehabt hätte, wären meine Chancen größer gewesen.

Hätte ich die zwei Monate Ausbildung in Camera-Acting schon absolviert gehabt, wäre ich eher genommen worden. Denn es ist ein Risiko, eine Bühnenschauspielerin ohne Kameraerfahrung vor die Kamera zu stellen, ganz gleich wie gut sie ist. Das hole ich jetzt nach. Die ersten Wochen in der Weiterbildung waren zwar hart, aber ich weiß, dass ich gut bin. Das habe ich jetzt gesehen und bekomme auch die entsprechende Rückmeldung. Ich bin davon angenehm überrascht.

Ich habe viel gelernt. Wenn jemand anruft und sagt: ›Morgen haben Sie einen Drehtag‹, dann weiß ich jetzt, was ich machen kann und auf was ich achten muss. Das Schauspielerische wäre nicht das Problem, wohl aber die Frage: ›Wie machst du das vor der Kamera?‹ Ich gehe nun davon aus, dass ich in den nächsten sechs Monaten den Einstieg in die Film- und Fernsehszene schaffen werde. Und wenn es nur ein einzelner Drehtag ist.

Auf das Theater möchte ich dennoch nicht verzichten. Aber die Kommunen sind alle pleite, die Gelder für Theater werden immer mehr zusammengestrichen. Es kann eben nur am künstlerischen Personal gespart werden, nicht bei der Verwaltung. Die haben alle fantastische Verträge. Kiel hat ein kleines Ensemble für ein großes Haus. Die Chancen, da reinzukommen, sind gering. Im Moment. Es ist wichtig, jemanden zu kennen.

Aber auch ins Staatstheater reinzukommen, ist schwer. Wenn ich nur meine Unterlagen schicke, bin ich oft eine von 2 000! Für Frauen ist die Konkurrenz in allen Bereichen besonders groß, da es wesentlich mehr Schauspielerinnen als Schauspieler gibt.

Ich würde gern mit den Solostücken weitermachen und dabei mein Honorar steigern. Anfangs war es sehr schwer, denn meine Stücke laufen unter dem Etikett: ›zu anspruchsvoll‹. Kabarett oder auch der zehntausendste Friedrich-Holländer-Liederabend sind gefragter als mein Sprechtheater. Und mehr Geld zu verdienen wäre schon schön. Ich machte bisher zu viele Kompromisse und arbeitete eigentlich für null Mark unterm Strich. Jetzt lehne ich jedoch Auftritte ab, wenn das Honorar zu niedrig ist. Denn ich brauche das verdiente Honorar immer wieder für den Beruf. Ich benötige nun eine Videokamera und einen Minicomputer für unterwegs, mache Weiterbildungen und habe an einem internationalen Theaterfestival teilgenommen. Zum Leben bleibt da kaum etwas übrig. Auch die neuen Bahnpreise werden für mich ein Problem.

Und außerdem würde ich wahnsinnig gern nach Japan fahren und da mit Suzuki arbeiten, einem Theaterprofi. Aber das kann ich mir momentan nicht leisten.

Mein letzter Urlaub ist sechs Jahre her. Ich habe mich nie getraut, im Sommer wegzufahren, denn ich dachte immer, dass ich eine Chance verpasse. Letztes Jahr wollte ich nach Schweden fahren – und dann ergab sich das Sommertheater. Dieses Jahr wollte ich wieder weg – und mache jetzt die Weiterbildung. Bei mir zu Hause habe ich eigentlich nie frei. Entweder bin ich mit Akquise, dem Programmheftentwurf oder mit anderen organisatorischen Dingen beschäftigt. Ich weiß nicht, wann ich das letzte Mal eine Fünf-Tage-Woche mit freiem Wochenende erlebt habe. Mehr Freizeit oder geregelteres Arbeiten wären schon gut. Ich traue mich nie aufzuhören und habe immer ein schlechtes Gewissen. Aber wenn ich im Herbst viele Gastspiele gebe und eventuell ein Stück am Theater bekomme, hat sich die Arbeit gelohnt. Es ist ja oft so, dass man sich monatelang bemüht und nichts dabei herauskommt. Dann kannst du dich eigentlich nur noch erschießen.

Oft ist es schwer, allein zu sein. Ich habe mit niemandem mehr aus dem Uni-Bereich Kontakt. Das hat sich sehr schnell zerschlagen, als ich an der Uni aufhörte. In Kiel habe ich Bekannte. Mehr nicht. Ich habe im Alltag wenig Gemeinsamkeiten mit Leuten, die regelmäßig leben. Am Theater habe ich abends die Vorstellung. Dann muss ich tagsüber häufig proben. Es ist wirklich schwierig, Kontakte außerhalb zu pflegen. Außerdem bin ich oft monatelang unterwegs.

Die Kontakte zu den anderen Schauspielern sind meist sehr intensiv, aber nach der Produktion geht man eben wieder auseinander. Am Anfang war ich sehr enttäuscht, als nach diesem Weihnachtsmärchen die Kontakte verloren gingen. Da schwörst du dir ewige Freundschaft und dann bricht alles auseinander. Das ist aber ganz normal. Es ist trotzdem wichtig, dass man in der gemeinsamen Zeit auf die anderen zugeht. Man darf nur nicht erwarten, dass die Beziehungen fortbestehen. Wenn es trotzdem weitergeht, ist es toll.

Wenn ich so einen harten Tag mit Akquise hinter mir oder einfach nur Absagen von Theatern bekommen habe, muss ich das immer allein verarbeiten. Da ist niemand, der mich wieder aufpäppelt. Oder wenn ich krank bin. Das sieht auch niemand. Das ist mein Problem und es ist verdammt schwer damit zurechtzukommen. Gerade jetzt in dieser schwierigen beruflichen Situation.

Ich habe jedoch Beziehungen, die mir sehr wichtig sind. Meine Schwester wohnt in meiner Nähe, das ist sehr schön. Ich sehe sie und meine kleinen Neffen regelmäßig. Ich habe natürlich ein paar sehr gute Freundinnen und Freunde. Über eine Weiterbildung bei der Gewerkschaft, bei der es um Vertragsrecht ging, habe ich eine Historikerin kennen gelernt. Das ist zwar ein völlig anderer Beruf. Aber wir sind mit unserer Selbstständigkeit in der gleichen Situation. Wir können uns darüber austauschen und uns gegenseitig helfen. Wenn sie mal eine Studie mit einer Ausstellung hat, wollen wir daraus ein gemeinsames Projekt machen. Aber insgesamt ist es schon schwer für mich. Als ich im letzten Jahr nach drei Monaten Sommertheater zurückkam und im Anschluss noch weitere zwei Monate bei einer freien Theaterproduktion in Osnabrück arbeitete, war in Kiel erst einmal niemand mehr für mich da. Mein bester Freund ist sowieso die Hälfte seiner Zeit in Berlin. Dem geht es genauso. Er klagt auch, dass die Kieler Kontakte perdu sind. Dann halten noch meine alten Kontakte. Die Beziehungen zu zwei Freundinnen in Göttingen haben das alles überdauert.

Das Schauspiel ist mir so wichtig, dass ich alle Nachteile in Kauf nehme. Wenn ich nicht Schauspielerin wäre, wäre ich tot. Dass nichts über meinen Beruf geht, weiß ich wieder, wenn ich eine Vorstellung habe und dabei merke, dass mein Spiel viele Menschen berührt. Die gehen wirklich berührt raus! In welchem Beruf kann man Menschen gefühlsmäßig derart erreichen? Das ist toll. Ebenso, wenn sie hinterher zu mir kommen und ihre Gefühle mitteilen.

Ein Beispiel: Beim Kameratraining bekamen wir beim Spiel einer Szene die Augen verbunden. Die Binde wurde gelöst und du musstest dir vorstellen, nach einer Gesichtsoperation in den Spiegel zu schauen und es war nicht mehr dein Gesicht. Das solltest du spielen und selbst überlegen, wie die Geschichte dazu ist. Bist du auf der Flucht und musst deine Identität verändern, oder, oder, oder …? Es ist irre, genau in diese Situation hineinzugehen und in dem Moment das Spiel als Realität zu empfinden. Und dass diese Realität transportiert wird, so dass die Zuschauer sie genauso erleben.

Schauspiel ist eine Erweiterung des Gefühlsspektrums und des Erlebens. Es erweitert meinen Horizont, weil ich mich in verschiedene Situationen hineindenke. Es ist zugleich ein geschützter Raum, in dem ich diese ganzen Gefühle haben kann. Denn wenn ich auf der Bühne Trauer empfinde, ist das echt. Aber die ist dann hinterher wieder vorbei, weil sie nur in der Szene echt war. Um Trauer zu empfinden, muss nicht wirklich jemand sterben. Außerdem komme ich wieder zu Themen zurück, die mir am Herzen liegen. Ich hatte Politik als Nebenfach studiert und eines meiner Solostücke ist ein sehr politisches Theaterstück. Eine Knastszene aus dem Deutschen Herbst lässt die Leute kurz stutzen. Sie merken, das ist wirklich in Deutschland passiert, das ist nicht erfunden. Und letztes Jahr spielte ich ein Stück in Osnabrück, eine Produktion mit drei Leuten, bei dem es um Krieg und Faschismus ging. Solche Themen sind mir sehr wichtig.

Ich sehe mich dennoch nicht als politische Schauspielerin. Mein Spiel ist sehr persönlich. Ich kenne einen Schauspieler, der immer ein anderer sein will. Das ist für mich absolut langweilig anzusehen. Viele andere finden das sehr witzig, aber ich finde es reizlos, wenn sich jemand ständig verstellt. Es ist sehr unpersönlich. Er verstellt seine Stimme, macht eine andere Mimik. Mein Stil dagegen ist persönlicher. Ich mache die Rolle zu meiner persönlichen Geschichte. Auch wenn die Leute nicht mich sehen, sondern Gudrun Ensslin. Für mich ist es aber eine persönliche Sache.

Wenn ich mir überlege, wo ich gern spielen oder wo ich gern mal hinkommen würde, dann ist das nicht der Mainstream. Ich würde wahnsinnig gern in einem Film von Woody Allen mitspielen. Ich hätte aber keine Lust auf einen Action-Film mit Richard Gere oder auf eine Schnulze mit Brad Pitt.

Studenten rate ich, viel nebenbei zu machen. Wichtig ist die Verbindung von Studium und Leben. Es ist verrückt, wenn Leute in einer Stadt studieren und nicht mitbekommen, was in der Stadt los ist. Studium generale finde ich eine gute Idee. Oder das DDR-Prinzip: Erst eine Berufsausbildung und dann das Studium.

Mein Vater hat Zoologie studiert und alle haben gesagt: ›Wie kann man Zoologie studieren, da wird er nie einen Job kriegen.‹ Zu allen Zeiten sagt man: ›Studiere nicht dieses oder jenes Fach.‹ Aber es gibt immer irgendwelche Nischen. Mit 35 war mein Vater dann Professor, da gab es gerade Lehrstühle für Zoologie. Man muss also nicht unbedingt hinterher fachfremd landen. Aber es kann sich etwas anderes ergeben. Man darf nicht aus den Augen verlieren, wofür man über das Studium hinaus noch Interesse hat. Es sei denn, man hat gleich das Richtige gefunden. Aber das kommt ja selten vor. Auf keinen Fall sollte man studieren, um das dicke Geld zu machen. Das macht bestimmt nicht glücklich.«

Der Traum hat seinen Preis

»Ich habe ein vollgestopftes Patchworkleben«

Susanne, 41, ist Erziehungswissenschaftlerin und Politologin und wurde durch eine Marketing-Weiterbildung Anzeigenleiterin in einem Fachverlag. Mit dieser Arbeit finanziert sie ihren Traumberuf: Chefredakteurin einer Umweltzeitschrift.

»Meine ersten Studienfächer waren Geschichte, Kunstgeschichte und Politologie. In Geschichte habe ich noch die Zwischenprüfung gemacht, das Institut und der Studiengang waren mir aber zu verstaubt. Und Kunstgeschichte hat mich als ›Höhere-Töchter-Studiengang‹ nicht mehr interessiert. So habe ich zu Erziehungswissenschaften gewechselt.

Mein Berufswunsch war ursprünglich der Journalismus. Dieser Wunsch ist mir aber während des Studiums verloren gegangen. Ich dachte oft darüber nach, mit dem Studium aufzuhören, und spielte gedanklich viele Lehrberufe durch: Mal wollte ich Töpferin werden, mal Friseurin oder Maskenbildnerin. Denn ich fand das Studium sehr abgehoben – vor allem Politologie. Mir fehlte der Realitätsbezug. Bei den Erziehungswissenschaftlern war es etwas anders, aber dennoch ziemlich theoretisch. Ich schloss das Studium trotzdem ab, weil ich dachte: Jetzt muss ich mal fertig werden.

Während des Studiums absolvierte ich ein Praktikum bei einer Zeitschrift. Das vermittelte mir mein Vater. Er ist Pfarrer und so kam ich zum evangelischen Pressedienst: Vier Wochen schrieb ich bei *Weg und Wahrheit*, vor allem Buchbesprechungen. Später wollte ich mit kirchlichen Einrichtungen nichts mehr zu tun haben.

Die letzten zwei Semester und das Examen waren am intensivsten, da habe ich am meisten gelernt. Die Magisterarbeit war mein eigentliches Studium. Es ging um ›nationalsozialistische Mädchenerziehung‹. Ich habe drei Zeitschriftenjahrgänge der damaligen staatlichen Lehrerzeitschrift analysiert. Diese untersuchte ich nach Erziehungsmethoden. Das hat mir viel Spaß gemacht. So war ich wieder beim Thema Zeitschrift und entdeckte den Bezug zu den Medien neu für mich.

Nach dem Studium habe ich ein Jahr bei einer alternativen Wochenzeitschrift frei mitgearbeitet. Da ich nicht davon leben konnte, erhielt ich noch zusätzlich Geld von meinen Eltern.

Ich bewarb mich – wenn auch relativ zaghaft – an den Journalistenschulen in München, Hamburg und Berlin, wurde aber nicht angenommen. Für die Bewerbung an einer der Schulen hatte ich zum Beispiel versucht, eine Reportage zu schreiben – allerdings im stillen Kämmerlein. Ich dachte mir einfach eine Reportage aus – arbeitete also genau so, wie man es wirklich nicht machen sollte.

Später jobbte ich halbtags in der EDV-Abteilung eines Krankenhauses. Nebenher gab ich Kurse ›Deutsch für Ausländer‹. Mit beiden Teilzeitjobs finanzierte ich mich über ein Jahr.

Ich hatte den Journalismus erst mal aufgegeben, denn ich war weder mutig noch flexibel genug. Ich lebte die ganze Zeit in Heidelberg. Ich wollte dort bleiben, besonders nach einer negativen Erfahrung mit meinem Ex-Freund in Berlin: Ursprünglich wollte ich zu ihm ziehen, aber dann ist nichts daraus geworden.

Anderthalb Jahre nach dem Examen begann ich in Stuttgart beim Wirtschafts- und Bildungsservice des Klettverlags die Umschulung ›Marketing- und Vertriebsassistentin – Führungsnachwuchskräfte im Verlagswesen‹. So pendelte ich ein Jahr lang jeden Tag zwischen Heidelberg und Stuttgart. Danach bekam ich eine Stelle in einem Verlag. In der Werbeabteilung musste ich Abonnenten werben: Mailings schreiben und Anzeigen für irgendwelche blödsinnigen Industriezeitschriften entwerfen. Das hat mich total gelangweilt. Einzig die beiden Kollegen und mein Chef haben mich dort zwei Jahre gehalten. Die waren supernett – und der Verlag war in Heidelberg. Ich verdiente zum ersten Mal in meinem Leben überhaupt richtig, auch wenn das Anfangsgehalt sehr gering war. Es war kein Akademikergehalt, aber immerhin verdiente ich überhaupt Geld. Außerdem war es mir extrem wichtig, in den ersten Arbeitsmarkt hineinzukommen. Ich wollte angestellt und abgesichert sein.

Ich hatte mich zuvor auch schon auf feste Stellen beworben und wollte am liebsten in einem Verlag arbeiten. Ich suchte nach Lektorat und Lektoratsassistenz, vor allem im Zusammenhang mit Pädagogik. Aber in dem Feld braucht man Beziehungen. Oder man muss sehr gut sein und promoviert haben. Da muss man schon mehr vorweisen als das Feld-Wald-Wiesen-Profil, wie ich es hatte. Ich wurde nie zu Vorstellungsgesprächen eingeladen. Ich weiß gar nicht mehr genau, wie viele Bewerbungen ich geschrieben habe.

In Stuttgart hätte ich übrigens auch eine Umschulung zur Fachzeitschriftenredakteurin machen können, was eigentlich ideal für mich gewesen wäre. Aber die habe ich nicht gemacht, weil ich Bedenken hatte, ob ich danach eine Anstellung finden würde. Das war mir zu unsicher. Ich traute der ganzen Redakteursausbildung damals nicht mehr, weil der Markt sehr eng war. Uns wurde gesagt, Vertrieb und Marketing seien aussichtsreicher. Ich bin da auf Nummer Sicher gegangen.

Eine feste Stelle zu bekommen, hatte für mich damals absolute Priorität. Ich bereue das heute auch nicht. Es war mir wichtig, einen Einstieg in ein Unternehmen zu schaffen.

In der Vertriebsabteilung des Verlages in Heidelberg arbeitete ich zwei Jahre. Nach einem Jahr fing die ganze Idylle schon an zu bröckeln. Da nahm ich mir unbezahlten Urlaub und fuhr zwei Monate nach Rom. Als ich zurückkam, dachte ich: ›Ich glaube, ich bleibe hier nicht mehr lange.‹ Und so kam es auch. Eigentlich war es eine schöne Zeit, ich erinnere mich gern daran. Aber es wurde mir klar, dass ich mein Leben nicht so verbringen möchte. Und dann besann ich mich auf mein Studium der Erziehungswissenschaften und wollte als Pädagogin arbeiten. So bewarb ich mich auf verschiedene Sozialpädagogenstellen in der Gegend bei Mannheim und Karlsruhe. Ich hätte die fast alle bekommen! Das war eine Zeit, in der Sozialpädagogen vielfach gesucht wurden. Zwei Stellen waren in der offenen Jugendarbeit, also in Jugendzentren, und eine war in Mannheim in der Jugendberufshilfe ausgeschrieben. Diese Stelle habe ich auch bekommen. Es war eine katholische Einrichtung, aber die Mitarbeiter waren nicht sehr katholisch, die waren ganz okay. Mich reizte an der Stelle, dass ich nicht nur mit den Jugendlichen arbeiten, sondern auch für die Öffentlichkeitsarbeit zuständig sein sollte. Trotzdem war diese Stelle ein Schuss in den Ofen: Ich arbeitete dort nur eineinviertel Jahre. Der Vertrag war befristet und sollte verlängert werden, aber ich wollte das nicht. Mir lag die Arbeit mit den Jugendlichen nicht, das waren typische ›Mannemer Kids‹, meistens nicht gerade die hellsten. Es lag aber auch daran, dass ich drei verschiedene Bereiche hatte, in denen ich arbeiten sollte. Das Arbeitsfeld war sehr verzettelt. Ich sollte an einer Berufsschule Jugendliche betreuen, die dort sozusagen ein Jahr lang geparkt waren. Das heißt solche, die noch nicht in Ausbildung waren und die Schwierigkeiten hatten einen Ausbildungsplatz zu bekommen. Das nennt sich Berufsvorbereitungsjahr. Der zweite Bereich betraf so genannte Ausbildungsbegleitende Hilfen. Jugendliche in Ausbildung bekamen dort zusätzlichen Unterricht. Das lag mir am ehesten, weil das eine klare Sache war. Das dritte Feld war die Öffentlichkeitsarbeit, die leider nicht den Stellenwert hatte, den ich mir gewünscht hätte. Dafür hätte ich gern eine halbe Stelle gehabt, aber das war nicht möglich. Zusätzlich war ich noch in einem Mutter-Kind-Projekt eingebunden. Dafür hat mir jedoch ein Arbeitsauftrag gefehlt. Das war nichts für mich, ich war ganz unglücklich. Ich musste auch viele Freizeiten betreuen. Da war ich wochenweise mit den Jugendlichen Tag und Nacht zusammen. Das fand ich total anstrengend. Alles zusammen hat mich überfordert.

Ich merkte, dass ich bei meiner Arbeit Ergebnisse brauche, die ich auch möglichst angucken kann. Außerdem brauche ich Rückzugsmöglichkeiten. Ich halte es nicht gut aus, eine Woche Tag und Nacht in lautem Getöse zu verbringen. Ich stellte fest, dass ich Grenzen brauche und es nicht schaffe, die von mir aus zu setzen, wenn alles um mich herum so fließend ist. Das hat mich einfach gestresst. Ich hatte nie ein Büro für mich, wo ich die Tür zumachen konnte, wenn mir danach zumute war. Deswegen wollte ich den Vertrag nicht verlängern und war dann ein halbes Jahr arbeitslos. Damit ging es mir ganz gut, denn ich hatte Zeit für Dinge, zu denen ich vorher nie gekommen war. Ich arbeitete zum Beispiel mit Leder, verwirklichte handwerkliche und kreative Tätigkeiten. An der Volkshochschule gab ich dann freiberuflich Deutschkurse für Abendschüler, die den Hauptschulabschluss nachholen wollten. Damals fing ich wieder an zu schreiben. Ich erinnerte mich, dass ich ja eigentlich Journalistin werden wollte. Ich ging zur örtlichen Zeitung und schrieb Veranstaltungsberichte über Feste von Kleintierzüchtervereinen und dergleichen. Das war für einen Einstieg mal wieder ganz gut – ich hatte ja lange nichts mehr geschrieben. Das machte zwar Spaß, aber es war klar, dass das eher eine Zwischentätigkeit sein würde.

In dieser Zeit schrieb ich zwei große Artikel in einer Fachzeitschrift. Darauf bin ich sehr stolz. Der eine Artikel hatte Mobbing-Beratungsstellen in Deutschland und der andere betriebliche Suchtberatung zum Thema. Die Themen habe ich mir ausgedacht und angeboten. Ich dachte: Wenn ich kein Volontariat kriege, dann muss ich selbst was machen! Ich wollte wissen, ob ich das kann. Es ist auch jetzt noch mein Traum, solche Themen zu bearbeiten. Leider hat sich das finanziell überhaupt nicht gelohnt. Die Bezahlung war 100 DM pro Seite. Nicht mal die Kosten wurden dadurch gedeckt. Ich bin für diese Mobbing-Beratung zweimal nach Frankfurt gefahren, habe stundenlang quer durch ganz Deutschland telefoniert. Bei der Suchtberatung habe ich schon versucht, etwas rationeller zu arbeiten. Trotzdem fuhr ich ein paar Mal nach Mannheim zu Daimler Benz, um mit einem Arzt oder einem Sozialarbeiter zu reden. Außerdem besuchte ich einen Suchtberatungs-Kongress. Das waren alles Kosten und Zeit, die nicht bezahlt wurden. Ich habe mehr ausgegeben als eingenommen.

Von Arbeitslosengeld wollte ich nicht länger leben, aber auch nicht nur selbstständig sein. Ich arbeite gern mit Kollegen und in einer anderen Umgebung als zu Hause. Ich wollte wieder angestellt sein. Ich bewarb mich auf Verlags- und Lektorenstellen und bekam schließlich eine Marketingstelle in einem medizinischen Verlag angeboten. ›Marketingleiterin‹ stand ganz hochtrabend in der Stellenausschreibung, aber komischerweise ›halbtags‹: Das passt ja gar nicht zusammen, dachte ich. Es war dann auch ganz anders. Der Verlag hatte mir zugesichert, dass ich teilweise redaktionell arbeiten könnte. Es ist ein Verlag, der medizinische Fachzeitschriften und Bücher herausgibt. Ich betreue da die Anzeigenakquise. Es ist zeitlich gar nicht möglich, auch noch redaktionell zu arbeiten. Ich fing mit 30 Stunden an. Die Stelle war unbefristet und gut bezahlt. Nun mache ich das schon ewig: seit sieben Jahren.

Gleichzeitig bewarb ich mich noch zusätzlich auf ein Volontariat. Ich lehnte jedoch wieder ab: Beim Volontariat bekommt man 3 500 DM Bruttolohn und muss malochen wie ein Normaler. Es war aber auch fehlender Mut, weil das Volontariat nicht hier in der Gegend war. Ich scheue geografische Veränderungen. Da bin ich nicht flexibel genug.

Seit fünf Jahren mache ich parallel einen zweiten Job und habe mich damit endlich meinem Traumberuf angenähert: Ich bin Chefredakteurin eines regionalen Umweltmagazins. Seither arbeite ich nur noch 25 Stunden pro Woche in dem anderen Verlag. Diese

Jobkombination ist eine recht stabile Konstruktion. Das Umweltmagazin ist eine relativ kleine Zeitschrift. Die Herausgeber können sich keine hochbezahlten Angestellten leisten, schon gar nicht im Rahmen einer ganzen Stelle. Sie sind auf Leute angewiesen, die zeitlich flexibel sind und eine andere Einkommensquelle haben oder einen Partner, der Geld verdient. Deswegen werden sie wohl nie einen Mann für diese Tätigkeit bekommen. Frauen nehmen eher solche Halbtagsjobs an.

Die Arbeit an sich ist traumhaft, weil ich die Zeitschrift von A bis Z erstelle. Es wird von mir sogar erwartet, dass ich Ideen für das Schwerpunktthema entwickle und ausfülle. Es ist eine vollkommen selbstständige Tätigkeit. Einen Tag pro Woche nehme ich mir für die Redaktionsarbeit frei, meinen anderen Job erledige ich an den übrigen vier Tagen. In der letzten Zeit arbeite ich für die Zeitschrift immer mehr von zu Hause aus, weil das Büro etwas unruhig ist. Ich arbeite gern so. Die Zeitschrift erscheint vier Mal im Jahr. Diese Tätigkeit ist zwar sehr unregelmäßig und gegen Redaktionsschluss häuft sich zudem die Arbeit. Aber es kommt auch darauf an, wie viele Artikel ich selbst schreibe. Das habe ich wegen des Arbeitsaufwandes etwas zurückgestellt. Eigentlich schreibe ich gern selbst, aber das schaffe ich zeitlich nicht.

Mit dem Angestellten-Job finanziere ich zwar meinen Traumberuf als Redakteurin, doch auf die Dauer lutscht er einen aus. Ich schreibe Briefe, erarbeite sehr individuelle Angebote und telefoniere viel. Ich habe zwar mit einem sehr anspruchsvollen Publikum zu tun, aber es geht eben immer um Geld, ich will immer etwas von den Leuten bekommen. Ich besuche viele Kongresse, um die Kontakte zu pflegen. Inzwischen kenne ich alle Kunden, aber ich muss denen eben immer wieder das Gleiche verkaufen. Ich kann mir nicht vorstellen, diese Tätigkeit bis zur Rente weiterzumachen. Daher hab ich auch wieder angefangen, mich zu bewerben. Die Arbeit bei der Umwelt-Zeitschrift will ich nicht aufgeben, weil ich dort sehr viel Freiraum und große Gestaltungsmöglichkeiten habe. Und Umweltthemen interessieren mich sehr. Ich bin davon stark geprägt worden und lerne immer noch dazu. Aber ich möchte gern diesen Anzeigenjob loswerden. Allerdings nur, wenn ich etwas finde, das mir inhaltlich gut gefällt und wo ich auch gut verdiene. Und wenn's geht, als Teilzeitarbeit. Ich würde gern eine zweite Tätigkeit ausüben, bei der ich kreativ sein kann. Ich hätte am liebsten noch einen anderen Redaktionsjob. Aber einen geregelten, wo ich jeden Tag in einem gut organisierten Büro arbeiten kann. Wo es auch eine Sekretärin und einen eigenen Raum für mich gibt. Für eine interessante volle Redaktionsstelle würde ich auch beide Jobs aufgeben.

Mein anderer Traum ist es, Biobäuerin zu sein. Das sind die zwei Pole, zwischen denen ich mich befinde. Im Moment schreibe ich nur darüber, was andere konkret im Umweltbereich arbeiten. Aber ich würde es gern einmal selbst probieren, zwei oder drei Monate auf einem Biobauernhof zu arbeiten. Vielleicht mache ich das mal vier Wochen zur Probe. Ich habe hier in Heidelberg einen Biogärtner gefragt, ob ich stundenweise als Aushilfe mitarbeiten könnte. Nur habe ich gemerkt, dass ich gar keine Zeit neben meinen beiden anderen Jobs habe, etwas Neues auszuprobieren. Da muss sich in der ganzen Konstellation etwas verändern. Ich habe ein richtig vollgestopftes Patchworkleben im Moment.

Mir war von vornherein klar, dass ich immer arbeiten würde. Ich hatte nie das Gefühl, dass ich später Mutter und Hausfrau sein könnte, außer mit 18, als ich dachte, das sei normal und käme automatisch. Danach war für mich eigentlich immer klar, dass ich nur arbeiten wollte. Das kann ich mir nun gar nicht mehr anders vorstellen.

Inzwischen bin ich 41 und führe eine Wochenendbeziehung. Vielleicht hat die Arbeit auch deswegen so einen hohen Stellenwert. Im Moment habe ich eine ziemlich große Wohnung, in der ich allein lebe. Ich brauche viel Platz, denn ich benötige ein Arbeitszimmer. Und Urlaub ist mir auch wichtig. Auch an mein Auto habe ich mich gewöhnt. Ich hatte aber viele Jahre keines. Es ist kein Fixum, aber es ist ganz komfortabel, eines zu haben. In der Zeit der Arbeitslosigkeit habe ich stark sparen müssen und hatte dauernd überzogene Konten. Anschließend habe ich aber immer besser verdient.

Ich bin jedoch nicht so geldhörig, dass ich etwas jahrzehntelang mache, obwohl ich merke, dass ich damit unglücklich bin. Wenn ein Job furchtbar ist, kündige ich, auch ohne eine Alternative zu haben.

Ich bin zurzeit zufrieden und habe Zutrauen, dass ich mein Leben gestalten kann. Das hatte ich früher nicht. Manchmal denke ich jedoch, es wäre gut gewesen, dies und jenes anders gemacht zu haben, zum Beispiel ein Volontariat anzunehmen. Ich habe mich nicht richtig getraut, obwohl ich das eigentlich immer gern wollte. So erfüllte ich mir erst über Umwege meinen Berufswunsch. Aber besser so als gar nicht!

Meine Fachkenntnisse aus dem Studium Erziehungswissenschaften konnte ich beruflich gar nicht gebrauchen. Sich mit einem Thema auseinanderzusetzen, wie in der Magisterarbeit, hat mir aber für meine heutige Tätigkeit genützt. Und auch die Referate über Themen wie Arbeitsmarktpolitik, Rechtsextremismus oder politische Systeme haben mir geholfen. Ich plädiere jedoch dafür, dass man diese Studiengänge ganz anders organisiert, mehr in Richtung Projektstudiengänge. Wir hatten kein Pflichtpraktikum, ich musste alles selbst organisieren. Ich musste mich allein durch diesen Dschungel an Themen finden und mir den Bezug zur Realität selbst schaffen.

Meine Fähigkeiten und Stärken haben sich mit der Zeit weiterentwickelt. Ich kann mittlerweile sehr gut strukturieren, konzeptionell denken und ich schreibe recht gut.

Zu meinen Schwächen zählt, dass ich kein Cheftyp bin. Ich bin gewohnt, alles selbst zu machen, und habe Schwierigkeiten, Hilfskräften Anweisungen zu geben. Umgekehrt ist es auch schwierig für mich, mich unterzuordnen.

Ich bin heute immer noch nicht geografisch flexibel. Eigentlich träume ich davon, mal in einer anderen Stadt zu leben, aber ich habe Angst davor. Ich lebe jetzt 20 Jahre hier, es wird für mich immer schwieriger zu wechseln. Ich könnte mir vorstellen, für ein Jahr wegzugehen. Am liebsten hätte ich gehabt, dass sich hier immer alles im Umkreis von 50 Kilometern abspielt. Ich denke aber, ich hätte eher eine Karriere gemacht und wäre Redakteurin geworden, wenn ich flexibler gewesen wäre.

Ich würde den Abiturienten raten, erst einmal eine Ausbildung zu machen, einen Lehrberuf. Oder ein Praktikum, jobben oder wegfahren, sich auf jeden Fall die Realität anzuschauen. Wenn man gleich nach der Schulzeit studiert, sollte man sich durch Praktika Bezüge schaffen.«

Mut zum Berufswechsel

Der Arbeitsmarkt befindet sich im Wandel und ist mehr und mehr auf kurzfristige Ziele ausgerichtet. Der traditionelle Weg, der schrittweise über verschiedene Stufen einer Karriereleiter in einem Beruf nach oben führt, wird von immer weniger Menschen durchlaufen. Eine einzige Ausbildung reicht für ein Berufsleben oftmals nicht mehr aus.

Wer sich wechselnden Umständen anpassen kann, ohne an ihnen zu verzweifeln, ist im Vorteil. Dazu muss er den Wandel akzeptieren und in sein Leben integrieren. Das bedeutet, dass er sich von der Vergangenheit verabschieden und die nötigen Entscheidungen für eine Veränderung treffen muss. Da sich jeder Mensch in einem Netz von Möglichkeiten bewegt, zu dem seine eigenen Fähigkeiten, Kontakte und räumliche Strukturen zählen, kann er in diesem Rahmen eine Handlungsstrategie entwickeln. Wer fähig ist zum Loslassen, kann sich den neuen Gegebenheiten anpassen. Dazu gehört der Wille, sich vom einmal eingeschlagenen Weg zu verabschieden und neu anzufangen.

Richard Sennett spricht in diesem Zusammenhang von der flexiblen Persönlichkeit, deren herausragender Charakterzug ist, sich von der eigenen Vergangenheit zu lösen und Fragmentierung zu akzeptieren.

Die besten Motive für einen Wechsel sind Neugier und Lust auf Neues. Personen, die jahrelang im gleichen Beruf oder sogar im gleichen Büro gearbeitet haben, kann ganz plötzlich die Sehnsucht nach einem Tapetenwechsel packen. Wer lange nur am Schreibtisch gesessen hat, will vielleicht eine kommunikative oder handwerkliche Tätigkeit ausüben oder umgekehrt. Nicht jeder fühlt sich zu einer bestimmten Arbeit berufen, die er für immer ausüben möchte. Wer über unterschiedliche Fähigkeiten verfügt oder sein Hobby zum Beruf machen will, lässt sich in vielen Fällen auf einen Neuanfang ein.

Menschen über 40 brauchen besonders viel Mut für einen Neuanfang, dessen Erfolg nicht garantiert ist. Aber gerade ihnen kann es passieren, dass sie den Anschluss verpassen, wenn sie sich nicht bewegen. Vermeintliche Stabilität kann zu Resignation und Stillstand führen. Die Kunst besteht darin, eine Nische zu finden, in die man mit seinen Fähigkeiten einsteigen kann.

Diese Angst, zu alt für einen Wechsel zu sein, ist nicht verwunderlich. Viele Stellenanzeigen suchen ausdrücklich MitarbeiterInnen unter 30. Sogar BeraterInnen vom Arbeitsamt machen Arbeitslosen über 35 wenig Hoffnung auf Erfolg bei der Arbeitssuche. Gleichzeitig werden Langzeitarbeitslose und Menschen, die ihre Ausbildung schon länger hinter sich haben, vermehrt in Fortbildungen geschickt. Gerade für diese Umorientierung brauchen sie Zuversicht und Motivation. Es muss eine Lösung gefunden werden, um nicht in dieser Zwickmühle stecken zu bleiben. Viele müssen nicht nur eigene Ängste bewältigen, sondern auch gesellschaftliche Vorurteile.

Menschen, die sich sehr mit ihrem erlernten Beruf identifizieren oder sogar ihr Traumstudium abgeschlossen haben, tun sich besonders schwer, einen neuen Weg einzuschlagen. Die Erkenntnis, keine Arbeit zu finden, muss erst verdaut werden, bevor ein Neuanfang möglich ist. Häufig führen äußere Zwänge wie finanzielle Probleme oder zufällige Begebenheiten wie zum Beispiel ein Jobangebot im Freundeskreis zur Lösung. Viele benötigen intensive Beratung, bis sie sich entschließen können, ganz von vorn anzufangen. Denn immerhin sind viele noch in dem Glauben aufgewachsen, eine solide Ausbildung bedeute einen gesicherten Arbeitsplatz. Schul- und Sozialsystem in Deutschland sind bis heute auf Menschen mit einem Lebensberuf ausgelegt. Besonders ältere ArbeitgeberInnen erkennen erst langsam den Wert von Menschen mit vielfältigen Berufserfahrungen, während in den neuen Berufen und der New Economy solche MitarbeiterInnen bereits hoch im Kurs stehen.

Wie sehr sich die Arbeitswelt wandelt, zeigen die zahlreichen Berichte und Serien in Tageszeitungen und Zeitschriften, die sich mit dem Thema Arbeit auseinandersetzen. Häufig werden Menschen mit Patchworkbiografien vorgestellt, so zum Beispiel im *Tagesspiegel* vom 6.3.2002. Diese Ausgabe war komplett dem Thema Arbeit gewidmet und stellte neben Artikeln rund um das Thema 30 Arbeitssuchende mit ihrer Geschichte vor, darunter viele PatchworkerInnen. Immer deutlicher wird, dass das Arbeitsamt als Arbeitsvermittler ausgedient hat und dass Konzepte und Ideen zum Wechsel von jedem Einzelnen kommen müssen. ArbeitnehmerInnen, die bereits eine oder mehrere Fortbildungen absolviert haben, werden beim Arbeitsamt zum Beispiel noch unter ihrem ursprünglich erlernten Beruf geführt und bekommen dadurch keinerlei Angebote. So berichtet Holger: »Mein Beruf ›Lehrer für Polytechnik‹ existiert seit der Wende nicht mehr. Wer will denn heute wissen, wie der Motor eines Zweitakters funktioniert? Inzwischen machte ich eine Fortbildung zum PR-Referenten und hatte auch anderthalb Jahre eine Arbeit in diesem Bereich. Jetzt bin ich wieder arbeitslos und werde vom Arbeitsamt als Lehrer geführt.« Es ist nicht verwunderlich, wenn immer mehr Menschen ihre Arbeitssuche selbst in die Hand nehmen.

Auch für Menschen, die mit ihrer Arbeit unzufrieden sind, kann ein Wechsel sehr befreiend oder sogar notwendig sein. Wer ständig unter Langeweile oder Unterforderung leidet, kann in einem neuen Arbeitsfeld Auftrieb finden. Auch dauerhafte Überforderung oder Mobbing am Arbeitsplatz können der Ausgangspunkt für einen Wechsel sein. Viele leiden gesundheitlich so sehr unter ihrer Arbeitssituation, dass sie einen anderen Weg einschlagen müssen. Die Symptome können von Allergien über psychische Störungen bis zum Herzinfarkt oder Magengeschwür reichen.

Weiterbildungen vom Arbeitsamt

Eine Möglichkeit für eine Neuorientierung sind Weiterbildungen. Das Arbeitsamt fördert eine Weiterbildung, wenn sie die Chancen auf eine neue Stelle erhöht. Zusätzlich wird Unterhalt, der sich nach dem vorangegangenen Verdienst richtet, für die Dauer der Maßnahme gezahlt. Doch nicht jeder hat die Möglichkeit, gefördert zu werden. Anspruch haben Arbeitslose, die in den letzten drei Jahren mindestens ein Jahr lang gearbeitet haben. Vielen ist der Zugang zu Fortbildungen, die vom Arbeitsamt gefördert werden, ganz versperrt, es sei denn, sie tragen selbst die Kosten. Auf der anderen Seite müssen viele Arbeitslose eine teure Fortbildung besuchen, um weiterhin Geld zu erhalten, auch wenn sie selbst gar keine Motivation für eine solche Maßnahme haben.

Im günstigsten Fall sucht sich der Arbeitslose eine Fortbildung aus und lässt sich diese vom zuständigen Arbeitsvermittler genehmigen. Somit entgeht er der Gefahr, willkürlich in eine Maßnahme vermittelt zu werden, die ihn gar nicht interessiert oder weiterbringt. Die Diplomgeografin Pia hatte Glück: »Ich sollte eine Fortbildung in Geografischen Informationssystemen (GIS) machen. Die wurde mir vom Arbeitsberater empfohlen. Zum Glück wusste ich von Freunden, dass mittlerweile etliche Geografen und Planer dieses Computerprogramm beherrschen. Trotz dieser fachbezogenen Computerkenntnisse finden die wenigsten eine Stelle. Ich wollte etwas gänzlich Neues anfangen und entschied mich für Kulturmarketing. Da ich bereits in den unterschiedlichsten Bereichen gearbeitet hatte, willigte mein Arbeitsberater schließlich ein. Durch mein Praktikum fand ich eine Stelle im Bereich Öffentlichkeitsarbeit am Theater.« Pias Erkenntnis wird durch Johanns Erfahrung bestätigt: »Bereits vor einem Jahr schloss ich meine GIS-Fortbildung ab. Ich suchte wie verrückt und fand genauso wenig eine Stelle wie vor der Maßnahme. Bis ich etwas finde, jobbe ich wieder in der Kneipe. Aus meinem Kurs mit etwa 25 Personen fand nur einer eine feste Stelle.« Am besten informiert man sich selbst ausführlich und schaut sich verschiedene Weiterbildungsinstitute an, spricht mit AbsolventInnen unterschiedlicher Schulen und geht dann mit einem eigenen Konzept zum Arbeitsvermittler.

Die Arbeitsämter arbeiten mit den unterschiedlichsten Trägern von Weiterbildungen zusammen. Die verschiedenen Möglichkeiten der Weiterbildung können InteressentInnen der Website des Arbeitsamtes unter dem Link KURS entnehmen. Viele Arbeitsämter halten auch regionale Listen mit den Kursen des laufenden Jahres bereit.

Die meisten für AkademikerInnen geeigneten Weiterbildungen bezogen sich in den letzten Jahren auf Computerkenntnisse sowie Neue Medien. Auch neue Berufe wie ProjektmanagerIn, Event-ManagerIn und ähnliche werden angeboten. Daneben gibt es wirtschaftlich orientierte Weiterbildungen. Ein bekannter Träger von Weiterbildungen ist die WBS-Training AG, die bundesweit Kurse in kommunikativen Berufen wie PR-ReferentIn anbietet. Schreibfreudige können sich dort unter anderem zum Online- oder Fachzeitschriftenredakteur ausbilden lassen.

Die Weiterbildungslandschaft ist so vielfältig, dass es schwer ist, seriöse Anbieter von unsoliden Abzockern zu unterscheiden.

Der hart umkämpfte Fortbildungsmarkt ist von Konkurrenz und Kostendruck bestimmt. Etliche Weiterbildungen schließen mit einem Zertifikat ab, das auf dem Arbeitsmarkt keine Anerkennung findet. Denn nicht immer werden staatlich anerkannte Abschlüsse erworben. Berufsbezeichnungen wie Gutachter, Immobilienmakler oder Umweltberater sind ungeschützt und können auch von Personen genutzt werden, die gar keinen Lehrgang besucht haben. Die beste Vorbeugung ist, vor Vertragsunterzeichnung bei einem Weiterbildungsinstitut in Erfahrung zu bringen, was der Abschluss auf dem Arbeitsmarkt wert ist.

Auch den Lehrplan sollte man sich vor einer Entscheidung für eine Weiterbildung zeigen lassen. Viele Weiterbildungen sind thematisch so breit angelegt, dass ein roter Faden nicht erkennbar ist und den wenigsten einleuchtet, worin der Schwerpunkt liegt.

Eine große Chance, die eine Weiterbildung bietet, ist das vom Arbeitsamt finanzierte Praktikum. Dieses kann bei guter Wahl der Türöffner in den neuen Beruf sein. Hier kann man Kontakte knüpfen und in einem konkreten Arbeitsfeld erste Erfahrungen sammeln. Gleichzeitig bekommt man einen Einblick in die Branche und kann mit viel Glück sogar einen Arbeitsplatz in der Praktikums-Firma ergattern.

Fernstudiengänge und Online-Fortbildungen

Weitere Möglichkeiten der beruflichen Umorientierung bieten Aufbaustudiengänge. Diese werden von Fern- und Präsenzuniversitäten angeboten. Welche Form gewählt wird, hängt von der persönlichen Lebenssituation ab.

Das Studium an einer Fernuniversität bietet die Möglichkeit, sich neben dem Beruf neu zu orientieren und somit schrittweise einen Wechsel anzugehen. Auch für Mütter mit kleinen Kindern bietet diese Form des Studiums eine ideale Möglichkeit, sich fit für einen Wiedereinstieg zu machen, ohne die Kinder zu vernachlässigen. Denn die Studierenden sind räumlich und zeitlich flexibel. Der Stoff wird über Studienbriefe vermittelt. Die bekannteste und einzige staatliche Einrichtung dieser Art ist die FernUniversität Hagen. Die Zeiten des selbstständigen Lernens werden durch Präsenzveranstaltungen an Wochenenden ergänzt. Studierende treffen sich dann in Regionalzentren, die über ganz Deutschland verteilt sind, um den Stoff zu vertiefen und Fragen zu stellen. Ein weiteres Institut ist die FernFH Hamburg, die neben Vollstudiengängen auch den postgradualen Studiengang Wirtschaft anbietet. Zahlreiche private Fernhochschulen bieten unterschiedliche Aufbaustudiengänge und Weiterbildungslehrgänge an. Außer der FernUniversität Hagen erheben alle anderen Fernlehrinstitute Studiengebühren. Diese liegen bei durchschnittlich 200 Euro im Monat. Bei der FernUniversität Hagen fallen neben den Immatrikulationsgebühren etwa 300 Euro Versandkosten für Studienmaterialien pro Semester an.

Am privaten PR-Kolleg Berlin kann ein 18-monatiger PR-Fernstudiengang für insgesamt 6 120 Euro oder ein 12-monatiger PR-Abendstudiengang für 3 840 Euro gebucht werden. Dies ist nur eines von vielen Angeboten, unter denen man wählen kann, vorausgesetzt man verfügt über das nötige Kleingeld.

Wer mehr über Fernunterricht erfahren will, findet eine Liste aller Fernlehrinstitute und -lehrgänge im Internet unter www.zfu.de. Auf dieser Seite der Staatlichen Zentralstelle für Fernunterricht in Köln finden sich auch weitere Informationen zum Thema. Die Stiftung Warentest rät allen InteressentInnen an privaten Fernlehrgängen zur genauen Prüfung der Verträge, da diese in vielen Fällen nicht korrekt sind.

Auf ihrer website www.stiftung-warentest.de hält die Stiftung Warentest eine Liste mit Weiterbildungsdatenbanken bestimmter Regionen und Kommunen bereit. Im Heft 7/2001 wurden Online-Angebote in der beruflichen Weiterbildung und Bildungsdatenbanken getestet. Alle 14 von Stiftung Warentest getesteten Online-Weiterbildungen, so genanntes E-Learning, wurden schlecht bewertet. Auch dies kann im Internet unter der genannten Adresse nachgelesen werden.

Aufbau- und Ergänzungsstudiengänge

Weiterführende Qualifizierungen können durch die zahlreichen Aufbau- oder Ergänzungsstudiengänge, die bundesweit an Universitäten und Fachhochschulen angeboten werden, erworben werden. So bietet die Freie Universität Berlin unter anderen die

Ergänzungsstudiengänge »Wissenschaftsjournalismus« und »Tourismus mit den Schwerpunkten Management und regionale Fremdenverkehrsplanung« an.

Zugangsvoraussetzung ist in der Regel ein abgeschlossenes Hochschulstudium. Abhängig von den einzelnen Instituten kommen meistens weitere Anforderungen, die der Bewerber für den Studiengang erfüllen muss, hinzu. Ein solches weiterführendes Studium dauert in der Regel zwei bis vier Semester und ist so zeitintensiv, dass eine studienbegleitende Berufstätigkeit nur am Wochenende oder abends möglich ist. Der zweijährige Zusatzstudiengang im Fachgebiet Architektur/Städtebau mit Abschluss »Master of Architecture in Urban Design« an der Kunsthochschule Weißensee in Berlin bietet künstlerisch begabten IngenieurInnen und PlanerInnen nach bestandener Aufnahmeprüfung eine kreative Möglichkeit, sich neu zu orientieren und einen künstlerischen Weg einzuschlagen.

Aufbaustudiengänge ermöglichen den Studierenden entweder den Erwerb von Spezialwissen in ihrem Beruf oder aber den Einstieg in ein neues Tätigkeitsfeld in relativ konzentrierter Form und kurzer Zeit. Ein weiterer Vorteil ist, dass die Institute meist über gute Kontakte zu ArbeitgeberInnen verfügen und sich so Einstiegschancen für engagierte UmsteigerInnen ergeben können.

Für alle Weiterbildungen und Aufbaustudiengänge haben betriebswirtschaftliche Kenntnisse einen immer höheren Stellenwert, ebenso wie Marketing, internationale Beziehungen und Computerkenntnisse. So gut wie alle Lehrgänge enthalten Grundkurse in Betriebswirtschaftslehre. Wer ein wirtschaftlich orientiertes Aufbaustudium oder sogar ein MBA-Studium mit Abschluss zum »Master of Business Administration« abgeschlossen hat, braucht sich kaum Sorgen um seine Karriere zu machen. MBA-Absolventen haben ihren Titel häufig im Ausland erworben, auch wenn in Deutschland immer mehr MBA-Studiengänge angeboten werden. Da dieser Studienabschluss im Anschluss an ein Hochschulstudium in Deutschland noch keine lange Tradition hat, werden von vielen Firmen Bewerber mit Promotion bevorzugt. »Der Vorteil, der mit dem MBA assoziiert wird, ist, dass er häufig mit mehr Praxisorientierung, Internationalität und der Kenntnis von fremder Sprache und Kultur einhergeht«, so Werner Dostal, Berufsforscher am Nürnberger Institut für Arbeitsmarkt- und Berufsforschung in der *Welt am Sonntag* vom 18.2.2001. Branchen- und funktionsbezogenes Spezialwissen aus dem vorangegangenen Studienfach wie beispielsweise Geistes- oder Sozialwissenschaften werden um betriebswirtschaftliche und internationale Kenntnisse erweitert. Einige Jahre Berufserfahrung können die meisten AbsolventInnen, die sich für das Management qualifizieren wollen, in der Regel vorweisen.

Umstieg in nicht-akademische Berufe

Viele AkademikerInnen legen keinen Wert auf einen akademischen Aufstieg und wollen sich in eine andere Richtung bewegen. So gibt es zum Beispiel beim Forum Berufsbildung unterschiedliche Fortbildungen und Umschulungen, zum Beispiel Präsenz- und Fernlehrgänge im Fahrrad-Einzelhandel. Auf der homepage www.forum-berufsbildung.de werden ExistenzgründerInnen sowie Fahrradbegeisterte, die ihr Hobby zum Beruf machen wollen, angesprochen. Weiterhin gibt es Umschulungen zum Kaufmann/frau im Naturkosteinzelhandel und verschiedene Fernlehrgänge zum Thema Naturkost. Auch Reisebürokaufmann/frau ist unter den Angeboten. Diese Maßnahmen dauern ein bis zwei Jahre und in bestimmten Fällen werden auch solche nicht-akademischen Maßnahmen vom Arbeitsamt finanziert. Besonders beliebt unter AkademikerInnen war eine Zeitlang die Umschulung zum Physiotherapeuten, die aber mittlerweile aufgrund der verschlechterten Berufsaussichten nur noch in wenigen Fällen gefördert wird. Die Ethnologin Bascha hatte Glück: »Nach dem Studium fand ich keine Arbeit als Ethnologin und arbeitete übergangsweise als Schwangerschaftsvertretung im Sekretariat einer Schule. Als die Stelle nach zwei Jahren auslief, entschied ich mich für eine Umschulung zur Physiotherapeutin, die vom Arbeitsamt gefördert wurde. Mittlerweile bin ich seit drei Jahren Mitinhaberin einer Gemeinschaftspraxis und es macht immer noch Spaß.« Auch etliche HeilpraktikerInnen und YogalehrerInnen haben einen akademischen Abschluss. Trotzdem entschieden sie sich, ihr Hobby zum Beruf zu machen.

Wenn Reisen zur Berufung wird

»Ich wollte etwas von der Welt sehen – und das hört nicht auf«

Carola, 46, vollzog zahlreiche berufliche Wechsel, um sich weiterzuentwickeln. Dabei entdeckte sie ihre Leidenschaft: Reisen wurde zur Passion und zieht sich wie ein roter Faden durch ihr Leben und ihre Suche nach dem richtigen Beruf. Eine klassische Karriere ist ihr dabei nicht wichtig.

»Ich schloss die Schule mit 15 Jahren mit der mittleren Reife ab. Ich wollte zunächst Chemielaborantin werden, hatte aber keine Ahnung, was dahintersteckt, weil kaum Chemie an der Schule unterrichtet wurde. Daher bekam ich auch keine Ausbildungsstelle. Ganz schlecht war die Berufsberatung an der Schule. Die konnte einem gar nichts sagen und ich hatte keine Ahnung, was es für Berufe gab. Mein Vater schlug vor, ich könne Bauzeichnerin werden. So wurde ich Bauzeichnerin ohne besonderes Interesse an dem Beruf. Nach der zweieinhalbjährigen Ausbildung wurde mir klar, dass dies nicht der Beruf war, in dem ich lange arbeiten wollte. Ich war mit 18 schon mit der Ausbildung fertig. Ich kannte eine andere Bauzeichnerin, die ein Bauingenieur-Studium in Minden begonnen hatte, das hörte sich ziemlich interessant an. So bewarb ich mich auch und ging von Osnabrück nach Minden. Mit einer abgeschlossenen Lehre und der mittleren Reife konnte ich damals dieses Fachhochschulstudium beginnen. Das wäre heute nicht mehr möglich. Mit 21 war ich schon Bauingenieurin. Ich war an der Fachhochschule die jüngste Absolventin, die es je gab.

Um mich nicht selbst bewerben zu müssen, gab ich selbst ein Stellengesuch auf. Die einzige Stelle, die mir angeboten wurde, nahm ich an. Das war in einem Landesstraßenbauamt, wo ich überwiegend Verwaltungstätigkeiten erledigte und später mehr im technischen Bereich arbeitete. Für meine Verhältnisse habe ich ganz gut verdient, aber es war immer noch nicht der Beruf, den ich wollte. Mir war immer noch nicht klar, was ich wirklich wollte, und so arbeitete ich dann einige Zeit einfach so vor mich hin.

Gleich zu Beginn erlitt ich einen ziemlichen Schock: Ich erhielt nach vier Wochen ein Schreiben, in dem aufgelistet wurde, welches Dienstjubiläum in welchem Berufsjahr gefeiert würde. Bei der Vorstellung eines 40-jährigen Dienstjubiläums in vier Jahrzehnten hätte ich am liebsten gleich wieder gekündigt. Das erschlägt einen mit 21 Jahren. Ich habe diesen Job vier Jahre durchgehalten und dann gekündigt, ohne einen neuen Job zu haben. Ich habe es einfach nicht mehr ertragen.

Inzwischen hatte ich Leute kennen gelernt, die viel reisten und wollte erstmals selbst eine längere Reise machen. Später ist Reisen dann meine Leidenschaft geworden. Bei der viermonatigen Tour durch Afrika entwickelte sich mein Interesse an anderen Ländern und Kulturen. Ein Jahr später fuhr ich nach Indien und reiste acht Monate durch Asien. Meine Begeisterung wurde immer größer. Endlich war mir klar, dass es das Reisen ist, was mich interessiert, wofür ich bereit bin zu leben und zu arbeiten, regelrecht zu schuften. Fast alles, was ich im Leben mache, hat irgendwie damit zu tun.

Nach einer Weile entschloss ich mich, noch einmal mit einem Studium zu beginnen. Ich hatte nach der weniger erfolgreichen Schulzeit nun endlich Spaß am Lernen. Ich begann in Bielefeld Soziologie und Geschichte zu studieren. Mit dem Ingenieurstudium hatte ich einen Hochschulzugang, ohne das Abitur gemacht zu haben. Mich hat vieles interessiert, ich habe auch in die Vorlesungen anderer Fächer reingeschaut. Irgendwann wurde mir klar, dass ich Ethnologie studieren wollte. Ich habe mich dann in Berlin um einen Studienplatz beworben. Dieses Studium war genau das, was mich interessierte. Ich musste das Studium selbst finanzieren, immerhin hatten mir meine Eltern schon die erste Ausbildung bezahlt. Das war manchmal schwierig, aber ich habe es nie bereut. Ich schloss mit Magister ab. Für die Magisterarbeit führte ich Feldforschungen in Afrika durch. In einem Dorf in Zambia machte ich eine dreimonatige Untersuchung über die wirtschaftlichen Aktivitäten der Frauen. Es ging um deren Eigenständigkeit und Abhängigkeiten, ihren Erfindungsreichtum und um Auswege in Notlagen. Das hat mir großen Spaß gemacht. Das Dorf war sozusagen am Ende der Welt, der Fußweg bis zur nächsten geteerten Straße betrug allein eine Dreiviertelstunde. An dem Studienprojekt zur Vorbereitung des

Magister-Abschlusses nahmen neun Ethnologiestudenten teil. Die Studenten verteilten sich auf verschiedene Orte in einem Tal. Ich befand mich in einem Ort abseits von den anderen, so dass ich selbstständig für mich arbeiten konnte. Für einen Ethnologen ist es wichtig, sich auf eine andere Kultur soweit wie möglich einlassen und seine eigene Kultur ein Stück hinter sich lassen zu können. Teilnehmende Beobachtung, also Mitleben und Miterleben, ist eine wesentliche Vorgehensweise in der Ethnologie.

Das ganze Projekt hat mit den Vorbereitungen, wie einem Sprachkurs, über die Magisterarbeit bis hin zum Abschluss drei Jahre gedauert. Um wissenschaftlich weiterzuarbeiten und um zu promovieren, hätte ich ein Jahr ins Ausland gehen müssen. Das wäre für mich einerseits finanziell nicht möglich gewesen, andererseits merkte ich, dass mich eine rein wissenschaftliche Laufbahn nicht interessierte. Mir fehlte die Begeisterung für rein theoretische Fragestellungen. Für mich stand die eigentliche Erfahrung im Vordergrund.

Das Ethnologiestudium führt nicht zu einem konkreten Beruf, anders als Medizin oder ein Lehramtstudium. Ich hatte das Studium allein aus Interesse am Fach gewählt. Gegen Ende des Studiums begann erst die berufliche Orientierung. Für mich kam die Arbeit in einem Entwicklungsdienst in Betracht, auch heute interessiert mich das noch, aber damals hatte ich neben dem Studium und meinem Taxi-Job zu wenig Zeit, um mich in diesem Bereich genügend zu engagieren. Mir fehlten dadurch die notwendigen Kontakte.

Mir war zu der Zeit das ›Expertinnen-Beratungsnetz‹ in Berlin eine große Hilfe: Frauen, die nicht mehr im Beruf sind, beraten jüngere Frauen, die berufliche Orientierung suchen, und diskutieren mit ihnen die verschiedenen Möglichkeiten durch. Ich hatte mich mit einer Frau getroffen und suchte nach Informationen, wie ich einen Start im Bereich Entwicklungshilfe schaffen könnte. Mir wurde im Gespräch allerdings klar, dass ich in diesem Bereich wenig Chancen hatte, weil ich zu alt war und zu wenig spezielle Qualifikationen hatte.

Nach dem Ethnologiestudium ging ich für ein halbes Jahr in die USA. Ich habe dort in San Francisco gelebt und gejobbt. Da ich noch als Studentin eingeschrieben war, bekam ich über eine studentische Austauschorganisation eine befristete Aufenthalts- und Arbeitsgenehmigung. Den Job konnte ich mir selbst suchen. Ich arbeitete parallel in einem Café mit Schokoladenverkauf und in einem Papiergeschäft. Bei einer russischen Familie aus Aserbeidschan hatte ich ein Zimmer gemietet. So konnte ich mal ein ganz anderes Leben ausprobieren, das hat sehr viel Spaß gemacht. Mittlerweile war ich schon 42 Jahre alt. Ich dachte: ›Wenn ich jetzt nicht ausprobiere im Ausland zu leben, habe ich vielleicht keine Gelegenheit mehr dazu.‹ San Francisco gefiel mir sehr gut und ich spielte auch mit dem Gedanken zu bleiben. Aber die Jobs waren sehr schlecht bezahlt und mein Visum war befristet. Ich ging also nach Deutschland zurück und stand wieder vor der Frage, was ich beruflich machen sollte. Es war klar, dass ich zu dem Ethnologiestudium noch etwas Praktisches dazulernen musste, um damit etwas anfangen zu können.

Tourismus war durch meine Reisen ohnehin mein Interessensgebiet, auch Alternativ- und Ökotourismus und Tourismus in der Dritten Welt. Nach der Rückkehr aus den USA prüfte ich die Möglichkeiten im Tourismusbereich. Ich schaute mir verschiedene Tourismus-Aufbaustudiengänge an. Außerdem bewarb ich mich als Reiseleiterin und führte sogar einige Touren nach Prag und nach Kopenhagen. Dazu reichten meine Englischkenntnisse. Das war für mich aber kein Beruf, von dem ich auf Dauer hätte leben können oder wollen. Ich wollte endlich etwas Längerfristiges machen und möglichst auch an einem Ort leben. So bewarb ich mich schließlich in Berlin an der FU für das einjährige Tourismus-Aufbaustudium und wurde angenommen. Ich finanzierte mir auch dieses Studium. Das war oft nicht einfach, weil ich einen sehr vollen Stundenplan hatte. Ich hatte in diesem Jahr fast keine Freizeit mehr, denn ich fuhr jedes Wochenende und oft auch abends Taxi. Zusätzlich unterstützten mich meine Eltern. Die freuten sich, dass ich wieder etwas Praktisches machte.

Nach dem Tourismusstudium fand ich durch einen Zufall bei einer Firma, die in der Nähe von Frankfurt ein Büro hatte, den Berufseinstieg. Dort arbeitete jemand, der ebenfalls dieses Berliner Aufbaustudium absolviert hatte und bei unserer Dozentin nach Praktikanten fragte. Ich bewarb mich für das Praktikum und wurde auch angenommen, aber ich entschied mich dann doch für ein anderes Praktikum in Nepal. Dafür war wieder meine große Sehnsucht nach der Ferne ausschlaggebend. Mit dem Praktikum in Nepal konnte ich gleichzeitig eine Recherche für meine Abschlussarbeit verbinden. Am Ende des Studiums fragte mich das Frankfurter Büro wieder an, ob ich immer noch Interesse an einem Praktikum hätte. Inzwischen hatte ich jedoch kein Geld mehr für ein Praktikum. So boten sie mir ein ›Trainee-Jahr‹ an, mit einer Bezahlung, die einigermaßen ausreichte. Es handelte sich um einen Reiseveranstalter für nordische Länder wie Alaska und Kanada. Ich arbeitete im Bereich Kanada und stellte fest, dass ich das Studium dafür nicht unbedingt gebraucht hätte. Das Studium war eher für Tätigkeiten im Produktmanagement drei Stufen höher angelegt. Aber da muss man ja erst mal hinkommen und ohne die Praxis erreicht man dieses Niveau nicht.

So trat ich diese Traineestelle in der Nähe von Darmstadt an und nahm mir dort ein kleines Zimmer. Ich blieb nur ein knappes Jahr, denn die Firma war in wirtschaftlichen Schwierigkeiten und das Filialbüro Frankfurt wurde geschlossen. Ich bekam das Angebot in das Hauptbüro in Kempten im Allgäu zu gehen. Ich war vorher noch nie im Süden von Deutschland gewesen. Ich bin durch und durch Norddeutsche und habe den Aufenthalt in Kempten fast wie einen Trip in ein exotisches Land empfunden. Ob ich mich dort längerfristig wohl gefühlt hätte, wage ich zu bezweifeln, aber es war ganz interessant und die Umgebung war sehr schön. Leider hat die Firma Konkurs gemacht, als ich noch keine vier Wochen dort war. Ich konnte nur noch mithelfen, diese Firma abzuwickeln. Es waren Kunden gestrandet, die noch betreut werden mussten. Ich musste zum Beispiel dafür sorgen, dass Kunden, die ihre Reisen schon gebucht hatten, ihr Geld wiederbekamen oder doch noch verreisen konnten, wenn sie wollten. Andere, die schon ihre Koffer gepackt hatten und einen Tag später verreisen wollten, musste ich anrufen und sagen: ›Tut uns Leid. Wir sind pleite. Sie können nicht mehr verreisen.‹ Durch all meine Jobs, besonders auch durch das Taxifahren, hatte ich Erfahrungen im Kundenkontakt und eine gute Menschenkenntnis. So schaffte ich das. Ich habe vier Monate für diese Insolvenzverwaltung weitergearbeitet. Die Firma, für die ich jetzt tätig bin, übernahm einige unserer Buchungen, daher stand ich mit ihren Mitarbeitern ständig in Kontakt. Sie fragten mich schließlich, was ich denn nach der Abwicklung machen würde. Sie luden mich zu einem Vorstellungsgespräch ein und gaben mir eine Stelle im Frankfurter Büro. Wieder hatte ich großes Glück. Seit zwei Jahren bin ich nun in dem Büro in Frankfurt tätig. Wir sind ein Verkaufsbüro für Nordamerikareisen und betreuen die Kunden hier aus der Region. Es ist eine Mischung aus Reiseplanung und Verkauf. Da kommen mir meine Ortskenntnisse in den USA zugute. Letztes Jahr fuhr ich dann endlich mal nach Kanada.

Ich hätte jedoch auch für diesen Job vermutlich nicht einen meiner vielen Studienabschlüsse gebraucht. Durch das Tourismusstudium bin ich für den Verkauf überqualifiziert, andererseits bin ich darüber überhaupt erst in diese Branche hineingekommen. Im Tourismusmanagement gibt es nicht genügend Positionen zu besetzen. Es gibt so viele Fachhochschulen und Akademien für Tourismus, an denen Jahr für Jahr sehr viele Leute ausgebildet werden, alle fürs Management. Das ist eine unsinnige Entwicklung. Natürlich wollen alle mehr machen als nur den Reiseverkauf, aber es gibt diese Stellen nicht, für die man ausgebildet wird.

Wenn ich mit 16 schon eine Lehre als Reiseverkehrskauffrau gemacht hätte, hätte ich das vielleicht auch erreichen können, aber ich habe damals überhaupt noch nicht gewusst, dass es so etwas gibt. Außerdem habe ich wohl die Erfahrung dazwischen gebraucht, um diesen Job jetzt zu wollen und um so arbeiten zu können, wie ich es heute tue. Ich leite inzwischen die Filiale, weil die frühere Büroleiterin in ein anderes Büro wechselte. Ich muss den Laden nun fortführen. In diesem kleinen Büro mit nur zwei Festangestellten arbeiten wir natürlich im Team, da braucht es keine wirkliche Büroleitung. Trotzdem habe ich die Verantwortung. Es bleibt an mir hängen, wenn etwas nicht läuft. Aber es macht sehr viel Spaß.

Dieser Job verknüpft so viele Elemente aus meinem Lebenslauf. Er hat etwas mit Menschen zu tun und ich rede sehr gern mit Leuten. Ich habe mit Reisen zu tun. Das ist etwas, das sich wie ein roter Faden durch mein Leben zieht und das in meinem Beruf immer vorkommen sollte, sonst würde ich wohl nicht glücklich werden. Der Rest ist kaufmännisches Wissen, das ich beiläufig gelernt habe, ohne dass ich eine große Begeisterung dafür hätte. Ich hatte ja während des Studiums fünf Jahre lang ein eigenes Taxi mit Aushilfsfahrern, das war sozusagen ein eigenes Unternehmen. Bei der Industrie- und Handelskammer habe ich eine Prüfung abgelegt, um berechtigt zu sein, einen eigenen Betrieb zu führen. Das Kaufmännische bereitet mir daher keine Schwierigkeiten. In Verhandlungen mit den Kunden kann ich ziemlich überzeugend sein. Da kommt mir mein Alter zugute, auch wenn es hin und wieder sehr junge Leute gibt, die das schon gut können wie zum

Beispiel eine 26-jährige Kollegin von mir. Aber sie ist wohl eher eine Ausnahme.

Ich mache normalerweise keine Lebensplanung über sehr lange Zeiträume. Solange mir das gefällt, was ich gegenwärtig tue, sehe ich keinen Grund etwas daran zu ändern. Das heißt nicht, dass ich es nicht irgendwann einmal ändern möchte. Ich bin jedoch realistisch: Ich weiß, dass ich in meinem Alter nun nicht mehr unendlich viele neue Chancen vorfinden werde. Jetzt ist der Zeitpunkt da, an dem ich zum ersten Mal finanzielle Sicherheit zu schätzen weiß. Früher hatte ich nie das Bedürfnis nach Sicherheit, sondern mehr nach Experimentieren, Abenteuer und Selbsterfahrung. Ich bin in einer Zeit groß geworden, in der es viele Chancen gab. Ich habe immer gearbeitet, ich habe immer irgendeinen Job gefunden. Und ich war stets zuversichtlich, dass ich etwas finden würde. Ich weiß nicht wie es wäre, wenn ich mit 50 oder 55 den jetzigen Job verlieren würde. Aber ich bin immer noch davon überzeugt, dass ich dann Arbeit fände.

Auf eine eigene Familie habe ich bewusst verzichtet, das hat sich nicht zufällig ergeben. Ich war mir nie sicher, wie lange ich einen Job machen würde, ich habe immer wieder die Veränderung gesucht, das setzt sich im Privatleben teilweise fort.

Ich habe nur ein Leben. Und ich will es nicht damit verbringen mir Vorwürfe zu machen, dass ich dieses oder jenes nicht probiert habe.

Wenn ich auf dem Bauamt geblieben wäre, hätte ich sicher nicht überlebt, ich wäre vor Verzweiflung aus dem Fenster gesprungen, da bin ich mir ganz sicher. Ich wollte etwas von der Welt sehen, die ist so spannend und schön und bunt und lebendig, das hört nicht auf.

Studenten sollten keine Angst haben, etwas anderes zu probieren, auch wenn die Möglichkeiten vielleicht nicht mehr so sind wie vor 20 Jahren. Da wird ein Druck ausgeübt, dass man nicht mehr beruflich experimentieren oder sich Auszeiten nehmen soll. Wer früh viel verdient, möchte auf materielle Standards nicht mehr verzichten. Ich wollte mich nie an materielle Dinge und Verpflichtungen binden, auch wenn sich das heute geändert hat und ich die finanzielle Sicherheit genieße. Ich würde nicht jedem raten, so lange zur Berufsorientierung zu brauchen wie ich, aber für mich war das wohl genau der richtige Weg.«

Doktern bis zum Yogazentrum

»Mit Yoga erlebe ich meine Begrenzungen«

Norbert, 45, studierte nach einem Diplom-Sportstudium noch Psychologie und promovierte danach in Musikwissenschaften. Jetzt ist er selbstständig als Leiter eines Yogazentrums.

»Am Anfang konnte ich mir vorstellen, Lehrer zu werden. Dafür studierte ich in Köln Physik und Sport. Kurz vor Ende dieses Studiums bekam ich noch meinen lang ersehnten Studienplatz in Psychologie in Bonn. Trotzdem schloss ich mein Sportstudium ab und bekam anschließend eine halbe Stelle als Sportlehrer in Berlin. Eine interessante Zeit. Mit meinem Sportlehrer-Diplom erwarb ich die Lehrbefähigung, auch ohne Referendariat. Die Stelle hatte sogar Aussicht auf Verlängerung, aber nach diesem Jahr war mir klar, dass ich nicht im Schuldienst bleiben wollte. Und ich wollte das Psychologiestudium in Berlin beenden, das ich neben der halben Stelle an der Schule weitergeführt hatte. Nach dem Jahr an der Schule nahm ich neben Sportkursen viele unterschiedliche Jobs an.

Während des Psychologiestudiums hatte ich einen Job als studentische Hilfskraft. Nach Beendigung des Studiums hätte ich gern sofort an der Uni weitergearbeitet. Leider wurde das damals schon schwierig. In meinem Institut wurde keine Stelle frei. Auch sonst gab es nur wenige wissenschaftliche Mitarbeiterstellen. Und schon gar nicht für jemanden, der nicht in die entsprechenden Institute eingebunden war. Ich hatte keine Chance, dort ohne Kontakte hineinzukommen. Das war ein ziemlicher Frust für mich. In dieser Zeit wurde es für mich auch finanziell ziemlich schwierig. Ich hatte keine richtige Stelle mehr und nach dem zweiten Diplom war mir klar, dass ich nicht mehr hier und da herumjobben wollte. Ich wollte eine fachliche Perspektive haben. Das ging etwa eineinhalb Jahre, in denen ich immer wieder arbeitslos gemeldet war. Zum Glück bin ich handwerklich sehr geschickt und konnte teilweise mit Altbausanierung mein Geld verdienen.

Ich entschloss mich, nach dem Diplom in Psychologie noch zu promovieren. Das Thema hatte ich schon im Kopf: Musik im Nationalsozialismus. Ich hatte schon meine Diplomarbeit über eine Fragestellung zur Musik geschrieben. Den Bezug zur Musik erhielt ich bereits im Elternhaus. Mein Vater spielt Klavier und ich erhielt mit sechs Jahren ersten Klavierunterricht. Zuerst fand ich weder an der Technischen noch an der Freien Universität einen Betreuer. Das Thema, an dem ich neben der Suche nach einer Betreuung schon arbeitete, ließ mich nicht mehr los und ich las jede Menge Hintergrundinformationen. Ich wollte herausfinden, wie die Nationalsozialisten Musik eingesetzt hatten. Was waren die Motivation und die psychologischen Auswirkungen? Eine These, die ich belegen wollte, war, dass der Nationalsozialismus nicht irgendeinen Einbruch in der deutschen Geschichte darstellte, sondern dass die geistesgeschichtliche, kulturelle und politische Kontinuität überwog. Und das lässt sich auf allen Ebenen, auch anhand des Liedguts nachweisen. Dass Persönlichkeitsstrukturen in Deutschland sich nicht geändert haben, sondern kontinuierlich vorhanden waren von etwa 1870 bis 1970.

Endlich, nach fast vier Jahren fand ich dann eine Professorin. Eine Psychologin und Musikwissenschaftlerin, das passte genau. Im Arbeitsprozess entwickelte sich meine Promotion dann anders, als ich geplant hatte. Das Ergebnis war unerwartet und zunächst verwirrend: Das zentrale Thema in den Liedern der Hitlerjugend war nicht die NS-Ideologie, sondern es waren Gemeinschaft und Gehorsam. Mit dieser Seite der deutschen Geschichte räumten erst die 68er auf.

Die Promotion finanzierte ich mir selbst durch Jobs, zum großen Teil über Yogakurse an der Uni. Nach weiteren vier Jahren schloss ich meine Promotion ab.

An der Promotion reizten mich vor allem das Thema und das wissenschaftliche Arbeiten. Mit dem Doktortitel lassen sich auch leichter Mittel akquirieren, etwa bei der Deutschen Forschungsgemeinschaft. Am liebsten hätte ich habilitiert und an der Uni Karriere gemacht. Aber der ganze Wissenschaftsapparat fordert, dass man die Promotion mit 35 abgeschlossen haben und entsprechend mit 40 schon habilitiert sein sollte. In dem Alter hatte ich jedoch gerade erst den Doktortitel.

Auch über meine Betreuerin gab es keine Möglichkeiten, in der Uni weiterzukommen. Der Fachbereich Musikwissenschaften hat zu wenig mit meinem Abschluss als Psychologe zu tun. Ich habe zwar Ahnung von Musik, aber ich könnte kein Grundlagenseminar zur Musiktheorie betreuen. Auch mit der Promotion im Fach Musikwissenschaften bin ich noch lange kein Musikwissenschaftler. Das gehört zur Formalität des Hochschulsystems. Trotzdem hat sich die ganze Arbeit an der Promotion allein für die spannenden inhaltlichen Erkenntnisse sehr gelohnt.

Ich bewarb mich auch außerhalb der Uni, unter anderen an allen möglichen Forschungsinstituten, aber auch in der Wirtschaft. Ich schrieb schätzungsweise zwischen 200 und 300 Bewerbungen. Der durchschnittliche Erfolg war ein Vorstellungsgespräch auf 100 Bewerbungen. Natürlich war ich frustriert von den vielen ergebnislosen Schreiben, die ich quer durch Deutschland verschickt hatte.

So rückte der Sport wieder mehr in den Vordergrund. Das war mein zweites Interesse neben der Wissenschaft. Ich setzte mich kontinuierlich mit Sport und Gesundheit auseinander. Auch die Forschung im Gesundheitswesen fand ich spannend. Da hatte ich mich sogar für einen Aufbaustudiengang beworben, wurde aber leider nicht genommen. Wahrscheinlich war ich überqualifiziert. Über die Auseinandersetzung mit dem Thema Gesundheit kam ich auf die Idee, nicht Sport im klassischen Sinne zu unterrichten, sondern intensiver mit Yoga und Körperarbeit weiterzumachen. Yoga, das ich seit langem intensiv betreibe, ist nicht nur Gesundheit, sondern eine Philosophie und Lebensart. Mit Yoga erlebe ich meine Begrenzungen. Ich habe gelernt, eigene Grenzen zu akzeptieren und damit auch die anderen mit ihren Grenzen und Schwächen zu respektieren.

Im Gesundheitsbereich arbeitete ich in einem ABM-Projekt mit, in dem es um die Aufarbeitung von Patienteninformationen für Naturheilkunde ging. In dieser Zeit entstand zusammen mit meiner Bekannten Ronja die Idee, selbst ein Projekt auf die Beine zu stellen. Mich interessierte damals der Gesundheitsaspekt, bei Ronja war das Interesse noch nicht ganz klar. Im Laufe der Zeit wurde die Idee immer konkreter. Wir wollten uns mit einer eigenen Yoga- und Gesundheitsschule selbstständig machen: In eigenen Räumen selbst Kurse leiten und von freiberuflichen Lehrern Kurse anbieten lassen.

Die Vorarbeiten für das Projekt dauerten zwei Jahre. 1998 eröffneten wir das Studio. Dafür hatten wir ein großes Dachgeschoss mitten in der Stadt gemietet und komplett umgebaut. So entstanden zwei wunderschöne Räume für die Kurse, ein Café und eine Sauna. Das Konzept ist, den Kursteilnehmern ein helles und ästhetisches Ambiente zur Erholung anzubieten. Das Angebot, aus dem die Kurse flexibel zusammengestellt werden können, umfasst unterschiedliche Arten und Niveaus von Yogakursen sowie Tanz und Bewegung.

Die Motivation für die Selbstständigkeit war nicht die fehlende Alternative. Mich reizte besonders die betriebswirtschaftliche Seite. Ich hatte vorher an einer Fortbildung zum Thema Existenzgründung teilgenommen, in der es um rechtliche Hintergründe, Steuern und Buchführung ging. Die dort erworbenen Kenntnisse konnte ich nachher gut gebrauchen. Dadurch hatte ich schon die einzelnen Schritte im Kopf und wusste, wo ich hinwollte. Und mir fällt es relativ leicht, mich mit Zahlen zu beschäftigen. Innerhalb des Projekts erledigte ich von Anfang an alles, was mit Zahlen, Technik und den Banken zu tun hatte.

Für die Zusicherung der Finanzierung mittels Kredit verging fast ein halbes Jahr. Wir hatten nur einen minimalen Anteil an Eigenkapital. Den Kreditvertrag bekamen wir schließlich nach mehreren Anläufen und acht Monaten Papierkrieg. Dabei überarbeiteten wir immer wieder unser Konzept. Für mich war das eine Art Lernprozess. Ich erkannte, was den Banken jeweils noch fehlte oder nicht gefiel. Man sollte am besten beim ersten Gespräch zu der Bank gehen, die einen garantiert nicht nimmt. Das wäre bei den kleineren Projekten zum Beispiel die Deutsche Bank, die nur Projekte in einer Größenordnung von mehreren Millionen finanziert. Danach hat man ein Gefühl dafür, wie das so läuft.

Durch die ABM-Stelle hatte ich Anspruch auf Arbeitslosengeld. Es ist gut, wenn man einmal im System der Sozial- und Arbeitslosenversicherung ist. Ich sagte dem Arbeitsvermittler, was ich vorhätte. Um mein Arbeitslosengeld nicht gestrichen zu bekommen, musste ich mich ständig mit ihm auseinandersetzen und diskutieren. Es war schwierig, in den Dimensionen von zwei Jahren zu argumentieren. Er wollte immer wissen, wie weit ich mit dem Projekt war. Sogar, als es schon den Mietvertrag gab.

Nachdem wir das Studio aufgemacht hatten, gab es sechs Monate Überbrückungsgeld. In der Zeit kurz vor der Eröffnung machte das Arbeitsamt mir richtig die Hölle heiß und bot mir sogar Jobs an, vor allem ABM-Projekte. Die waren nicht uninteressant, aber eben ohne längerfristige Perspektive, insbesondere vor dem Hintergrund der geplanten Selbstständigkeit. ABM-Maßnahmen sind zwar ganz gut finanziert, aber meiner Meinung nach oft inhaltlich nicht besonders interessant. Man macht Arbeiten, die von öffentlichem Interesse sind, aber dem einzelnen Unternehmen nichts bringen. Das merkt man den Stellen auch an. Früher wurde ich einmal zu einer Weiterbildung verdonnert. Die musste ich machen, es sei denn, ich hätte auf meine Unterstützung verzichtet. Das fand ich entwürdigend. Es ging um Techniken des sozialen Managements und nur wenige Teile der Fortbildung waren interessant für mich. Eigentlich war die Fortbildung auf Sozialwissenschaftler zugeschnitten, der ich bloß formal bin, ich habe ja nie in diesem Gebiet gearbeitet. Aber das interessierte das Arbeitsamt nicht, dort ging es nur nach Formalien, nach dem Schema: Der ist drei Jahre arbeitslos, der muss reintegriert werden. Ob das fachlich passte, war dem Arbeitsamt egal. Da saß ich dann mit 15 frustrierten Sozialwissenschaftlern zusammen und jeder saß für sein Geld die Zeit ab. Ich hatte mir vom Arbeitsamt doch ein anderes Niveau erhofft. Zum Glück brachten wenigstens einzelne Elemente der Fortbildung etwas.

Als es endlich losging, war das Gefühl, selbstständig zu sein, einfach klasse. Am tollsten für mich war, nicht immer den Chef fragen zu müssen, ob ich diesen oder jenen Kurs machen durfte.

Leider kristallisierten sich bereits im ersten halben Jahr erhebliche Meinungsverschiedenheiten zwischen mir und meiner Partnerin heraus. Wir hatten unterschiedliche inhaltliche Vorstellungen. Ich wollte mehr zur Gesundheit und Ronja mehr zu Wellness und Fitness anbieten. Das war uns vorher nicht so klar gewesen. Ich hätte lieber Tanz und Bewegung weggelassen. Unser Studio kam mir vor wie ein Kramladen, in dem alles Mögliche angeboten wurde, aber nicht eine Sache richtig. Am liebsten hätte ich nur das Yogaangebot noch stärker differenziert und alles andere stark reduziert. Ich hatte die Geschäftspläne so geschrieben, dass die Gesundheit im Vordergrund stand. Und Ronja hatte sich vorher nicht genau dazu geäußert, was ihr besonders wichtig war. Dabei hätten Fitness, Wellness und Gesundheit durchaus zusammengepasst. Wir hätten das problemlos so weiterlaufen lassen können. Aber am Ende scheiterte unser gemeinsames Projekt trotz aller Rettungsversuche daran, dass es auf der persönlichen Ebene einfach nicht mehr ging zwischen uns.

Anfangs versuchten wir, das Problem über Supervision und Organisationsberatung in den Griff zu bekommen. Denn es war zuerst für keinen von uns vorstellbar, das Projekt zu verlassen. Das Problem wurde offensichtlich, als im zweiten Jahr das ganze Unternehmen stagnierte. Unsere Unternehmensberaterin machte uns klar, dass es so nicht weitergehen könne. Wir hätten uns zusammenraufen oder auseinandergehen müssen. Grundsätzlich stand ich noch voll hinter dem Projekt, auch wenn ich mit der Zeit schon ein bisschen Abstand gewonnen hatte. Ich hatte unheimlich viel Energie investiert und kannte jede Schraube in den Räumen. Es dauerte noch weitere eineinhalb Jahre, bis Ronja sich entschloss, auszusteigen. Wie wir finanziell wieder auseinanderkommen, ist bis heute nicht geklärt. Manchmal denke ich, wenn es von vornherein wirtschaftlich besser gelaufen wäre, hätte es nicht diese massiven Konflikte gegeben.

Danach führte ich einen strikten Sanierungskurs durch und organisierte das Unternehmen um. Jetzt arbeite ich mit einem neuen Partner weiter. Obwohl das Zentrum seitdem auf dem aufsteigenden Ast ist und wirklich gut läuft, kann ich mir durchaus vorstellen, in ein paar Jahren noch einmal etwas ganz anderes zu machen und mich zumindest teilweise aus dem Zentrum zurückzuziehen. Zurzeit beschäftige ich mich nebenbei sehr intensiv mit Computertechnik, insbesondere mit dem Internet und allem was mit Wirtschaft zusammenhängt. Mittlerweile kenne ich mich sehr gut aus. Teils habe ich mir die Kenntnisse selbst angeeignet, teils Internet- und Programmierungsfortbildungen besucht. Homepages habe ich sowohl für das Zentrum als auch für Auftraggeber erstellt. Ich könnte mir vorstellen, noch eine weitere Fortbildung, zum Beispiel zum Webmaster, zu machen.

Grundsätzlich hat sich alles, was ich beruflich angefangen habe, gelohnt. Ich kann alle Erfahrungen gut gebrauchen. Selbst das Physikstudium macht sich bei der Beschäftigung mit Computern bezahlt. Vor allem das logische Denken hat sich bewährt. Aber auch das Sportstudium und später meine Beschäftigung mit Yoga sind hilfreich gewesen. Es ist gut, mit dem Körper zu arbeiten. Psychologie ist beinahe das Feld, von dem ich heute am weitesten entfernt bin. Aber das psychologische Wissen kann ich im Yogaunterricht sehr gut gebrauchen. Ich erkenne sehr viel. Ich kann schnell zuordnen, erkenne Grenzen und weiß, wo ich bei einem Teilnehmer etwas anmerken oder eingreifen sollte.

Es war einfach alles total spannend. Ich hatte nie vor, irgendein Fachwissen wirtschaftlich auszuschlachten oder damit einen konkreten Beruf auszuüben. Die Aneignung von Wissen war nie mit einem Karriereplan verbunden.

Die Arbeit ist für mich sehr zentral und wichtig, nicht des Gelderwerbs, sondern der Bestätigung wegen. Ich beschäftige mich gern mit einem Thema, das mich fasziniert. Das ist mir sehr wichtig, wichtiger als Geld verdienen. Es ist toll, wenn finanziell nebenbei etwas herauskommt.

Richtig knapp war es einmal nach dem Diplom in Psychologie, zwei Jahre lang. Die übrige Zeit konnte ich mich immer irgendwie finanzieren. Für mich stellt sich eher die Frage, was passiert, wenn ich nicht mehr arbeiten kann. Die Altersversorgung macht mir allmählich schon Sorgen. Ich habe mir das mal von der BfA ausrechnen lassen: Wenn ich jetzt in Rente gehen würde, bekäme ich keine 500 DM pro Monat. Und mein Erspartes habe ich mittlerweile verbraucht.

Viele kritisieren, dass ich mit meinem Spektrum zwar vieles gemacht habe, aber nichts richtig. Das merke ich häufig. Ich würde heute einiges anders machen. Mich interessieren Architektur und Bauen. Deshalb würde ich heute wahrscheinlich eher Architektur studieren. Und dann nicht nur vier oder fünf, sondern vielleicht 30 Jahre an einer Sache dranbleiben. Aber dafür bin ich jetzt wirklich zu alt.

Jeder sollte ein Fach studieren, das ihn wirklich interessiert, an dem sein Herzblut hängt, auch wenn klar ist, dass es im Beruf vielleicht schwierig werden könnte. Studienanfänger, die mit Begeisterung an einer Sache arbeiten und nicht so durchhängen, wie das vielleicht in meiner Generation der Fall war, kommen auch weiter. Wenn einer ein begeisterter Musiker ist, dann macht der seinen Weg.

Ich glaube, meine Generation hatte im Unterschied dazu eine andere Herangehensweise. Ich wollte nicht so werden wie meine Eltern. Damit habe ich mich von allen gesellschaftlichen Zusammenhängen abgekoppelt. Dafür muss ich bis heute die Konsequenzen tragen. Mein Vater wollte gern, dass ich Architekt werde. Er sagte mir nach meinem Abitur, dass ich ein guter Bauingenieur wäre, und meinte, ich sollte in diese Richtung gehen. Und ich dachte: Quatsch, ich werde Lehrer! Wenn ich eher konform gewesen wäre und seiner Erfahrung vertraut hätte, dann wäre ich vielleicht diesen Weg gegangen. Lehrer war damals ein Modeberuf aus der Gesinnung heraus, die Gesellschaft über Erziehung verändern zu wollen. Ich habe zwar die 68er nicht aktiv miterlebt, damals ging ich noch zur Schule, aber die Ergebnisse haben mich geprägt. Die Umbrüche nach 1968 machten viele Dinge möglich. Es wurde über alles diskutiert. Wir wollten auf keinen Fall so werden wie unsere Eltern.

Schwierig für mich und viele meiner Generation war auch die Diskrepanz zwischen unseren Vorstellungen und der Realität. Ich hatte die Vorstellung, mit dem Lehrerberuf etwas in der Gesellschaft zu verändern und wurde dann mit der Realität konfrontiert, dass ein ganz großer Teil der Tätigkeit nur in Disziplinierung bestand. Wunschvorstellung und Realität klafften sehr weit auseinander. Das erlebte ich persönlich sehr stark.

Der Leitfaden meines Handelns war vor allem das Interesse an Themen. Eine Ausnahme war die naive Vorstellung, Lehrer werden zu wollen. Das war mehr eine idealistische Entscheidung. Alle nachfolgenden Tätigkeiten hatten immer einen thematischen Bezug. Ich fand immer Inhalte und setzte sie um.

Selbstständiges Arbeiten war mir immer wichtig. Auch die Arbeit als Yogalehrer an der Uni war eine sehr selbstständige gewesen, obwohl ich natürlich nicht völlig frei die Inhalte bestimmen konnte. Der Leiter des Hochschulsport-Programms wäre mir aufs Dach gestiegen, wenn ich plötzlich Yoga für den Rücken angeboten hätte. In meinem Zentrum kann ich das natürlich machen.«

Beratung und Coaching

Ist die Entscheidung für einen Berufs- oder Stellenwechsel getroffen, gilt es, sich gut vorzubereiten. Ideen können anhand einer eigenen Strategie schrittweise umgesetzt werden. Nicht jeder weiß auf Anhieb, was er wie unternehmen will und kann. Gerade in schwierigen beruflichen Situationen, zum Beispiel nach einer Kündigung oder bei Mobbing, ist der Blick von Außenstehenden eine große Hilfe. Unterstützung können Selbsthilfegruppen, berufliche Orientierungskurse, Gespräche mit ArbeitsberaterInnen oder Coaches sowie Fachliteratur bieten. Das Internet ist eine gute Hilfe bei der Suche nach aktuellen Informationen und Adressen.

Beratungsstellen

Die bekannteste Anlaufstelle ist die Bundesanstalt für Arbeit, die bundesweit mit zahlreichen Arbeitsämtern vertreten ist und bis 1994 das Beratungsmonopol in Deutschland hatte. Leider betreut jeder der dort tätigen ArbeitsvermittlerInnen eine so große Zahl von Arbeitslosen, dass eine intensive und individuelle Beratung nahezu unmöglich ist. Weitere Anlaufstellen des Arbeitsamtes sind die Zentralstelle für Arbeitsvermittlung (ZAV) für Fach- und Führungskräfte in Bonn sowie die bundesweit eingerichteten Berufsinformationszentren (biz). Letztere informieren mit Vorträgen, Broschüren, Videos und Datenbanken über Berufe und Weiterbildungen. Wer die Arbeitssuche beschleunigen will, sollte sich am besten an private ArbeitsvermittlerInnen wenden. Diese verfügen über Kontakte zu ArbeitgeberInnen und können Arbeitssuchende weitervermitteln. Eine Neuerung der Bundesanstalt für Arbeit im Rahmen des Job-Aktiv-Gesetzes ist ein erster Schritt zur Veränderung. Seit dem Frühjahr 2002 sollen verstärkt private ArbeitsvermittlerInnen zur erfolgreichen Arbeitssuche beitragen. Gutscheine im Wert von 1 500 bis 2 500 Euro für deren Dienste werden an BezieherInnen von Arbeitslosengeld oder -hilfe abgegeben, die nach drei Monaten noch immer keinen Job gefunden haben. Die Bezahlung der privaten DienstleisterInnen ist an eine erfolgreiche Vermittlung gebunden. Adressen von privaten ArbeitsvermittlerInnen können bei der Mitgliederdatenbank des Bundesverbands für Personalvermittlung (BPV) unter der Internetadresse www.bpv-info.de abgefragt werden.

Mittlerweile gibt es bundesweit etliche Beratungsstellen für berufliche Weiterbildung oder Orientierung, darunter auch kostenlose Angebote. Ein umfangreiches Angebot an Kursen rund um den Beruf zu günstigen Preisen bieten auch Volkshochschulen, Stadtteilzentren und Kirchengemeinden. Das Angebot reicht von Gruppen, Einzelberatungen oder Wochenendseminaren zur beruflichen Orientierung und Wiedereingliederung über Vorträge zu bestimmten Berufen oder Weiterbildungen bis zu Computer- oder Buchhaltungskursen. Die Berliner Volkshochschulen stellen jedes Semester in ihrem Führer »VHS und Beruf« bezirksübergreifend alle Angebote zur Qualifizierung und Weiterbildung nach Themen geordnet zusammen. Die ebenfalls in Berlin ansässige Beratungsstelle »Lift e. V.« berät kostenlos rund um das Thema Weiterbildung.

Die gemeinnützige Beratungsstelle »Perspektive für Berufs- und Lebensgestaltung e. V.« in Berlin wurde 1988 von TeilnehmerInnen einer Weiterbildung »Sozialmanagement« gegründet. Die Idee kam aufgrund der eigenen Erfahrungen der AkademikerInnen mit Arbeitslosigkeit und der Suche nach einer beruflichen Perspektive zustande. Heute gehören vier Frauen und zwei Männer zum Team. Der Schwerpunkt der Arbeit liegt auf der Einzelberatung zur beruflichen Standortbestimmung und Orientierung. Weiterhin werden Gruppen zur beruflichen Neuorientierung, eine Selbsthilfegruppe für Erwerbslose und Lebenskünstler sowie das Mobbingtelefon angeboten. Bei der Beratung steht der Einzelne, dessen berufliche Situation im Gespräch reflektiert wird, im Mittelpunkt. Die Beratung kann über sechs Einzelstunden zur Klärung der dringendsten Fragen oder als Coaching, das tiefer in die Problematik einsteigt, über einen längeren Zeitraum gebucht werden. Das Besondere des Vereins ist sein sozialer Anspruch: Die Beratungspreise sind sozial gestaffelt und sowohl für Geringverdienende als auch für Arbeitslose erschwinglich. Fehlende Gelder kommen von privaten SpenderInnen, die vom Konzept des Vereins überzeugt sind und diesen unterstützen wollen.

Prominente BerufsberaterInnen wie Uta Glaubitz oder Hesse und Schrader sind mit ihren hohen Honoraren für Beratungen auf eine andere Zielgruppe, zum Beispiel Führungskräfte, ausgerichtet.

Themen und Ziele von Beratung

Es gibt so viele unterschiedliche Angebote für Ratsuchende, dass jeder zuerst einmal klären muss, mit welcher Fragestellung er eine Beratung aufsucht. Geht es um eine grundsätzliche Orientierung oder will ich nur Tipps zu Bewerbungen oder Weiterbildungen? Oder will ich mich über meine Rechte als Arbeitslose/r informieren?

Ein wichtiges Motiv für eine Beratung ist die Suche nach Sachinformationen zu Bewerbung, Selbstdarstellung oder zu Themen wie Existenzgründung, Fortbildung oder Umschulung. Viele fangen ihre Arbeitssuche damit an, ihre Bewerbungsunterlagen zu optimieren und sich in guter Selbstdarstellung zu üben. Hier kann ein Rhetorikkurs oder ein Bewerbungs- und Kommunikationstraining gute Hilfe leisten.

Andere brauchen Beratung, um aus ihrer Orientierungslosigkeit herauszukommen. In Gruppen, Einzelberatungen oder mit Hilfe von Coaching können erste Schritte zur beruflichen Neuorientierung ausgearbeitet werden. Dazu können eine Stärken-Schwächen-Analyse oder die Analyse der Selbsteinschätzung gehören.

Viele suchen neue Wege und brauchen Mut und Unterstützung bei der beruflichen Orientierung und Umsetzung ihrer Ziele. Eine Beratung kann sie bei diesem Prozess begleiten.

Monika Hassenkamp, eine der Mitarbeiterinnen von »Perspektive e. V.«, stellt die Situation der Ratsuchenden so dar: »Die meisten der Akademiker, die zu uns kommen, sind 30 bis 45 Jahre alt. Darunter sind besonders viele Geisteswissenschaftler wie Kunsthistoriker, die keinem festen Berufsbild zugeordnet werden können. Auch viele Unzufriedene aus sozialpädagogischen und psychologischen Berufen, die Schwierigkeiten haben, an ihre Wunscharbeitsplätze zu kommen, suchen uns auf. Weiterhin steigend sind Anfragen von Architekten, Raum- und Landschaftsplanern. Mathematiker und Leute aus anderen technischen Berufen suchen nur selten Rat bei uns. Das häufigste Problem der Ratsuchenden ist das Gefühl, mit der Arbeitslosigkeit oder Umorientierung allein und damit überfordert zu sein. Auch die Außenseiterrolle gegenüber Freunden, die im Beruf erfolgreich sind, und der bei vielen damit einhergehende soziale Rückzug sind häufig Thema. Viele können sich ihr Leben nur noch knapp finanzieren und leiden unter Existenzängsten. Die meisten haben schlechte Erfahrungen mit dem Arbeitsamt gemacht. Wir versuchen in der Einzelberatung wie in den Gruppen, die Leute zur Vernetzung im Privatleben zu motivieren.«

Was ist Coaching?

Ein Coach ist nichts anderes als ein persönlicher Berater. Der Begriff »Coaching« ist den meisten aus dem Sport bekannt. Ein Coach ist ein Trainer, der eine Mannschaft oder einen Leistungssportler betreut. Schwerpunkt der Arbeit ist die strategische Vorbereitung des Spiels oder Wettkampfs.

Das Konzept des Coaching wurde auf das Arbeitsleben übertragen. Die Hauptaufgabe ist die Begleitung bei beruflicher Veränderung. Mit seinen Fragen kann ein Coach neue Denkprozesse anregen und zusammen mit dem Klienten so manchen Weg aus vermeintlichen Sackgassen erarbeiten.

Nicht die Vermittlung von Sachinhalten steht im Vordergrund, sondern die Beratung in einer speziellen beruflichen Situation. Ein Coach hilft, den eigenen Standort zu bestimmen, und begleitet Lösungsprozesse, die durch Reflexion und Strukturierung eingeleitet werden. Wer sich beruflich verändern oder aufsteigen will, muss sich schwierigen Herausforderungen und vor allem sich selbst stellen. Wichtig ist, sich weder zu kritisch noch zu selbstgefällig zu sehen und die Wirkung des eigenen Verhaltens auf andere zu erkennen.

Coaching ist ein Prozess, der Menschen hilft, ihre Fähigkeiten bestmöglich auszubilden. Durch die konstruktive Zusammenarbeit gewinnt der Klient Klarheit und Überblick für seine persönliche und berufliche Entwicklung. Betont werden hierbei die Stärken der Person. Es richtet sich auf die Entwicklung von neuen Strategien für Denken und Handeln, nicht auf das Lösen vergangener Konflikte.

Coaching hilft nicht nur Festangestellten, sondern auch Selbstständigen, sich mit ihren persönlichen Arbeitsproblemen auseinanderzusetzen. Basis der Beratung ist immer die konkrete Arbeitssituation.

Für Coaching gibt es keine verbindliche Ausbildung. Der Titel Coach ist nicht geschützt. Verschiedene Institute bieten Ausbildungen an. Ein guter Coach kann auf verschiedene Methoden zurückgreifen, vom Rollenspiel bis zum Neuro-Linguistischen-Programmieren (NLP). Im Zentrum der Beratung stehen die Fragen des Coaches, mit denen die Klienten Aspekte erkennen, auf die sie bisher nicht gekommen sind. Ein guter Coach gibt keine Tipps, sondern unterstützt die Klienten bei der Suche nach Alternativen. Das Wichtigste ist, dass die Chemie zwischen Coach und Ratsuchendem stimmt. Deshalb sollte man sich bei der Suche nach einem geeigneten Coach Zeit nehmen und sich bei der Entscheidung auf sein Gefühl verlassen. Eine Probestunde im Vorfeld kann die Entscheidung erleichtern.

Man kann mit Coaching anfangen, sobald man mit einer beruflichen Frage allein nicht mehr weiterkommt. Bei der Suche nach einer neuen Arbeitsstelle kann Coaching die Vorbereitung von Bewerbungsunterlagen und Vorstellungsgesprächen unterstützen.

Beratung für Frauen

Diverse Stolpersteine lauern auf dem Berufsweg von Frauen: Der größte ist die viel diskutierte Kinderfrage. Auch die noch immer von Männern dominierten Führungsetagen oder der raue Umgangston in vielen Firmen machen Frauen zu schaffen. Insbesondere ältere Berufsrückkehrerinnen nach einer längeren Pause oder arbeitslose Frauen über 40 sehen sich mit Vorurteilen konfrontiert.

Frauen, die nach einer Babypause wieder arbeiten wollen, müssen sich mit unterschiedlichen Problemen auseinandersetzen. Diese reichen von mangelndem Verständnis gegenüber Mitarbeiterinnen mit Kindern bis zu fehlenden Betreuungseinrichtungen. Das betrifft in besonderem Maße Alleinerziehende.

Viele Frauen wollen ihre berufliche Situation verbessern oder verändern oder endlich aus der Arbeitslosigkeit herauskommen. Manchmal reicht schon eine Weiterbildung im alten Beruf, um nach einer Pause wieder auf dem neuesten Kenntnisstand zu sein.

Weitere Probleme, mit denen viele Frauen konfrontiert werden, sind Mobbing und sexuelle Belästigung am Arbeitsplatz.

Zur Lösung all dieser Fragen gibt es zahlreiche Beratungsangebote speziell für Frauen. Ein Beispiel ist das Expertinnenberatungsnetz. Bundesweit gibt es sechs Beratungsstellen in Berlin, Bremen, Hamburg, Köln, Dresden und München. Dort werden Rat suchende Frauen nach einem Vorgespräch an Expertinnen weitervermittelt. Die meisten Expertinnen sind im Ruhestand und beraten ehrenamtlich. Sie waren vorwiegend in gehobenen Positionen oder als Unternehmerinnen tätig. Deshalb ist das Expertinnenberatungsnetz ein beliebter Anlaufpunkt für Akademikerinnen. Existenzgründerinnen können sich hier kompetenten Rat holen. Manchen hilft schon ein Gespräch, um wieder klar zu sehen oder Mut zu schöpfen. Andere kontaktieren ihre Beraterin immer wieder, wenn sich Fragen oder Konflikte auftun.

Spezielle Kurse und Beratungen für Frauen in der Lebensmitte bietet die Beratungsstelle Frau und Arbeit bei »Raupe und Schmetterling e. V.« in Berlin, zum Beispiel den Orientierungskurs »Frauen suchen Wege ins Berufsleben«. Dort geht es neben dem Bewerbungstraining auch um die Erarbeitung von Zielen und Handlungsstrategien. Frauenspezifische Kurse bieten überdies viele Bildungseinrichtungen und Beratungsstellen an, wie »Frau und Beruf e. V.« in Berlin oder »EFA Informations- und Beratungsstelle« in Hamburg.

Ratgeber-Bücher

Bewerbungsratgeber versprechen Erfolgsstrategien oder die besten Antworten im Vorstellungsgespräch. Viele Ratgeber liefern vorgefertigte Antworten und Formulierungen, die nichts mit der persönlichen Situation des Lesenden zu tun haben.

Sinnvoll sind Ratgeber, wenn es um reine Sachinformationen

wie die korrekte Bewerbungsmappe geht. Schon bei Tipps zum Vorstellungsgespräch wird es schwierig. Denn ein solches Gespräch ist keine Prüfung, bei der das Auswendiglernen bestimmter Phrasen weiterhilft. Viele Antworten aus Ratgebern sind auch den Personalprofis bekannt und kommen besonders dann schlecht an, wenn sie mehr oder weniger auswendig vorgetragen werden.

Marktführer bei den Bewerbungs- und Karriereratgebern sind die beiden Psychologen und Karriereberater Hesse und Schrader, die zahlreiche Bücher rund um das Thema veröffentlicht haben. Darunter finden sich viele praxisnahe Informationen, die übersichtlich zusammengestellt über konkrete Themen wie Assessmentcenter oder Arbeitszeugnisse informieren. Wer zum Beispiel Informationen vor einem Bewerbungsgespräch braucht, kann sie in diesem Fall im Ratgeber »Das perfekte Vorstellungsgespräch« finden.

Steigend ist auch die Zahl der Ratgeber, die zu »Selbst-Coaching« anregen. Das Durcharbeiten dieser Ratgeber erfordert einiges an Selbstdisziplin vom Leser. Das Bewerbungshandbuch von Richard Nelson Bolles »Durchstarten zum Traumjob« bietet eine detaillierte Anleitung, um sich über die eigenen Kompetenzen und Wünsche sowie persönliche berufliche Ziele klar zu werden. Anhand von Texten und Checklisten kann jeder Lesende die wichtigsten Aspekte rund um das Thema Jobsuche und Bewerbung abarbeiten und auf diesem Wege Klarheit finden.

In die gleiche Richtung weist das Buch »Der Job, der zu mir passt. Das eigene Berufsziel entdecken und erreichen« von Uta Glaubitz. Wer sein Berufsziel erst finden muss, kann mit Hilfe dieses Buches in zehn Schritten sein persönliches Berufsprofil erarbeiten. Anhand dieser praktischen Schritte, veranschaulicht durch zahlreiche Beispiele, kann der Lesende sich Klarheit über eigene Ziele und Wünsche verschaffen und danach gezielt nach der passenden Arbeit suchen. Die Philosophin M.A. und Berufsberaterin aus Berlin, die mit diesem Buch bekannt wurde, brachte inzwischen weitere Ratgeber für Berufssuchende und Wechselwillige in speziellen Bereichen heraus, wie zum Beispiel »Jobs für Weltenbummler und Globetrotter. Machen Sie Ihr Fernweh zum Beruf«.

Auf der Suche

»Steckenpferde sind nicht zum Pflügen da«

Paul, 37, studierte Physik und Philosophie in Wuppertal, promovierte dann in Hamburg als Physiker und arbeitet heute, nach einer längeren Phase der Arbeitslosigkeit und Umorientierung, als Netzwerkmanager in einem großen Unternehmen.

»›Was, du willst Gärtner werden? Mit deinen guten Noten kannst du doch werden, was du willst!‹ Das sagte ein Mitschüler am allerletzten Schultag im Schulbus zu mir. Damals kam mir zum ersten Mal der Gedanke, dass ich eine Berufswahl haben könnte. Da meine Eltern eine Gärtnerei besaßen, sollte ich immer Gärtner werden. An diesem Tag, ich war 15, wurde mir klar, dass ich nie darüber nachgedacht hatte, was ich denn werden wollte. Erst am Ende der Lehre, mit 18 Jahren, entschied ich dann, dass ich nicht weiter als Gärtner arbeiten würde. Ich wollte mir nicht mein Leben lang vorwerfen, dass ich nie gewählt hatte.

Durch meine Ausbildung in der Baumschule hatte ich das Fachabitur. Nach meiner Entscheidung für ein Studium informierte ich mich bei einem Berater des Arbeitsamts. Bis dahin dachte ich, ich könne nur Gartenbau studieren, doch zu meiner Begeisterung erfuhr ich, dass mir mit meinem Fachabitur alle Studiengänge offen standen. Ich überlegte hin und her, was in Frage kommen könnte. Am Ende schwankte ich zwischen Biologie, Sozialpädagogik, Medizin und Physik. Sozialarbeit schloss ich zuerst aus, weil man in meiner Familie immer sagte, das könne ja jeder. Medizin war mir zu gut angesehen. Ich vermute, ich studierte das auch deshalb nicht, weil alle Eltern das damals gut fanden. Für Biologie, ein typisches Lernfach, war ich zu faul. Physik, mit der sehr logischen Arbeitsweise, weckte in mir die Assoziation an tagelanges Schachspielen. Das erschien mir sehr verlockend. Letztendlich gab aber ein Zufall den Ausschlag für meine Entscheidung. Der erste Gedanke, dass Physik mein Fach sein könnte, kam mir in

Cambridge am Grab von Isaac Newton, das ich drei Wochen vor der Entscheidung besucht hatte. Obwohl ich dort nicht bewusst daran dachte, Physiker zu werden. Ich erinnere mich noch ganz genau, dass ich an dem Grab stand und irgendetwas beeindruckend fand. Keine Ahnung, was es war.

Im Laufe des Studiums machte ich freiwillig ein dreimonatiges Forschungspraktikum. Dort fiel die Entscheidung zwischen Experimentalphysik und theoretischer Physik. Und ich entschied mich ganz klar für die Theorie. In meinem Praktikum erkannte ich, dass ich in der Experimentalphysik nicht arbeiten wollte.

Nach Abschluss des Studiums wollte ich auf keinen Fall in die Industrie, dagegen hatte ich eine starke Abneigung. Ich drückte mich davor, indem ich promovierte. Andererseits war es auch genau das, was ich wollte. Ich wollte in der Physik arbeiten. Mich interessierte Physik immer noch sehr, vor allem die Theorie und die Arbeit mit Modellen. Ich gab die Diplomarbeit ab, machte zwei Monate Pause und dann ging es weiter mit der Promotion. Ich bekam eine befristete Zweidrittelstelle für die Dauer von drei Jahren an einem Forschungsinstitut.

Mein Thema war Elementarteilchen-Physik. Dabei versucht man, die Materie in einen Zustand zu bringen, wie er nach dem Urknall herrschte, und untersucht das Verhalten der Materie. Man nimmt zwei Kerne, beschleunigt diese und lässt sie aufeinander prallen. Zu diesem Experiment wird dann eine Theorie entwickelt und das Ganze am Rechner simuliert. Die Simulationen werden so lange angepasst und mit Theorie gefüllt, bis man das Experiment möglichst gut beschreiben kann. Man hofft auf Ergebnisse, die zu ganz neuen Erkenntnissen führen.

Nach der Promotion hätte ich sofort weitermachen können. Aber das schlechte Verhältnis zu meinem damaligen Chef machte das unmöglich. Schon lange vor Beendigung der Promotion schwor ich mir, das Institut zu verlassen. Zwei Jahre lang stand ich mit meinem Chef in einer harten inhaltlichen Auseinandersetzung, die er mit sehr unfairen Mitteln führte. Sie äußerten sich zum Beispiel darin, dass er mir regelmäßig wichtige Informationen vorenthielt und die Richtigkeit meiner Ergebnisse systematisch anzweifelte. So einen Menschen habe ich nie wieder getroffen. Im Endeffekt hatte ich eigentlich gewonnen. Denn ich konnte beweisen, dass ich inhaltlich Recht hatte. Aber der Stress hinterließ Spuren bei mir.

Plötzlich wurde mir klar, dass ich aus der Wissenschaft aussteigen wollte. Ich brauchte mindestens ein Jahr Abstand von der Physik. Nach dem persönlichen Stress wollte ich nur noch weg. Ein Wiedereinstieg kam mir sehr unwahrscheinlich vor. Ich glaubte jedenfalls nicht, dass ich nach einem Jahr Pause die Möglichkeit gehabt hätte zurückzugehen. Heute schätze ich das anders ein.

Also machte ich eine berufliche Pause. Ich begann, in einer Selbsthilfegruppe für Männer in einer persönlichen Krise intensiv an mir zu arbeiten, um Klarheit zu bekommen. Mir ging es darum, meine soziale Kompetenz zu erweitern. Ich wollte verstehen, warum ich so lange im Institut geblieben war und warum ich nicht schon früher erkennen konnte, mit wem ich es dort zu tun gehabt hatte. Was hatte mich davon abgehalten zu gehen? Und wieso konnte ich nicht besser mit dem Stress umgehen, nachdem ich mich entschlossen hatte, übergangsweise zu bleiben?

Die Männergruppe hatte nichts mit einer klassischen Selbsthilfegruppe zu tun. Mit neun Männern waren wir eine relativ kleine Gruppe. Nach einer Startphase von sechs Wochen war die Gruppe eigenständig und wir trafen uns jede Woche. Der Ansatz bestand darin, sich gegenseitig zu unterstützen mit dem Ziel, sich selbst helfen zu lernen. Das lernt man am besten, indem man andere unterstützt. Auch die Leitungsrolle in der Gruppe wurde geübt. Jeder sollte Verantwortung übernehmen.

Die Leute nahmen aus unterschiedlichen Motiven an der Gruppe teil. Bei den meisten standen berufliche Fragen im Vordergrund. Die Teilnehmer aus sozialen Berufen wollten Erfahrungen für ihre Arbeit sammeln. Auch ich bearbeitete meine beruflichen Erfahrungen, vor allem meine soziale Kompetenz. Ich wollte wieder berufliche Perspektiven finden. Das war mein Hauptmotiv, in die Gruppe zu gehen. Unabhängig von der Schuldfrage im Konflikt mit meinem Ex-Chef, hatte ich erkannt, dass ich außerhalb der fachlichen Kompetenz noch an mir arbeiten musste, um mein Leben besser zu regeln.

In erster Linie lernte ich, Probleme zu erkennen und zu analysieren. Ich erlernte Techniken zur Bewältigung von Konflikten. Davor hatte ich meistens versucht, über Probleme nachzudenken, und wenn ich keine Lösung sah, wählte ich die Vermeidungsstrategie. Dann versuchte ich, das Problem zu verdrängen oder möglichst schnell zu einer Entscheidung zu kommen, die dadurch nicht sehr fundiert war. In der Selbsthilfegruppe lernte ich vor allem, in Ruhe nachzudenken und mit anderen das Thema zu beraten, ohne direkt eine Lösung herbeizuführen. Ich fing an, mir die Dinge in Ruhe anzuschauen, und suchte erst in einem viel späteren Stadium nach einer Lösung. Ich lernte, hinzuschauen und wahrzunehmen, mir Fehler zuzugestehen und nicht zu emotional mit Dingen umzugehen, These, Antithese und irgendwann auch eine Synthese zu suchen. Das klappte ganz gut. Es ging viel um direkte Probleme mit den Personen in der Gruppe. Die eigenen Probleme tauchten irgendwann innerhalb der Gruppe auf und wurden dann gelöst.

Daneben besuchte ich noch verschiedene Kurse. Besonders spannend und nützlich war ein Rhetorikkurs. Zu Beginn meiner Arbeitslosigkeit besuchte ich einen Kurs zur Berufsfindung bei einer privaten Beratungsstelle. Dort ging es um berufliche Wünsche und Fähigkeiten sowie Möglichkeiten der Umsetzung. Ich ging zu einem Verein, der Beratungen für Menschen anbot, die sich beruflich neu orientieren oder verändern wollten. Ich nahm zuerst an einer Gruppe teil und dann leistete ich mir noch einige Stunden Einzelberatung. Parallel arbeitete ich mehrere Bücher zur Berufsfindung durch. Vor allem Bücher, in denen man seine Fähigkeiten durch Analysen, Tests und Diagramme herausfinden konnte. Im Prinzip erkannte ich viel von dem, was ich schon wusste. Aber anderes wurde mir auf diesem Weg erst richtig klar. Ich wusste natürlich vorher, dass ich nicht unbedingt Verkäufer werden sollte und dass mir logisches Denken leicht fällt. Aber das hieß ja nicht, dass ich mich nicht woanders hinbewegen konnte. Ein Mitarbeiter der Beratungsstelle meinte damals, so einen wie mich, der mit so viel Vorbereitung zu ihm kam, habe er noch nie erlebt. Ich nutzte ständig die Bibliothek, zu der ich regelmäßig fuhr, wo ich mir zum Teil bis zu 30 Bücher auslieh. Immer themenbezogen, was ich gerade brauchte. Ich hatte ja Zeit.

Die Beratung hat mir längerfristig viel gebracht. Ich veränderte nicht sofort mein Leben. Aber ich bekam die nötige Klarheit über eine berufliche Richtung, die ich nach dem Ausschließungsprinzip erlangte. Eine Zeitlang hatte ich zum Beispiel die Idee, selbst eine Ausbildung zum Atemtherapeuten zu machen. Aber auch dagegen entschied ich mich, was im Nachhinein betrachtet richtig war.

Letztendlich wählte ich eine Weiterbildung zum Netzwerkmanager. Diese Entscheidung war eines der Resultate der Beratung. Zwischen Promotion und Weiterbildung war ich zwei Jahre arbeitslos. Da fand meine Umorientierung statt. Die Vertiefung meiner Computerkenntnisse schien mir die geeignete Alternative zur Physik. Ich sah das ganz pragmatisch. Computerarbeit hatte mit Logik zu tun und es gab genügend Jobangebote. Im Studium hatte ich schon mit Computern gearbeitet, die Materie war mir also nicht ganz unbekannt. Trotzdem hatte ich eigentlich zu wenig Vorkenntnisse, deswegen wurde es sehr anstrengend. Die Weiterbildung dauerte fünf Monate, daran schlossen drei Monate Praktikum an. Die Ausbildung war etwas zu konzentriert für jemanden wie mich, der noch nie vorher mit Treibern und PC's zu tun hatte. Denn vorher hatte ich mit Großrechnern gearbeitet. Nach der Weiterbildung vergingen weitere acht Monate.

Danach fing ich beim Studien-Kolleg an. Ich gab Nachhilfeunterricht in Physik und Mathe für Schüler, Studenten und Privatleute. Einige Wochen später nahm ich einen zweiten Job in einer Freizeiteinrichtung für Kinder an. Diese Arbeit übernahm ich von einem Freund. Dort gab ich Technikkurse für Kinder, bot ihnen Ausflüge zu technischen Betrieben an und organisierte Kindergeburtstage. Beide Jobs, die ich etwa anderthalb Jahre auf Honorarbasis machte, führten zu der Entscheidung, dass ich so nicht weitermachen wollte. Auf die Dauer wollte ich nicht 40 Stunden in der Woche den Löwendompteur spielen. Leben konnte ich von den Honorartätigkeiten nur sehr schlecht.

Um von zu Hause aus Java-Programmierung zu lernen, kaufte ich mir einen neuen Rechner. Kaum hatte ich den Rechner, bekam ich eine Anfrage vom Arbeitsamt, ob ich nicht an einer ABM-Maßnahme teilnehmen wolle. Ich überlegte hin und her. Es passte insofern ganz gut, als die Maßnahme mit EDV zu tun hatte und ich mich schon zwei Wochen vorher selbst für die EDV als Beruf entschieden hatte. Ausschlaggebend für diese Entscheidung war ein Spruch von Lichtenberg, den ich auf einer Verpackung von Zigarettenpapieren gelesen hatte: ›Steckenpferde sind nicht zum Pflügen da.‹ Ich überlegte, was denn mein Pflug war. Und dann ließ ich von all meinen Steckenpferden ab, denn ich hatte ja immer wieder Ideen, die ich nie realisiert hatte. So zum Beispiel die Ausbildung in Atemtherapie oder die Idee, noch Psychologie oder Kunst zu studieren. Die EDV blieb dann mein Pflug. Ich entschied mich für die ABM-Maßnahme. Dabei ging es um die Erstellung eines Gewerbeatlas' für Altona. Meine Arbeit bestand darin, die Daten zu erfassen. Das lag mir sehr und war auch ein guter Schritt, um mich der EDV anzunähern. Das Denken in der Physik oder Mathematik ist logisch. Die Denkstrukturen in der EDV dagegen haben viel mit Ausprobieren nach dem Prinzip ›trial and error‹ zu tun. Aber man muss wissen, wo man nachdenken und wo weiterversuchen muss. Ich bekam viel Unterstützung, aber musste auch sehr vieles selbstständig erarbeiten. Die Mischung war optimal.

Die ganzen Jahre hatte ich die Idee im Kopf: ›Wenn ich weiß, was ich will, dann werde ich es bekommen.‹ Irgendwann wies mich ein Bekannter auf ein Chemieunternehmen hin, wo gerade Netzwerkmanager gesucht wurden. Und da die ABM sowieso in absehbarer Zeit zu Ende sein würde, bewarb ich mich bei dieser Firma. Ich erhielt den Job, mit dem ich auf den ersten Arbeitsmarkt wechselte, und bekam mehr Gehalt, als ich gefordert hatte.

Ich war zuständig für die Technik im Hintergrund. Dabei handelte es sich in erster Linie um die Verkabelung der Computer im ganzen Haus, um die Vernetzung der Daten und die Überwachung der Datenströme. Wenn irgendetwas im System nicht funktionierte, musste ich das Problem lösen. Später übernahm ich das gesamte Außendienstsystem, die Technik, die Datenbank und die 400 Laptops samt der ganzen Kommunikationsströme, die darüber laufen.

Diese Arbeit mache ich jetzt seit drei Jahren. Noch ist es keine Routine, aber wenn es irgendwann eine werden sollte, was passieren kann, werde ich mich neu orientieren. Ich möchte auf Dauer nichts tun, was immer gleich bleibt. Eine gewisse Herausforderung ohne Überforderung ist optimal für mich. In den ersten beiden Jahren meiner neuen Tätigkeit war ich zum Teil ziemlich überfordert. Die Software war relativ schlecht und ich hatte zuviel Verantwortung. Zu viele Leute mit dem notwendigen Wissen hatten die Firma verlassen. Und ich musste mit relativ wenig Wissen ein für das Unternehmen sehr kritisches System übernehmen. Lange Zeit ging ich jeden Morgen mit Magenschmerzen zur Arbeit. Vor allem, weil ich nicht wusste, ob die Fusion verschiedener Datensysteme gelingen würde und ob ich alle Probleme lösen könnte. Letztendlich schaffte ich zum Glück alles. Meine wichtigsten Fähigkeiten waren mein Verantwortungsbewusstsein und mein Durchhaltevermögen. Das Fachwissen eignete ich mir im Grunde während der Arbeit an. Dabei lernte ich sehr viel.

Auch die Auseinandersetzung mit meiner sozialen Kompetenz

hat mir sehr viel gebracht für diese Arbeit. Die berufliche Pause war ebenfalls wichtig für mich. Bis heute lerne ich am meisten auf der kommunikativen Ebene. Wie gehe ich mit den Kollegen und den Chefs um? Wie weit ist Offenheit gut, ab wann ist es Naivität? Ich besuche zudem viele Meetings. In der Physik war ich monatelang allein und arbeitete nur ab und zu mit meinem Chef oder meinem Kollegen zusammen. Jetzt wollen alle möglichen Kollegen aus den Abteilungen etwas von mir und ich muss damit umgehen. Ich habe auch gelernt, meine Ressourcen zu schützen und trotzdem die Leute nicht vor den Kopf zu stoßen.

Meine Arbeit hat nichts mehr mit Physik zu tun. Das analytische Denken allerdings kann ich dort genauso gut gebrauchen wie im Studium. Ich werde auf alle Fälle in den nächsten Jahren in der EDV bleiben. Die Richtung ist klar und stellt mich zufrieden. Aber ich kann mir vorstellen, noch analytischer zu arbeiten.

Eine der interessantesten Erfahrungen aus der Arbeitslosigkeit war, dass mir die Illusion, Nichtstun sei golden, geraubt wurde. Diese Erkenntnis kam mir nach ein paar Monaten Entspannung, in denen ich ganz viel Tai Chi und Atemübungen praktiziert hatte. Irgendwann machte das Entspannen nicht mehr so viel Spaß. Weil nichts mehr da war, was ich entspannen konnte. Auf eine andere Art strengte das auch wieder an. Dann überkam mich zum Teil die Angst vor dem nächsten Tag, der wieder leer sein würde. Und das Nichtstun brachte mich auch nicht weiter. Deshalb überlegte ich mir selbst eine Struktur für jeden Tag.

Ich kam zu dem Schluss, dass ich mich gern irgendwann in meinem Beruf sehen wollte, mit beiden Beinen auf dem Boden, in einer kompetenten Position. Ich wollte sagen können: ›Das kann ich und da stehe ich jetzt‹.

Das habe ich erreicht. Jetzt stelle ich mir die Frage, in welchem Umfeld ich arbeiten will. Die Chemie ist ein hartes Pflaster, obwohl mir die Arbeit richtig Spaß macht. Aber in anderen Branchen ist die Umgebung vielleicht angenehmer. Um zu sehen, wie die Arbeit mit anderen Leuten in einem anderen Zusammenhang ist, würde ich ganz gern noch einmal wechseln.

Der Beruf hat einen hohen Stellenwert für mich. Nicht wegen der Karriere, sondern weil ich mir damit die innere Sicherheit, mit meiner Arbeit meinen Platz auf dieser Welt zu finden, sowie eine finanzielle Basis erarbeitet habe. Das gehört zu meinem Selbstvertrauen dazu. Ein hoher Lebensstandard ist mir nicht wichtig. Ich bräuchte nicht diesen Job, um meinen Lebensstandard aufrechtzuerhalten.

Ich bin der Meinung, Studenten sollten ausprobieren. In der Physik sind Praktika außerhalb der Uni keine Pflicht. Meiner Meinung nach sollte das Arbeitsamt Praktika fördern und das Interesse daran bei den Studenten wecken. Die Studenten sollten sich in der Praxis ausprobieren, um frühzeitig ihre berufliche Ausrichtung zu finden. Durch Ausprobieren kommt man eher darauf, was man machen kann und will.

Von einer beruflichen Beratung sollte man nicht erwarten, dass man direkt eine Lösung findet. Jeder sollte kontinuierlich an sich selbst arbeiten und überprüfen, welche Fähigkeiten er hat und welche er ausbauen kann.«

Wandel der Arbeitswelt

»Wer heute über Arbeitslosigkeit nachdenkt, darf sich nicht als Gefangener der alten Begriffe im Streit über den ›zweiten Arbeitsmarkt‹, die ›Senkung der Lohnkosten‹ oder die ›Staatsquote‹ verlieren, sondern muss fragen: Wie wird Demokratie jenseits der Vollbeschäftigungsgesellschaft möglich? Was als Ende und Verfall erscheint, muss umgemünzt werden in eine Gründerzeit für neue Ideen und Modelle, die Staat, Wirtschaft und Gesellschaft für das 21. Jahrhundert öffnet«, schreibt Ulrich Beck in seinem Buch »Schöne neue Arbeitswelt«. Die Arbeitswelt ist gegenwärtig durch schnellen Wandel und tiefgreifende Veränderungen gekennzeichnet. Die Durchdringung aller Arbeits- und Lebensbereiche durch Informations- und Kommunikationstechnik und die Entwicklung zur Wissensgesellschaft sowie neue Formen der Arbeit und Beschäftigung stellen Unternehmen, Beschäftigte und Politik vor neue Probleme und Aufgaben.

Auf dem Weg in die Wissensgesellschaft

WirtschaftsexpertInnen und WissenschaftlerInnen sind sich einig, dass die Industriegesellschaft nicht mehr existiert. Wir befinden uns in einer Dienstleistungsgesellschaft auf dem Weg in die Wissensgesellschaft.

Vor allem die Informations- und Telekommunikationstechnologien sind die Innovationen, die den Aufbau der Wissensgesellschaft beschleunigen. In der Wissensgesellschaft kommt es nicht in erster Linie darauf an, was man weiß oder an Spezialwissen abrufen kann. Entscheidend ist, mit immer neuem Wissen umgehen und die Flut von Informationen sinnvoll nutzen zu können. Vor allem gute kommunikative Fähigkeiten, Schnelligkeit und

Flexibilität sind bedeutende Attribute. Die Halbwertzeit des Wissens wird immer kürzer. Dadurch muss jeder Berufstätige immer wieder umdenken, dazulernen oder sich mit neuen Themen auseinandersetzen.

Fachleute haben den Begriff der »Employability« geprägt. Das heißt, dass jeder Einzelne sich beständig beschäftigungsfähig halten muss, indem er sein Wissen laufend erneuert und erweitert. Die Universitäten dienen neben der Vermittlung von Fachwissen immer mehr der Erlangung von fachübergreifendem Know-how. Die AbsolventInnen lernen neben Arbeitsmethoden, mit Wissen umzugehen. Somit erlangen die akademisch gebildeten ExpertInnen eine immer größere Bedeutung in der Gesellschaft.

2001 fand ein Kongress »Gut zu wissen – Links zur Wissensgesellschaft« in der Berliner Humboldt-Universität statt. Eine Leitthese der Tagung war, dass die Wissensgesellschaft eine Risikogesellschaft ist, in der Ungleichheit genau wie in der Industriegesellschaft ebenfalls strukturell verankert sei.

Noch längst verfügen nicht alle Deutschen über einen Internetzugang (laut einer Forsa-Studie sind circa 40 % der Bundesbürger vernetzt) und nur die gut Gebildeten über die Möglichkeit, das abrufbare Wissen auch sinnvoll zu nutzen. Nach Beck »entsteht ein neuer Wissensarbeiter-Typus des ›High-Tech-Nomaden‹ oder besser vernetzten Arbeitsnomaden«. Wer im Gegensatz dazu nicht auf Computerkenntnisse zurückgreifen kann, verliert den Anschluss an gesellschaftliche Kommunikation und somit Information.

Der deutsche Arbeitsmarkt: Veränderungen und Reformen

1998 wurde das Bündnis für Arbeit zum bedeutendsten Wahlkampfthema der Sozialdemokratischen Partei. Die SPD mit ihrem Spitzenkandidaten Gerhard Schröder sah in einem Bündnis für Arbeit mit Gewerkschaften und Arbeitgeberverbänden den Schlüssel zur Lösung der Beschäftigungskrise. Nach dem Wahlsieg wurde das Bündnis aufwändig organisiert. In den bisher acht Treffen des Bündnisses wurde kein wesentliches Reformprojekt verabschiedet. Im Jahr 2001 traf sich die Bündnisrunde nur ein einziges Mal.

Das letzte Treffen, bei dem es hauptsächlich um Tarife und das Job-Aktiv-Gesetz ging, fand am 25. Januar 2002 statt.

Der fundamentale Strukturwandel in der Arbeitswelt wird von der Politik weitgehend ignoriert. Denken und Handeln folgen überkommenen Leitlinien. Unsichere Beschäftigung und verdeckte Arbeitslosigkeit werden kaum thematisiert und kommen in keiner Analyse vor.

Peter Grottian kritisiert in seinem Beitrag »Den Umbau der Arbeitsgesellschaft mit Strategien für die Jugend koppeln«, dass die Regierung über keine erkennbare innovative beschäftigungspolitische Strategie verfüge. Weiterhin mangele es an einer pragmatischen Vision. »Diese Politik ... verkennt immer noch, dass wir es schon lange nicht mehr mit einer konjunkturellen Krise, auch nicht mit Anpassungsproblemen an die Globalisierung zu tun haben, sondern dass wir die Epoche der europäischen Lohnarbeitsgesellschaft mit ihren Vollzeitarbeitsbiografien verlassen.« Unterscheidungen zwischen Selbstständigen und Angestellten lösen sich mehr und mehr auf, wie das Beispiel des zunehmend von Betrieben praktizierten »Outsourcing«, zu deutsch »Auslagerung von Betriebsteilen«, zeigt. Die ausgelagerten Betriebsteile arbeiten von nun an auf eigenes Risiko. So werden in vielen Fällen aus ehemaligen Angestellten Selbstständige, die zum Beispiel die Buchhaltung übernehmen. Auch FranchisenehmerInnen sind weder Angestellte noch klassische UnternehmerInnen, sondern werden mit dem Kauf von Unternehmensnamen zu Selbstständigen, die sich trotzdem streng an die Regeln des Franchisegebers zu halten haben. Alle neuen Selbstständigen, vom ausgelagerten Buchhalter über Franchisenehmer bis zum Ein-Mann- oder Eine-Frau-Betrieb bilden eine Form der Selbstständigkeit, die wenig mit klassischen UnternehmerInnen gemeinsam hat. »Eines aber ist allen diesen Lebenskonstruktionen gemein: Sie stehen jenseits der klassischen Arbeitnehmerbiografie, jenseits von ÖTV und BAT, Tarifverhandlungen und Bausparverträgen.« So fasst Beck das Kennzeichnende dieser »Unternehmer in eigener Sache« zusammen. Mit den veränderten Arbeitsbedingungen entstehen immer mehr prekäre Honorarjobs für hochqualifizierte AkademikerInnen, wie zum Beispiel Lehraufträge an Universitäten, Schulen oder Volkshochschulen, über deren Verlängerung jedes Semester neu entschieden wird.

Die Arbeitsämter selbst befinden sich in einer Phase der Umstrukturierung. Schrittweise wird bundesweit eine innere Organisationsreform im Rahmen des »Arbeitsamts 2000« umgesetzt. Ein Berater eines Arbeitsamts, in dem die Reform bereits durchgeführt wurde, beschreibt die Änderungen in seinem Amt: »Wir arbeiten jetzt in Teams. Die Arbeitslosen sind in Kundengruppen eingeteilt und die Arbeitgeber werden als Arbeitsmarktpartner bezeichnet. Für alle Kunden gibt es einen zentralen Anlaufpunkt. Die Aufteilung in Arbeitsberater und Arbeitsvermittler wurde aufgehoben und die Beratung wird zunehmend an private Vermittler ausgelagert. Das Hochschulteam West, das für mehrere Universitäten und Bezirke zuständig ist, gehört zum Team ›Kundengruppe Akademiker‹ mit 30 Mitarbeitern. An die Stelle von Abteilungen treten Teams mit flachen Hierarchien.«

Durch den Skandal um gefälschte Vermittlungszahlen der Arbeitsämter Anfang des Jahres 2002 wird die Reform noch umfassender als geplant. Nicht nur der Chef der Bundesanstalt für Arbeit hat gewechselt, sondern auch der öffentliche Druck auf den Apparat der Arbeitsverwaltung, sich endlich zu modernisieren, hat zugenommen. Die schnelle Einführung von Beratungsgutscheinen für Arbeitslose, die zur Konsultation privater ArbeitsvermittlerInnen berechtigen, ist eine Folge dieses Vorfalls.

Das seit März 2002 bundesweit eingeführte Mainzer Kombilohnmodell ist ein Instrument, das neue Beschäftigungsverhältnisse im Niedriglohnsektor fördern soll. Das geschieht mit Hilfe von Zuschüssen zu den Sozialbeiträgen und zum Kindergeld bei Geringverdienenden.

Eine Neuerung in der Arbeitsvermittlung ist das Job-Aktiv-Gesetz, das 2002 in Kraft getreten ist. Mit dem Job-Aktiv-Gesetz zur Reform der arbeitsmarktpolitischen Instrumente wird das Arbeitsförderungsrecht umfassend erneuert. Aktiv, ursprünglich AQTIV, steht für Aktivieren, Qualifizieren, Trainieren, Investieren und Vermitteln. Das neue Vermittlungskonzept setzt entscheidend auf die aktive Mitarbeit der Arbeitslosen. Eine besondere Neuerung ist die Förderung der Jobrotation. Jobrotation verbindet betriebliche Modernisierung und Beschäftigungssicherung mit der Verbesserung beruflicher Integrationschancen von Arbeitslosen. Beschäftigte qualifizieren sich durch gezielte Weiterbildung und werden durch zuvor beschäftigungslose Arbeitskräfte zeitweilig ersetzt. Diese können damit ihre Chancen auf dem Arbeitsmarkt erheblich verbessern. Jobrotation wird vor allem in Dänemark, wo Beschäftigte bis zu einem Jahr eine bezahlte Auszeit für Fortbildung, Urlaub oder Kinderzeit nehmen können, erfolgreich praktiziert.

Auch in der Zeitarbeit oder Arbeitnehmerüberlassung gibt es Änderungen. Die Überlassungsdauer eines Leiharbeiters an den Entleiher wurde von 12 auf 24 aufeinanderfolgende Monate verlängert.

Die Neuregelung, dass die ersten drei Jahre der Kindererziehung Anspruch auf Arbeitslosengeld begründen können, soll ab 1. Januar 2003 gelten. Auch Zeiten des Bezugs von Mutterschaftsgeld werden dann in die Versicherungspflicht der Bundesanstalt für Arbeit einbezogen.

Das Job-Aktiv-Gesetz beinhaltet ein großes Potenzial, die Arbeitsvermittlung effektiver zu gestalten. So können von Langzeitarbeitslosigkeit gefährdete Personen nun sofort an Förderprogrammen teilnehmen und müssen sich diese Möglichkeit nicht erst mit sechs- bis zwölfmonatiger Wartezeit erwerben. Weiterhin werden gemeinsam mit den ArbeitsberaterInnen Eingliederungspläne erstellt, die für beide Seiten verbindlich sind. Weiterbildungsträger müssen marktnah fortbilden und bei der Vermittlung mitwirken.

Alle diese Änderungen und Förderungen betreffen allerdings nur Arbeitslose, die vorher angestellt waren und Leistungen vom Arbeitsamt beziehen.

Unberücksichtigt bleiben auch beim Job-Aktiv-Gesetz die strukturellen Veränderungen der Arbeitswelt, in der zunehmend mehr Menschen ihr Arbeitsleben als UnternehmerInnen in eigener Sache, zum großen Teil in unterschiedlichen Projekten und Teams verbringen.

Trends, zukunftsweisende Ideen und Modelle

Wichtigste Voraussetzung für eine effektive Arbeitsvermittlung sind immer noch Arbeitsplätze. Da Vollzeitarbeitsplätze nicht mehr ausreichend zur Verfügung stehen, muss über neue Wege und Modelle nachgedacht werden. Nicht nur Erwerbsarbeit muss sich lohnen, sondern auch Übergangstätigkeiten zwischen verschiedenen Beschäftigungsverhältnissen oder Tätigkeiten wie Erziehung oder Ehrenämter. Peter Grottian gibt zu bedenken: »Im Bereich der

Humandienstleistungen gibt es sehr viel Arbeit, aber niemanden, der sie bezahlt, ein riesiges Potenzial für Patchworker. Mit ihrer Flexibilität und ihrem Organisationstalent sind sie besonders geeignet für diese Tätigkeiten im sozialen und kulturellen Bereich sowie in der Gemeinwesenarbeit. Dazu muss jenseits von bürokratischen Strukturen etwas in Gang kommen.«

Das Jahr 2001 war das »Internationale Jahr der Freiwilligen«. Ziel des Aktionsjahres der Vereinten Nationen, an dem sich 123 Länder beteiligten, war mehr gesellschaftliche Anerkennung für soziales Engagement. Die Bundesregierung schätzt die Zahl derer, die sich ehrenamtlich engagieren, auf 15 Millionen BürgerInnen, in der Mehrzahl Frauen. Das zeigt, welche gesellschaftliche Bedeutung diese Form der Arbeit hat. Sie könnte eine wichtige Rolle bei der Entwicklung neuer Arbeits- und Gesellschaftsformen spielen. Im Rahmen des Job-Aktiv-Gesetzes können künftig auch Bezieher von Arbeitslosengeld oder -hilfe ehrenamtliche Arbeit in einem Umfang von 15 und mehr Wochenstunden ausüben, ohne dass der Leistungsanspruch entfällt. Voraussetzung hierfür ist, dass die berufliche Eingliederung nicht behindert wird.

Ulrich Beck hat in »Schöne neue Arbeitswelt« ein Modell der Bürgerarbeit entworfen. Er geht von der These aus, dass es zu einer »Brasilianisierung« des Westens kommen werde, wenn man an den Fiktionen der Vollbeschäftigungsgesellschaft festhält. Unter »Brasilianisierung« versteht Beck die Annäherung an die Verhältnisse in einem semi-industrialisierten Land wie Brasilien, »in dem die lohn- und gehaltsabhängig Beschäftigten in einem formalisierten Vollzeitarbeitsverhältnis nur eine Minderheit an wirtschaftlich Aktiven repräsentieren; die Mehrheit dagegen arbeitet unter prekären Erwerbsbedingungen ... Die Menschen sind ›Arbeitsnomaden‹, die zwischen verschiedenen Tätigkeitsfeldern, Beschäftigungsformen und Ausbildungen hin- und herpendeln.« Beck betont den weltweiten Zuwachs an prekärer Arbeit in den »Bastionen der Vollbeschäftigungsgesellschaft«, in die damit das Diskontinuierliche und Informelle Einzug halte.

Der Vollbeschäftigung setzt er ein Modell entgegen, nach dem »die attraktive Erwerbsarbeit so umverteilt werden muss, dass jede/r ein Bein in der Erwerbsarbeit haben kann und zugleich das andere in der Familien- oder Bürgerarbeit«. Mit Bürgerarbeit meint er »Selbstbestimmung und -verwirklichung in Form eines freiwilligen politischen und sozialen Engagements sowie projektgebundene, kooperative, selbstorganisierte Arbeit für Dritte, die unter der Regie eines Gemeinwohlunternehmers durchgeführt wird«. Nach Beck könnte Bürgerarbeit statt Arbeitslosigkeit finanziert werden. Er unterscheidet Bürgerarbeit ausdrücklich von der Übernahme kommunaler Arbeiten, zu der viele Sozialhilfeempfänger gezwungen werden. Zur Finanzierung »stehen prinzipiell zwei Wege offen: keine Almosen, sondern gesetzlich fixierte Basisfinanzierung – Bürgergeld – oder Eigenfinanzierung der Bürgerarbeit durch private Stiftungen«. Becks Vision lautet: »Die europäische Demokratie gewinnt ihre Seele mit und durch Bürgerarbeit.« Konkrete Vorschläge zur Umsetzung seiner Visionen macht Beck jedoch nicht.

Im Gegensatz dazu hat Peter Grottian sehr genaue Vorstellungen von einer Umgestaltung der Arbeit. Im genannten Text regt er ein neues Denken über Vollbeschäftigung, die Länge von Normalarbeitszeiten und deren Verteilung an. Er hält die flexibilisierte 30-Stunden-Woche neuen Typs für zwei Drittel aller zukünftigen Erwerbstätigen für wahrscheinlich.

»Ein zukunftsorientierter Umbau der Arbeitsgesellschaft setzt mittelfristig wirkende Entscheidungen voraus, für die eine umfassende gesellschaftliche Diskussion die Voraussetzung ist. Regierung, Bündnis für Arbeit und Öffentlichkeit sollten sie anstoßen.« Strukturelle Änderungen der Arbeitsmärkte und Sozialsysteme erfordern ein neues Leitbild. Grottians Vorschlag ist die Reform der sozialen Sicherungssysteme. Sie sollen an die Arbeitswelt, in der die lebenslange Vollzeitarbeit schon bald zur Ausnahme wird, angepasst werden. Dies könnte durch einen Finanzierungsmix aus Steuern für eine allgemeine bedarfsdeckende Grundsicherung, Beiträgen für eine leistungsbezogene Aufbaurente und privater Vorsorge umgesetzt werden. Konkret denkt Grottian über einen stark reduzierten Normalarbeitstag nach, der zur Grundlage der Sozialsysteme werden könnte. Jede Arbeitsbiografie könnte tendenziell aus Erwerbsarbeit, Eigenarbeit und Bürgerarbeit bestehen. »Ein zukunftsorientierter Umbau der Arbeitsgesellschaft setzt mittelfristig wirkende Entscheidungen voraus, für die eine umfassende gesellschaftliche Diskussion die Voraussetzung ist. Regierung und Bündnis für Arbeit sollten über ihre Form nachdenken und neben solchen zentralen Diskussionen über die Zukunft der Arbeit viele lokale Zukunftswerkstätten ermutigen. Es gilt, die Bürger mit dem einschneidenden Epochenwechsel vertraut zu machen und die Schwierigkeiten und Chancen des Umbruchs zu zeigen, aber auch für einen Aufbruch von unten zu ermuntern.« Seiner Meinung nach »sind zwei Drittel aller Stellen teilbar, auch in führenden Positionen«. Mit seiner freiwillig gewählten Teilzeit-Professur geht er mit gutem Beispiel voran.

Weiterhin schlägt er vor, dass Steuerbürger anstelle von Lohn- und Einkommenssteuer dieses Geld für die Schaffung von Arbeitsplätzen im Non-Profit-Sektor, zum Beispiel für notwendige Arbeiten in stadtteilbezogenen Zusammenhängen, einsetzen könnten.

Vom Ansatz her beispielhaft ist das Programm 501/301 der »BBJ Servis gGmbH« gegen Jugendarbeitslosigkeit, ein Berliner Modellprojekt für arbeitslose Jugendliche und junge Erwachsene, die sich innerhalb eines Beschäftigungs- und Qualifizierungsprogramms Arbeitsplätze nach eigener Wahl suchen können und in einer dreijährigen Phase sozialpädagogisch betreut sowie berufspädagogisch fortgebildet werden. Vergleichbare Programme wären auch für erwachsene Arbeitslose denkbar.

Soziale Sicherheit für alle

Neben den KünstlerInnen findet sich eine ständig wachsende Zahl an LebenskünstlerInnen aus anderen Berufsfeldern, die eigene Wege gefunden haben, hohe wirtschaftliche und soziale Risiken selbst zu bewältigen. Sie leben am Rande des Wohlfahrtsstaates. Wenn es aufgrund von Problemen wie Krankheit oder allgemein schlechter Auftragslage einmal nicht richtig läuft, führt das zu besonderen Problemen: Armut, ständiger Leistungsdruck, Einzelkämpfertum mit sozialer Isolation, Erschöpfung sind die Folgen. Durch die diskontinuierlichen Erwerbsverläufe dieser Menschen ist die Grenze zwischen Arbeitslosigkeit und einer Unterbrechung der häufig projektorientierten Arbeit schwer zu ziehen. Da viele nicht berechtigt sind, Arbeitslosengeld zu beziehen, haben sie nur geringe Anreize, sich arbeitslos zu melden. Dadurch gibt es keine zuverlässigen Zahlen darüber, wie viele dieser PendlerInnen zwischen Selbstständigkeit und Arbeitslosigkeit, die häufig kaum von ihrem Verdienst leben können, sich auf dem Arbeitsmarkt bewegen.

Das geltende Sozialrecht basiert auf der Idee einer lebenslangen, abhängigen Beschäftigung. Mit den strukturellen Veränderungen in der Erwerbsarbeit haben sich die Rahmenbedingungen verändert. Die bestehenden Sicherungssysteme gehen von der Annahme aus, allein angestellte ArbeitnehmerInnen seien schutzbedürftig. Mit der Entstehung einer Vielzahl von unsicheren Beschäftigungsverhältnissen sollten auch die sozialen Sicherungssysteme flexibler gestaltet werden.

KleinstunternehmerInnnen und Menschen, die als gering verdienende ProjektarbeiterInnen unterwegs sind, finden nirgends eine bezahlbare Möglichkeit der Vorsorge. Die Künstlersozialkasse für KünstlerInnen und PublizistInnen bildet die Ausnahme. Auch die Arbeitsmärkte von KünstlerInnen und PublizistInnen spielen in ihrer Vielfalt eine Art Vorreiterrolle für neu entstandene und zukünftige Erwerbsformen. Viele KünstlerInnen arbeiten bereits als ehrenamtliche MitarbeiterInnen im Kulturbereich, erzielen Einkünfte durch niedrig bezahlte Dienstleistungen oder arbeiten als »neue Selbstständige«, zum Teil werden verschiedene Tätigkeitsformen kombiniert. Ihre Arbeit erfüllt weder die Kriterien für eine klassische lohnabhängige noch für eine unternehmerische Tätigkeit.

Caroll Haak und Günther Schmid schlagen in ihrer Studie »Arbeitsmärkte für Künstler und Publizisten – Modelle einer zukünftigen Arbeitswelt« das Konzept der Übergangsarbeitsmärkte vor. Diese definieren sie als gesetzlich garantierte oder vertraglich abgesicherte Brücken zwischen verschiedenen Beschäftigungsverhältnissen bei angemessener sozialer Absicherung. Sie sehen in einer zeitgemäßen Wohlfahrt mehr als nur den Ausschluss oder die Vermeidung von Erwerbslosigkeit. »Zur zeitgemäßen Wohlfahrt gehört auch, und darauf machen die Künstlerarbeitsmärkte besonders aufmerksam, dass die Arbeit einen Sinn macht, dass es Leben außerhalb der Erwerbsarbeit gibt und dass beide Dimensionen aufeinander zu beziehen sind.«

Sinnvoll erscheint ein erweitertes Arbeits- und Sozialrecht, in das die neuen Selbstständigen sowie andere unsichere Beschäftigungsformen einbezogen werden. Ein Schritt in die richtige Richtung könnte die Sicherung von Mindeststandards für die neuen Selbstständigen in Anlehnung an die Künstlersozialkasse sein.

Und das Patchwork geht weiter ...

Noch während wir dieses Buch schrieben, erhielten wir von einigen der befragten ArbeitsakrobatInnen Anrufe und E-Mails, in denen sie uns mitteilten, wie sich ihre Patchwork-Biografien weiterentwickelt hatten.

Die gelernte Landschaftsplanerin Tanja brach ihre Weiterbildung ab, weil sie an der Uni eine befristete Stelle als Koordinatorin für ein Klimaschutzprojekt bekam. Ihr Wunsch, ihre organisatorischen Fähigkeiten mit einer sinnvollen Arbeit im Umweltbereich zu verbinden, ging vorzeitig in Erfüllung.

Die Politologin Meike ist von Mexiko nach New York zurückgezogen. Sie hat dort bei der UNO eine ebenso interessante Stelle wie in Mexiko erhalten und kann nun wieder viel mit ihren FreundInnen zusammen sein. Sie wird allmählich sesshaft: Sie kauft sich ein Häuschen in Brooklyn.

Die Kunsthistorikerin und »Rolls-Royce-Expertin« Sophia konnte nach ihrem letzten Praktikum aus wirtschaftlichen Gründen nicht von der Firma übernommen werden, obwohl sie sehr viel Lob für ihren Einsatz im Bereich Öffentlichkeitsarbeit erhielt. Sie hat nun eine unbefristete Stelle als Sekretärin angenommen, fühlt sich aber unterfordert. Die Suche geht weiter.

Die Biogeografin und Fundraiserin Sonja erhielt ein viel versprechendes Jobangebot, so dass sie ihre erst kürzlich begonnene Tätigkeit im Bereich Event-Marketing wieder aufgab: Sie wird nun in einem Team ein PR- und Sponsoringkonzept entwickeln und umsetzen, um 10 000 Jugendzentren in ganz Deutschland ans Netz zu bekommen. Das Projekt wird von der Bundesregierung unterstützt.

Der Architekt Stefan konnte durchsetzen, dass seine befristete Stelle als Wirtschaftsingenieur in eine feste Stelle umgewandelt wurde. Das war sehr wichtig für ihn, da er nun seine Familie zu versorgen hat.

Die Psychologin Katrin hat sich wieder verliebt. Sie möchte nun noch Kinder bekommen.

Die Schauspielerin Ida hat mittlerweile einen Figurentrickfilm produziert, der bei einem Kurzfilmfestival angenommen wurde. Außerdem schrieb sie das Buch und führte Regie bei einem Kurzspielfilm. Sie erhielt mehrere kleine Aufträge als Hörspieldarstellerin und wurde als Textsprecherin für einen Dokumentarfilm angenommen. Zuvor hatte sie jedoch einigen Ärger mit dem Arbeitsamt. Ihr Arbeitsvermittler wollte sie – nach dem Skandal um die gefälschten Angaben über die Arbeitsvermittlung der Bundesanstalt für Arbeit – in eine Umschulung zur Altenpflegerin stecken. Das hätte das Aus für ihren Traumberuf Schauspielerin bedeutet. Nach langen Briefwechseln und Gesprächen konnte sie die Zwangsumschulung vorerst verhindern.

Und wir? Sibylles Sohn wurde während des Schreibens dieses Buches geboren, Irenes Tochter wird nach der Manuskriptabgabe zur Welt kommen. Sibylle überlegt sich nun, wie sie Beruf und Kindererziehung verbinden kann. Irene hofft, mit ihren freiberuflichen Tätigkeiten ausreichend für ihre Tochter sorgen zu können.

Adressen und Links

Uni – Was dann?

Informationen zu Anforderungsprofilen von Jobs und Berufen, zu Ausbildung und Studium, Weiterbildung und Umschulung: www.berufswahl.de

Hochschulteams der örtlichen Arbeitsämter, z. B.: www.arbeitsamt.de/berlin_suedwest/hochschulteam/team.html

Career Center an den Hochschulen, z. B.: www2.hu-berlin.de/kooperation/career_center/angebote.html oder www.fu-berlin.de/career

Praktikum

Praktikumsstellen nach Berufsfeldern sortiert: www.jobpilot.de

Internationale Praktikumsbörse: www.praktika.de

Praktika in den USA, Australien und Spanien: www.traineeship.de

Praktika in Europa: www.eurodesk.org

Praktikumsbörse: www.prabo.de

Praktika über das Arbeitsamt: www.aa-praktikumsboerse.de

Hochschulkontaktmessen

»Campus-Chances« an zahlreichen Hochschulstandorten: www.campuschances.de

Fachübergreifende Personalmesse »JOBcon«: www.jobcon24.de

Firmenkontaktmesse »bonding« an zehn Hochschulstandorten: www.bonding.de

Firmenkontaktmesse »Karrieretag« in fünf Großstädten: www.karrieretag.de

Nonprofit-Messe »care & contakt« in Berlin, Kontakt: Interessensvereinigung für Politikwissenschaftsstudierende e. V.: www.iposs.de
Firmenkontaktmesse an der Uni Marburg: www.perspektiva-marburg.de
Jobbörsen für Geistes- und Sozialwissenschaftler: www.uni-mannheim.de/studorg/artes.de und
Informationen zum Non-Profit-Bereich: www.nonprofit-info.org und www.ngonet.org und www.oneworld.net
Hinweise zu zahlreichen anderen Messen und Veranstaltungen: www.berufsstart.de (Link: Veranstaltungen) oder www.unicum.de (Link: Karriere, Termine)

Von der Hochschule in die Selbstständigkeit

Bundesministerium für Bildung, Wissenschaft, Forschung und Technologien: www.bmbf.de
Bundesverband Junger Unternehmer (BJU): www.bju.de
Deutsche Ausgleichsbank: www.dta.de
Gründermesse »Start«, jeweils im Februar in Nürnberg und im September in Essen: www.start-messe.de
Deutscher Gründerfonds: www.impulse.de

Bewerbung

Überblick, Tipps: www.bewerben.de, www.berufsstart.de, www.Bewerbungen.de
Tipps speziell für HochschulabsolventInnen: www.bewerberinfo.de
»ABC des Berufslebens«: www.stepstone.de
Private Arbeitsvermittlung durch den Bundesverband Personalvermittlung e. V. (BPV): www.bvp-info.de

Allgemeine Infos zum Arbeitsmarkt

Institut für Arbeitsmarkt und Berufsforschung der Bundesanstalt für Arbeit: www.iab.de
Archiv mit Artikeln rund um Uni und Berufe für StudentInnen und AbsolventInnen: www.unimagazin.de

»Arbeitsmarkt Bildung, Kultur, Sozialwesen« und »Informationsdienst Arbeitsmarkt Umweltschutz« vom Wissenschaftsladen Bonn e. V. (www.wilabonn.de): wöchentliche Auswertung von Stellenanzeigen der Fach- und Tagespresse mit redaktionellem Teil.

Online-Magazin zum Wandel in Wirtschaft und Gesellschaft: www.changex.de

Neue Berufe

Beschreibung neuer Berufsbilder: www.jungekarriere.com oder www.jobpilot.de

Neue Berufe im Managementbereich: www.manager-magazin.de

Neue und modernisierte Ausbildungsberufe des Bundesinstituts für Berufsbildung: www.bibb.de

Jobmesse für Event-Management: www.eventkongress.de

Ausbildung im Fundraising an der Fundraising Akademie in Frankfurt: www.sozialmarketing.de/akademie.htm

Informationen über neue Berufe in den Neuen Medien: Macromedia-Akademie für Neue Medien: www.macromedia.de und die AMD-Akademie: www.die-multimedia-akademie.de/neu

Gratiskurse im Internet zum Thema Presse- und Öffentlichkeitsarbeit: www.akademie.de/gratiskurse/pr

Neue Selbstständigkeit

Verschiedene Themen und Projektbörse (vor allem IT-Berufe): www.freiberufler.de

Existenzgründerseminare bei der Industrie- und Handelskammer (über Button mit Ortswahl zu den aktuellen Seminaren): www.ihk.de

Weiberwirtschaft Berlin: www.weiberwirtschaft.de

Jobbörse für Freiberufler: www.hireability.com

Suchwort Freelancing mit vielen Links unter: www.altavista.com

Büro für Existenzgründungen (BfE) im Arbeitsamt München: www.bfe-muenchen.de
Viele Links zu Stellenbörsen unter: www.wi-inf.uni-essen.de/suche/jobs.html
Arbeitsgemeinschaft selbstständiger Unternehmer: www.asu.de
Überblick über öffentliche Finanzierungsprogramme, Online-Akademie, Softwarepakete und Broschüren für Existenzgründer: www.bmwi.de
Infos für ExistenzgründerInnen von der Investitionsbank Berlin: www.investitionsbank.de
Auskunft der Deutschen Ausgleichsbank u. a. über die verschiedenen Förderprogramme des Bundes, virtuelles Gründerzentrum: www.dta.de

Zeitarbeit

Berufsverband Zeitarbeit Personaldienstleistungen e. V.: www.bza.de

Mut zum Berufswechsel

Weiterbildungs-Datenbank KURS unter: www.arbeitsamt.de
Staatliche Zentralstelle für Fernunterricht: www.zfu.de
www.stiftung-warentest.de
Forum Berufsbildung mit Weiterbildungen: www.forum-berufsbildung.de
Broschüren zu Weiterbildung, Hochschulen etc. unter: www.bmbf.de/brosch.htm.
Weiterführende Studiengänge bei Hochschulrektorenkonferenz: www.hochschulkompass.hrk.de
FernUniversität Hagen: www.fernuni-hagen.de
Forum Berufsbildung: Service von Bertelsmann zu Berufsbildung: www.berufsbildung.de
Lift Beratungsstelle für berufliche Weiterbildung in Berlin: www.b.shuttle.de/lift
Hesse/Schrader: Büro für Berufsstrategie Berlin: www.berufsstrategie.de
Verschiedene aktuelle Informationen für StudentInnen und AbsolventInnen: www.karrierefuehrer.de

Bundesinstitut für Berufsbildung (BIBB), Checkliste Qualität beruflicher Weiterbildung: www.bibb.de/checkliste.htm
Weiterbildungsdatenbank Berlin: www.wdb.de

Die Unplanbarkeit des Lebens

Studie zum Thema »Mobilität und Familie« vom Bundesministerium für Familie, Senioren, Frauen und Jugend: www.bmfsfj.de
Informationen zum Themengebiet Vereinbarkeit von Familie und Erwerbsarbeit und zum »Audit Beruf & Familie«: www.beruf-und-familie.de
Verband Alleinerziehender Mütter und Väter e. V.: www.vamv.de

Beratung und Coaching

Bundesanstalt für Arbeit und Bundesverband Personalvermittlung: www.bpv-info.de
Perspektive für Berufs- und Lebensgestaltung e. V., Monumentenstr. 37, 10829 Berlin (030) 7814975
Bundesverband Deutscher Unternehmensberater (BDU) e. V.: (0228) 9161-0 (auf Anfrage Liste von Personalberatern und Unternehmensberatern, die auch Coaching im Angebot haben)
Mobbing: Adressen-Liste von Selbsthilfegruppen sowie Infobroschüren des Deutschen Gewerkschaftsbundes: www.dgb.de
Information und Beratung für kleine und mittlere Unternehmen: www.e-quality-management.de

Frauen

Hochschulkarrierezentrum für Frauen Berlin: www.berufsbildung.de/h_frauen/index.php und für Frauen mit Studium der Natur- oder Ingenieurwissenschaften: www.femtec-berlin.de
Raupe und Schmetterling: Frauen in der Lebensmitte e. V. Beratungsstelle Frau und Arbeit, Pariser Str. 3, 10719 Berlin, Tel. (030) 8836929 oder 8837313

Expertinnenberatungsnetz Berlin: (0 30) 90 28-13 99/-16 07, www.berlin.de/senabf
Expertinnenberatungsnetz Hamburg: (0 40) 29 10 26
Expertinnenberatungsnetz Dresden: (03 51) 4 63 76 64
Expertinnenberatungsnetz Köln: (02 21) 9 83 32 71
Expertinnenberatungsnetz München: (0 89) 7 25 18 48
Beratungsstelle Frau und Beruf e. V. Berlin: (0 30) 6 18 90 46
EFA Informations- und Beratungsstelle Frau und Beruf: www.efa-beratung.de
Kontaktstelle Frau und Beruf der Stadt Freiburg: www.frauundberuf-freiburg.de

Literatur

Beck, Ulrich/Ziegler, Ulf Erdmann: Eigenes Leben. Ausflüge in die unbekannte Gesellschaft, in der wir leben, Beck'sche Reihe, München 1997

Beck, Ulrich: Politik in der Risikogesellschaft, Suhrkamp, Frankfurt a. M. 1991

Beck, Ulrich: Schöne neue Arbeitswelt. Vision: Weltbürgergesellschaft, Campus, Frankfurt/New York 1999

Bender, Diethelm: Neue Wege in der Arbeitsgesellschaft – Manpower als Humankapital, Wirtschaftsverlag Langen Müller, München 1997

Bolles, Richard Nelson: Durchstarten zum Traumjob, Campus, Frankfurt/New York 1999

Cameron, Julia: Der Weg des Künstlers. Ein spiritueller Pfad zur Aktivierung unserer Kreativität, Knaur, München 1996

Dostal, Werner/Reinberg, Alexander: Arbeitslandschaft 2010: Ungebrochener Trend in die Wissensgesellschaft, IAB-Kurzbericht Nr. 10 von 1999 der Bundesanstalt für Arbeit

Ehrenreich, Barbara: Arbeit poor, Verlag Antje Kunstmann, München 2001

Engelmann, Jan/Wiedemeyer, Michael (Hrsg.): Kursbuch Arbeit, DVA, Stuttgart/München 2000

Englert, Sylvia: Die Jobs der Zukunft. Neue Berufsbilder und was sich dahinter verbirgt, Campus, Frankfurt/New York 2000

Englisch, Gundula: Jobnomaden. Wie wir arbeiten, leben und lieben werden, Campus, Frankfurt/New York 2001

Gallio, Claudio: Den eigenen Beruf erfinden. Wie Geisteswissenschaftler ihre Chancen nutzen, Campus, Frankfurt/New York 2000

Giarini, Orio/Liedtke, Patrick: Wie wir arbeiten werden, Heyne, München 1997

Glaubitz, Uta: Der Job, der zu mir passt. Das eigene Berufsziel entdecken und erreichen, Campus, Frankfurt/New York 1999
Glaubitz, Uta: Jobs für Weltenbummler und Globetrotter. Machen Sie Ihr Fernweh zum Beruf, Campus, Frankfurt/New York 2001
Goebel, Johannes/Clermont, Christoph: Die Tugend der Orientierungslosigkeit, Rowohlt, Reinbek b. Hamburg 1999
Grottian, Peter: Den Umbau der Arbeitsgesellschaft mit Strategien für die Jugend koppeln. In: Groth, Claus/Maennig, Wolfgang (Hrsg.): Strategien gegen Jugendarbeitslosigkeit im internationalen Vergleich. Auf der Suche nach den besten Lösungen, Peter Lang, Europäischer Verlag der Wissenschaften, Frankfurt a. M. 2001
Haak, Carrol/Schmid, Günther: Arbeitsmärkte für Künstler und Publizisten. Modelle einer zukünftigen Arbeitswelt, Wissenschaftszentrum Berlin für Sozialforschung gGmbH (WZB) 1999
Hesse, Jürgen/Schrader, Hans Christian: Das Bewerbungshandbuch, Eichborn, Frankfurt a. M. 2000. Außerdem sind noch zahlreiche andere Bewerbungsratgeber des Autorenduos im Eichborn Verlag erschienen
Keil, Frank: Irgendwie dazwischen, Elefanten Press, Berlin 1995
Koch, Hannes: New Economy, Rotbuch Verlag, Hamburg 2001
Mohr, Reinhard: Zaungäste. Die Generation, die nach der Revolte kam, S. Fischer, Frankfurt a. M. 1992
Nitzsche, Isabel: Abenteuer Karriere, Rowohlt, Reinbek b. Hamburg 2000
Reinberg, Alexander/Hummel, Markus: Bildungsexpansion in Westdeutschland: Stillstand ist Rückschritt, IAB-Kurzbericht 8/2001 der Bundesanstalt für Arbeit
Schreyer, Franziska: Grundzüge des Akademikerarbeitsmarktes, Informationen für die Beratungs- und Vermittlungsdienste (ibv) 6/2001
Schulze, Gerhard: Die Erlebnisgesellschaft. Kultursoziologie der Gegenwart, Campus, Frankfurt/New York 1993
Sennett, Richard: Der flexible Mensch. Die Kultur des neuen Kapitalismus, Berlin Verlag, Berlin 1998
Willke, Gerhard: Die Zukunft unserer Arbeit, Campus, Frankfurt/New York 1999

Heike Olbrich, Jörg Schmidt
Die Verflossenen
Risiken und Nebenwirkungen

200 Seiten, Klappenbroschur
3-86153-197-6
12,80 €; 22,50 sFr

Wie können Männer und Frauen zu einem entspannten Umgang mit ihren Ex-Partnern finden, die Trennung nicht als persönliches Versagen, sondern als Chance begreifen? Heike Olbrich und Jörg Schmidt geben in »Die Verflossenen« darauf Antwort. *Berliner Zeitung*

In zahlreichen Fallbeispielen blättern die Autoren die Komplikationen auf von Menschen in Ost- wie Westdeutschland, von Menschen in Liebes- und Haßverstrickungen. *DIE ZEIT*

Die Autoren präsentieren keine Allheilmittel. Statt dessen ermöglichen sie, anhand unterschiedlicher Erfahrungen Vergleiche zum eigenen Umgang mit der »Altlast« zu ziehen. Das Buch zeigt, wie die eigene Vergangenheit verklärt wird oder wie man lernen kann, mit dem zugefügten Schmerz umzugehen. *Passauer Neue Presse*

Ch. Links

Ch. Links Verlag, Schönhauser Allee 36, 10435 Berlin